高等学校机械类专业系列教材

机械制造装备设计

主　编　郝岩利　敖林喆　李运强

副主编　付川川　谢伟东　张文广

西安电子科技大学出版社

内 容 简 介

本书主要介绍了常见机械制造装备的设计步骤，共分为 7 个项目，包括机械制造装备各部关系认知、切削金属工件的刀具及切削参数选择、机床设计基本理论、典型机床主传动系统设计、典型机床进给传动系统设计、典型部件设计、典型机床设计举例。各章末还附有习题与思考题。

为了培养学生获取知识、分析问题及解决工程技术问题的能力，特别是提高学生的工程素质与创新能力，本书在编写过程中加强了内容的针对性和实用性，并适当反映机床设计领域的新技术、新方法，力求适应机械专业不断调整的教学需要。

本书可作为高等学校机械类、近机类各专业的教材，也可作为高职类工科院校及机械工程技术人员的参考书。

图书在版编目（CIP）数据

机械制造装备设计 / 郝岩利, 敖林喆, 李运强主编. -- 西安 ： 西安电子科技大学出版社, 2025. 4. -- ISBN 978-7-5606-7563-3

Ⅰ. TH16

中国国家版本馆 CIP 数据核字第 20256HA018 号

策　　划　刘小莉
责任编辑　裴欣荣　刘小莉
出版发行　西安电子科技大学出版社（西安市太白南路 2 号）
电　　话　（029）88202421　88201467　　　邮　　编　710071
网　　址　www.xduph.com　　　　　　　　电子邮箱　xdupfxb001@163.com
经　　销　新华书店
印刷单位　陕西博文印务有限责任公司
版　　次　2025 年 4 月第 1 版　　　　2025 年 4 月第 1 次印刷
开　　本　787 毫米×1092 毫米　1/16　　　印　　张　16
字　　数　377 千字
定　　价　41.00 元
ISBN 978-7-5606-7563-3
XDUP 7864001-1

*** 如有印装问题可调换 ***

前　言

PREFACE

在中国共产党第二十次全国代表大会的报告中,针对建设现代化产业体系提出了明确要求:推进新型工业化,推动制造业高端化、智能化。结合近年来的时代发展和社会需要,高校各个专业不断发生着调整,每门课程的授课内容也在不断更新,为了适应调整后的机械设计制造及其自动化专业学科教材建设需要,特编写本书。

近年来原有金属切削机床的教学大纲做了较大的变更,本书的内容充分反映了这些变更。第一,继承原金属切削机床及其设计教材中的精华,如机床运动分析、机床主传动及进给传动系统设计、常用普通金属切削机床的主要结构、典型零部件等重要内容,以确保本专业学生对机械制造装备及其设计有基本的了解;第二,突破原教材的局限,把本属机械制造装备范畴的切削金属工件刀具及参数选择内容纳入本书之中,使机械制造装备及其设计更趋完整和系统;第三,拓宽了知识范围和知识结构,介绍了在现代机械制造装备中较为先进的数控机床及其典型的结构和工作原理,这对拓宽学生的知识面、充实本专业知识结构是十分必要的。

本书内容新颖、体系完整,以齐齐哈尔工程学院研发的《应用型课程建设指南》(国作登字-2021-A-00205678)为指引,以项目为载体,重塑课点,将原教材通用课程体系转化为专用课程体系,在保留原有金属切削机床内容的基础上,也对目前的数控加工设备进行了较为完整的介绍,适当反映了国内外机械制造装备的新发展、新成果和新动态。

本书由齐齐哈尔工程学院与齐重数控装备有限公司共同提供项目内容来源。项目一、项目二由郝岩利编写,项目三由敖林喆编写,项目四由李运强编写,项目五由付川川编写,项目六由谢伟东编写,项目七由张文广编写。由于编者的水平有限,针对书中不妥之处,恳请读者提出宝贵意见。

编　者

2024 年 8 月

目 录

CONTENTS

项目一 机械制造装备各部关系认知

1.1 机械制造装备发展概况

课点 1 机械制造装备的发展趋势

21 世纪是制造业高度信息化的世纪，伴随着电子技术和信息技术的发展，制造业出现了惊人的变化。

一、机械制造生产模式的演变

20 世纪 50 年代前，我国机械制造业属于刚性生产模式，自动化程度低，人工操作劳动生产率低下，产品质量不稳定。为提高效率和自动化程度，机械制造业开始采用大批量生产模式，强调规模效益，以实现成本降低和品质提升。20 世纪 70 年代，机械制造业主要通过改善生产过程管理模式来提升品质和降低成本。20 世纪 80 年代起，我国实施改革开放政策，引进西方先进制造技术，机械制造装备采用数控机床、机器人、柔性制造单元和系统集成等高技术，具有柔性、自动化、精密化的特点，以满足市场个性化、多样化需求。随着计算机技术、电子技术、先进制造技术的快速发展，这些高新技术广泛应用于制造业，加速了其发展和变革进程。

在新的机械制造模式下，产品的设计和制造过程发生了很大变化，产品的设计主要采用计算机辅助设计、三维造型、特征造型等方法。利用计算机辅助工程分析软件，可以对零件、部件和产品的受力、受热、受振等各种情况进行工程分析、计算和优化设计。在工艺设计中也可以采用计算机技术辅助编制工艺来规划、选择刀具、选择或设计夹具；利用软件技术，产生刀具轨迹的数控代码，经过前置与后置处理，便可以获得在数控机床或加工中心上对零件进行加工的程序；通过仿真解决诸如刀具磨损补偿、避免干涉碰撞等问题。同时，各种优化生产技术应运而生，包括物料需求计划(MRP)、制造资源计划(MRP Ⅱ)、按设备瓶颈组织和优化生产(OPT)、最优库存与准时生产(JIT)、企业制造资源计划(ERP)等。此外，在加工现场，除数控车床、加工中心外，在线的三坐标测量机、柔性制造单元(FMC)、柔性制造系统(FMS)、各种自动化物流系统(如立体仓库、自动导引小车等)、控制生产线的可编程序控制器(PLC)等，也开始广泛使用。

20 世纪末期，数字化设计与制造的应用日趋广泛。数字化制造是指在虚拟现实、计算机网络、快速原型、数据库和多媒体等支撑技术的基础上，根据用户需求，迅速收集资源信息，对产品信息、工艺信息和资源信息进行分析、规划和重组，实现产品设计和功能仿真，进而快速生产出满足用户性能要求的产品的整个制造过程。计算机图形学同产品设计技术的结合产生的以数据库为核心、以图形交互技术为手段、以工程分析计算为主体的计算机辅助设计(Computer Aided Design，CAD)系统，将 CAD 的产品设计信息转化为产品的制造和工艺规划等信息，使加工机械按照预定的工序和工步进行组合和排序，选择刀具、夹具、量具，确定切削用量。计算每个工序的机动时间和辅助时间的计算机辅助工艺规划(Computer Aided Process Planning，CAPP)还可以将制造、监测、装配等方面的所有规划，以及面向产品设计、制造、工艺、管理、成本核算等方面的所有信息数字化，转换为计算机所能理解的信息，并为制造过程的全阶段所共享。CAD/CAE/CAPP/CAFD/CAM 系统构成了数字化制造中的数字化设计系统。

在进入 21 世纪之后，快速响应市场成为制造业发展的一个主要方向。为了快速响应市场，逐步实现社会制造资源的快速集成，要求机械制造装备的柔性化程度更高，逐步采用虚拟制造技术和快速成型制造技术。同时出现了许多新的生产制造模式，如敏捷制造(Agile Manufacturing)、精益-敏捷-柔性(LAF)生产系统、快速可重组制造、全球制造等。其中 LAF 生产系统全面吸收了精益生产、敏捷制造和柔性制造的精髓，包括全面质量管理(TQC)、准时生产(Justin Time，JIT)、快速可重组制造和并行工程等现代生产技术和管理技术，是 21 世纪很有发展前景的先进制造模式。这种全新的生产制造模式的主要特点是：以用户需求为中心；制造的战略重点是时间和速度，并兼顾质量和品种；以柔性、精益和敏捷作为竞争的优势。在现代飞速发展的高新技术的推动下，产品由"大批量生产"方式转向"中小批量生产"方式，甚至向"个性化生产"方式转变，以满足竞争激烈的市场经济需求。

目前，中国装备制造业进入了前所未有的全面振兴的发展时期，引进了大量发达国家装备制造业的先进技术，对其进行消化、吸收、再创新，为我国装备制造业的复兴创造了加速发展的良好环境和有利条件，为今后的发展打下了坚实的基础。

二、我国制造业的作用及现状

制造业是国民经济的中坚力量，是科技进步的载体和规模生产力的重要工具和桥梁。装备制造业则是一个国家综合制造能力的重要体现，其对于一个国家的工业化水平和综合国力具有重要的评价标准，特别是在重大装备研发能力方面。

以机床制造业为例，我国已形成各具特色的六大发展区域。东北地区是我国数控车床、加工中心、重型机床和锻压设备、量具刀具的主要开发生产区，沈阳机床行业、大连机床行业、齐齐哈尔重型数控企业、哈尔滨量具刀具企业的金属切削机床产值约占全国金属切削机床产值的三分之一，对全国金属切削机床行业发展影响巨大。东部地区数控磨床产量占全国的四分之三，其中，长江三角洲地区成为磨床(数控磨床)、电加工机床、板材加工设备、工具和机床功能部件(滚珠丝杠和直线导轨副)的主要生产基地。西部地区重点发展齿轮加工机床，其中西南地区重点发展齿轮加工机床、小型机床、专用生产线以及工具，西北地区主要发展齿轮磨床、数控车床和加工中心、工具和功能部件。中部地区主要发展重型机床和数控系统，重型机床产值占全国的六分之一，武汉重型机床集团有限公司生产的重型机床数量占全国重型机床数量的十分之一，生产数控系统的企业代表是武汉华中数控股份有限公司。环渤海地区包括北京、天津等，主要发展加工中心和液压压力机，北京主要发展加工中心、数控精密专用磨床、重型数控龙门铣床和数控系统，天津主要发展锥齿轮加工机床和各种液压压力机。珠江三角洲地区是数控系统的生产基地，主要生产数控车床和数控系统、功能部件等。这些生产区域的产品和其起到的重要作用，表明我国自主创新和高技术产业发生了历史性的巨大变化，取得了突飞猛进的发展。

我国机械制造业正在实现从"制造"到"智造"的转折和跨越，产品要有未来，技术要有特色，质量要高，售后服务要好，这些是推动我国机械制造业由弱变强的有效途径。

三、机械制造装备的发展趋势

随着制造业生产模式的不断变革，对机械制造装备的要求也变得更高，推动现代化机械制造装备发展呈现出以下趋势：

1. 发展方向向高效、高速、高精度迈进

高速和高精度加工是制造技术不断追求的目标，效率和质量是先进制造技术的核心。数控系统的高速插补和高实时运算技术，可使系统在高速运行中保持较高的定位精度，从而极大地提高效率、产品质量以及档次，缩短了生产周期，更加增强了市场竞争能力。近十年来，普通级数控机床的加工精度已提高到 5 μm，而精密级加工中心的加工精度可达到 1～1.5 μm，甚至超精密加工精度已开始进入纳米级。精密、高效也是世界电加工机床发展的主流。

2. 多功能复合化、柔性自动化的产品成为发展的主流

在近几届国内外举办的国际机床展览上，越来越多的装备具有新颖的高技术含量。国际机床展览上，多功能复合加工机床已不再以简单的零件加工为主，而是以加工结构复杂、形状各异的箱体类零件或更为复杂的零件为发展趋势。展出的机床类型也越来越多样化，包括最新的复合加工机床、五轴加工机床、纳米加工机床、新型并联加工机床等，体现了世界制造装备的先进技术，并展示了制造技术发展的最新动向。例如，应用超声波铣削、激光铣削等不同加工方式组合的复合机床品种逐渐增多，五至九轴控制、各种形式的五轴联动车铣复合中心、车削中心的功能齐全且完备。此外，柔性制造单元(FMC)、柔性制造系统(FMS)、柔性制造线(FML)的类型不断变化，品种也不断增加。

柔性制造系统(FMS)是一种自动化制造系统，由集中的控制系统和物料搬运系统连接多台数控机床，能够在不停机的情况下实现多品种、中小批量的加工及管理。FMS 适用于某一类中小批量多品种零部件的高效制造。此外，柔性制造线(FML)可以使用通用的加工中心、CNC 机床或专用机床，它对物料搬运系统柔性的要求低于 FMS，但生产率更高。FML 主要是为了实现生产线的柔性化及自动化。柔性制造工厂由计算机系统和网络通过制造执行系统(Manufacturing Execution System，MES)，将设计、工艺、生产管理及制造过程的所有柔性单元、柔性线连接起来，配以自动化立体仓库，实现从订货、设计、加工、装配、检验、运送至发货的完整的数字化制造过程。它将制造、产品开发及经营管理的自动化连成一个整体，以信息流控制物质流的智能制造系统(Intelligent Manufacturing System，IMS)为代表，实现整个工厂的柔性化及自动化。

3. 实施绿色制造与可持续发展战略

随着制造业物质产品的不断丰富，其消耗的资源和能源也在不断增加，同时对环境造成了极其严重的污染。随着全球经济一体化进程的加快和人们生活水平的不断提高，绿色制造逐渐成为世界各国关注的焦点之一。

绿色制造是一种现代制造模式，它综合考虑了环境影响和资源效益，是人类可持续发展战略在制造业中的具体体现，同时也是贯彻科学发展观、建设中国制造"生态文明"的重要要求。废旧机械装备是机械制造企业不可再生的宝贵资源，其再制造利用具有重要意义。

为实现绿色制造，需从多个方面入手，包括绿色制造过程设计、绿色生产与工艺、绿色切削加工技术、绿色供应链研究、机电产品噪声控制技术、绿色材料选择设计、绿色包装和使用、绿色回收和处理等。研究内容涵盖废旧机械装备再制造综合评价与再设计技术、废旧机械零部件绿色修复处理与再制造技术、废旧机械装备再制造信息化提升技术、机械装备再制造与提升的成套技术及标准规范，以及废旧机械装备产业化实施模式等。绿色制造以绿色科技为引领，致力于实现高效节能降耗减排的目标，积极推进绿色技术改造。目前已建立了面向企业绿色制造工程的集成环境平台。推进"中国绿色制造"的研究和推广应用，有助于降低我国制造业的资源消耗和环境污染，同时有利于应对绿色贸易壁垒，提高中国制造业的市场竞争力。

4. 智能制造技术和智能化装备有了新的发展

制造业装备智能化是智能制造系统的物理基础之一，它要求智能加工机床、工具和材料传送、检测和试验装备等具备广泛的加工任务和加工环境适应性，能够在环境和自身的不确定变化中自主实现最佳行为策略，从而实现智能化生产。提升底层加工设备的智能化水平是智能制造系统研究的一个重要议题，因为智能制造是一种面向未来的先进制造模式，其核心在于提高底层加工设备的智能化水平。随着现代工业技术的飞速发展和生产组织方式的深刻变革，传统的机械制造已经无法满足当今社会的多元化需求。为了满足日益复杂的市场需求，必须通过集成创新来提高企业竞争力，而智能制造正是基于这种背景应运而生的新型制造理念与模式。以智能机床为代表的装备，是在数控机床和加工中心的基础上实现的，其独特之处在于集成了感知、推理、决策、控制、通信、学习等多种智能功能，从而为用户提供更加智能化的加工体验。

目前国内大部分制造业都已将智能制造作为未来发展方向之一，而智能制造离不开高端机床。机床的智能化水平直接关系其生产效率和产品质量，这一点不容忽视。近年来，国外学者针对机床的智能化开展了大量研究工作，取得了一定进展，机床的智能化逐渐成为一个新的发展趋势。随着产品结构的日益复杂和对精度要求的不断提高，国外研究机构普遍认为，提升加工设备的智能化、可靠性和加工精度已成为提升企业竞争力的主要战略方向。

智能机床具备自我监测的能力，能够自主分析大量与机床、加工状态和环境相关的信息和其他因素，并采取相应的应对措施，以确保加工效果的最优化。随着工业机器人技术在数控机床中的广泛应用，机床的功能将从原来单纯的机械操作转变为自动化控制。因为机床已经不再进行简单的机械动作，而可以通过传感器感知外部信号并做出反应，从而实现自我调节，这意味着它已经具备了更高级的感知能力。在这种情况下，机床不仅能执行一些基本的工作任务，还能根据外界的变化来调整自己的行为。因为机床已经达到了能够发出信息和自主思考的高度，所以对于机床的自适应柔性和高效生产系统的需求已经得到了满足。在未来，智能机床将是机床制造业发展的一个重要趋势。随着现代科学技术的迅猛发展和自动化制造设备的广泛应用，机床正朝着网络化、集成化和智能化的方向迈进。

5. 我国自主创新和高新技术的发展

随着高新技术的不断发展，直接驱动技术也在不断完善。相较于传统的机床驱动方式，如"旋转伺服电动机＋滚珠丝杠"，直接驱动的最高速度可提升数十倍，加速度则可提高数倍。智能制造的发展对传统机械制造技术提出了新的挑战。当前数控机床正朝着高速、高效、高精度、智能化、环保化的方向迈进，这一切都得益于直接驱动技术的广泛应用。

高速切削是当今数控技术的主要发展趋势之一。为了实现高速切削加工进给系统的快速伺服控制和误差补偿，必须确保高精度的定位和重复定位，而直接驱动技术则适用于生产批量大、要求定位运动多、速度和方向频繁变化的场合。目前我国已广泛使用直线电动机作为高速切削机床进给系统的驱动器。直线电动机在磨床、锯床、激光切割机、等离子切割机、线切割机等机床设备上得到广泛应用，而力矩电动机直接驱动则是其中最为典型的应用方式，例如应用于旋转和分度工作台、万能回转铣头、摆动和旋转轴、旋转刀架、动态刀库、主轴等，尤其是应用于五轴铣床。

总之，现代制造业未来的发展将以创新、提升、优化为主要模式，中国制造业将不再满足于单纯的"制造"，而将进一步发展为"智造"，即通过知识和头脑的创新和创造，缩小差距，实现赶超，从制造大国向制造强国和智造大国转型。

课点 2 机械制造装备应具备的主要功能

在机械制造装备应具备的主要功能中，除了一般的功能要求外，还应强调柔性化、精密化、自动化、机电一体化、节材节能、符合工业工程和绿色工程的要求等方面。

一、一般的功能要求

机械制造装备应满足的一般功能要求包括：

1. 加工精度方面的要求

加工精度是指加工后零件对理想尺寸、形状和位置的符合程度，通常包括尺寸精度、表面形状精度、相互位置精度和表面粗糙度等多个方面。机械制造装备的最基本要求在于确保其加工精度达到所需的标准。

机械制造装备的加工精度受到多种因素的影响，其中包括几何精度、传动精度、运动精度、定位精度以及低速运动平稳性等多个方面，这些因素与装备本身密切相关。

2. 强度、刚度和抗振性方面的要求

机械制造装备的强度、刚度和抗振性必须达到足够的水平，以确保其在面对振动和震

动等极端环境下的稳定性和可靠性。要达到这些指标，就必须保证其各部件之间合理匹配和正确安装。提升装备零部件的强度、刚度和抗振性，不应盲目扩大其尺寸和质量，而应追求更高的品质和性能，避免出现"粗糙、黑暗、笨重"等问题。只有通过改进结构设计才能达到这一目的。通过采用最新的技术、工艺、结构和材料，对主要部件和整体结构进行设计，以确保装备的强度、刚度和抗振性符合规定要求，同时不会增加或减少质量。

3. 可靠性和加工稳定性方面的要求

在产品的使用过程中，可靠性指的是产品在规定的时间和条件下，能够实现的功能和能力，通常以"概率"来描述。产品的可靠性在很大程度上取决于其在设计和制造过程中所形成的内在稳定性。随着现代机械制造业的发展，机械产品越来越复杂，对其可靠性也提出了更高的要求。在机械制造装备的使用过程中，由于受到切削热、摩擦热、环境热等多种因素的影响，会发生热变形现象，从而会对加工性能的稳定性产生不利影响。对于高度自动化的机械制造设备而言，确保其加工过程的稳定性是至关重要的。机械加工设备工作时温度高，易导致零部件失效，甚至造成安全事故。为了提高加工的稳定性，需要采取一系列措施，包括减少热量的产生、优化散热和隔热系统、实现均热、进行热补偿以及控制环境温度等。

4. 使用寿命方面的要求

机械制造装备的长期使用，会使得零部件的磨损和间隙扩大，原始工作精度逐渐衰减。为了保证机械产品在寿命期内能正常运行，必须对其进行维护保养，以延长机械产品的使用寿命，降低维修费用。对于那些对加工精度有着极高要求的机械制造设备而言，其使用寿命方面的要求显得至关重要。由于机械零部件的寿命是由其自身质量决定的，所以延长机械传动系及各部分零件的使用寿命具有重要意义。为了延长其使用寿命，必须从多个方面进行综合考虑，包括但不限于设计、工艺、材料、热处理和使用等方面。在制造过程中，由于各种原因导致零件发生早期失效是不可避免的，所以延长机械产品使用寿命也就成为了一个重要课题。从设计角度来看，提升使用寿命的主要措施包括降低磨损程度、实现磨损均匀化以及进行磨损补偿等。

5. 技术经济方面的要求

将机械制造装备所产生的开支纳入产品成本之中，以实现成本分摊。如果所生产的产品产量较高，那么分摊到每个产品上的费用就会相应减少。若产品质量高，则分摊到每个产品上的费用就多。相反，若在机械制造设备上过度投资，甚至生产单件，将导致产品成本大幅增加，从而削弱产品在市场上的竞争力。从我国目前情况来看，机械工业发展速度很快，但由于对机械制造装备缺乏科学的认识，我国机械产品的技术水平落后于发达国家。因此，在追求机械制造装备的技术先进程度时，不能盲目地增加投入，而应进行深入的技术经济分析，以制定机械制造装备设计和选购的指导方针。

二、柔性化

柔性化有两重含义，即产品结构柔性化和功能柔性化。

　　产品结构柔性化就是在产品设计中运用模块化设计方法及机电一体化技术进行设计，仅需要对结构进行少量重组与改造，或者对软件进行改造，即可迅速推出符合市场需求、功能各异的新型产品。

　　功能柔性化就是只要对软件作少量调整或者修改，便能很容易地更改产品或者系统运行功能来适应各种加工需求。数控机床、柔性制造单元或者系统在功能上是高度柔性化的。柔性制造系统允许不同的工件同时在线进行混流加工。这种加工装备投入巨大，研制周期长，在使用与维修中涉及的技术困难较多，要经过仔细的技术经济分析后，得出有利可图的结论时，才可以考虑使用。

　　为了使机械制造装备柔性化不必非使用柔性制造单元和系统不可。专用机床，其中包括组合机床和由其构成的生产线，也可以设计为有一定的柔性，以完成某些批量大、工艺要求高的工件的生产。它的柔性体现为机床可以调节，以适应各种工件加工。调整方法为采用备用主轴、采用位置可调主轴、工夹量具成组化、工作程序软件化和部分动作实现数控化等。

三、精密化

　　随着科技的飞速发展和全球市场竞争的日益激烈，对产品的技术性能和制造精度的要求也越来越苛刻，从微米级到亚微米级，再到纳米级，对于高精度零件的需求也更加迫切。由于制造工艺和测量手段的限制，一些尺寸较大、形状复杂的高精度零部件难以通过传统方法进行精确检测和控制。这就需要将先进的科学技术运用于机械加工之中。为了提升产品品质，压缩工件制造的公差带，机械制造设备的精密化已成为广泛推广的趋势，并且这一趋势不断加强。在此情形下，单纯依赖传统手段提升机械制造设备的精度已无法达到预期效果，必须借助误差补偿技术来解决问题。因此，如何对机械制造设备进行误差补偿，便成为了一个亟待解决的问题。

　　误差补偿技术是一种利用多种手段对机械零部件进行微小变化的方法，以达到降低零件加工误差、提高产品质量的目的。机械式误差补偿技术，如用于提高丝杠或分度蜗轮精度的校正尺或校正凸轮等，是一种高效的手段。数字化技术也是提升机械制造设备精度的一种可行的方法，在数控加工过程中，通过计算机实时测量和控制机床进给系统，就可以实现高效高精度的加工。目前常用的误差补偿法有光栅测头法和光电编码器法等。采用数字化误差补偿技术，可显著提升机械制造设备在几何、传动、运动和定位等方面的精度，从而得到更加精准的测量结果。

四、自动化

　　自动化有全自动化与半自动化两种方式。全自动化指工件从上料、加工、卸料等整个生产过程能够自动地完成，半自动化则需要人工进行上下料。机械制造装备实现自动化以后，能够在加工时减少人工干预，降低工人劳动强度，提高加工效率与劳动生产率，确保产品的质量及其稳定性，改善劳动条件。

　　另外，刚性自动化和柔性自动化是两种可供选择的自动化方法。刚性自动化是一种基于凸轮和挡块的传统控制方式，通过采用凸轮机构来协调多个部件的运动，从而实现它们之间的无缝协作。在工件发生变化的情况下，需要对凸轮进行重新设计和对挡块进行调整，这种操作往往非常繁琐，故其一般仅适用于大规模生产。柔性自动化是一种以计算机控制为基础的生产自动化技术，它包括可编程逻辑控制和计算机数字控制两种主要形式。可编程逻辑控制技术以其特有的灵活性和通用性，在工业控制系统中得到广泛应用。通过将计算机数字控制与可编程逻辑控制相融合，可以实现对单件小批量生产的柔性自动化控制，并可以广泛应用于数控机床、加工中心、柔性制造单元、柔性制造系统以及计算机集成制造。

随着计算机数字控制技术的不断发展，自动化技术正朝着智能化的方向不断演进。智能化的制造系统是综合运用了现代工业自动控制和计算机技术的一种先进制造系统。在加工过程中，系统根据切削力、变形、振动等实际工作条件的变化，进行自动化的调整，如自动调整切削用量(如切削速度、进给速度等)，以确保加工过程始终处于最优状态，从而实现最优化加工精度控制或最优化生产率控制。

五、机电一体化

机电一体化就是综合运用机械技术和微电子、传感检测、信息处理、自动控制以及电力电子等技术按照系统工程及整体优化方法有机构成的技术体系。机电一体化系统与产品的一般结构为机械，通过传感器从外部和内部检测出运行状态信息，计算机对其进行处理，通过控制系统、机械、液压、气动、电气、电子及其混合形式来执行系统运行。

故机电一体化产品的设计中充分考虑了机械、液压、气动、电力电子、计算机软硬件等方面的特性，从而充分发挥其特性，合理地进行功能搭配，形成优良的技术系统。机电一体化使机械制造装备缩小了体积，简化了结构，节省了原材料，提高了可靠性与效率，使机械制造装备精密化、高效化与柔性自动化成为可能。

六、符合工业工程要求

工业工程是对人、物料、设备、能源和信息等所组成的集成系统进行设计、改善和实施的一门学科，它综合运用数学、物理学和社会学的专门知识和技术，结合工程分析和设计的原理与方法，对该系统所取得的成果进行确认、预测和评价。

产品设计满足工业工程要求就是指在产品开发阶段充分考虑到结构工艺性并提高标准化和通用化程度，从而采取最优工艺方案和选用最合理的制造设备，尽可能地降低材料与能源消耗；对机械制造装备总体合理布局，优化操作步骤与方式，提升工作效率；研究市场与消费者，确保产品质量标准合理，减少由质量标准定得太高而带来的不必要浪费。

七、符合绿色工程要求

绿色工程是以环境保护、资源节约和可持续发展为核心的工程，旨在实现生态文明建设和可持续发展。它是将现代工业自动控制和计算机技术结合起来，应用于机械制造业，以提高产品质量和劳动生产率为目的的一种先进制造系统。符合绿色工程标准的产品被归类为绿色产品。绿色产品开发就是以提高企业竞争力为目的，将环境保护贯穿于产品设计开发全过程，使之成为一个完整系统的过程。

在绿色产品的设计过程中，不仅要全面考虑产品的功能、质量、开发周期和成本，还需要优化各相关设计要素，以确保在产品的设计、制造、包装、运输、使用到报废处理的整个生命周期中，对环境的影响最小，同时最大限度地提高资源利用效率。

在绿色产品的设计中，必须考虑到材料的选择，以确保其无毒、无污染、可回收、可重用、易降解等多个方面；在制造产品的过程中，必须全面考虑环境保护和资源回收，包括但不限于废弃物的再生和处理、原材料的循环利用以及零部件的再利用等方面；产品使用过程中应尽可能地减少或消除对环境产生不利影响的因素。在考虑产品包装时，应当充分考虑选用具有丰富资源的包装材料，并对其进行回收再利用，以减少对环境造成的负面影响。因此在进行产品的设计时必须从这几方面综合考虑，这样才能保证产品符合环保要求。在考虑原材料再循环的成本时，必须综合考虑其在经济、结构和工艺等方面的可行性，以确保其成本控制在可接受范围内。

1.2 机械制造装备的分类及设计方法

课点3 机械制造装备的分类

机械制造过程是从原材料开始，经过热、冷加工，装配成产品，对产品进行检测、包装和发运的全过程。机械制造过程中所使用的装备类型繁多，大致可划分为加工装备、工艺装备、仓储输送装备和辅助装备四大类。

一、加工装备

加工装备是指采用机械制造方法制作机器零件或毛坯的机床。机床是制造零器件的机器，也称工作母机，其种类很多，包括金属切削机床、特种加工机床、快速成型机、锻压机床、塑料注射机、焊接设备、铸造设备和木工机床等。特种加工机床传统上属于金属切削机床类。但近年来，特种加工机床已发展为一个较大的门类，为叙述方便，这里将它作为一大类机床进行介绍。塑料注射机、焊接设备、铸造设备和木工机床等主要应用于塑料制品加工、材料热加工和木工行业，这里不作介绍。

(一) 金属切削机床

金属切削机床是采用切削工具或特种加工等方法，从工件上除去多余或预留的金属，以获得符合规定尺寸、几何形状、尺寸精度和表面质量要求零件的加工设备。金属切削机床种类繁多，可按如下特征进行分类：

1. 按机床的加工原理进行分类

按机床的加工原理可分为：车床、钻床、镗床、磨床、齿轮加工机床、螺纹加工机床、铣床、刨(插)床、拉床、特种加工机床、切断机床和其他机床等 12 类。其他机床有锯床、键槽加工机床、珩磨研磨机床等。

2. 按机床的使用范围进行分类

按机床的使用范围可分为通用机床、专用机床和专门化机床。

(1) 通用机床。通用的金属切削机床可加工多种尺寸和形状工件的多种加工面，故又称万能机床。其结构一般比较复杂，适用于单件或中小批量生产。

(2) 专用机床。专用机床是用于特定工件的特定表面、特定尺寸和特定工序加工的机床，是根据特定的工艺要求专门设计和制造的。其生产率和自动化程度均较高，结构比通用机床简单，多用于成批和大量生产。组合机床及其自动线是其中的一个大分支，包括大型组合机床及其自动线、小型组合机床及其自动线、自动换刀数控组合机床及其自动线等。

(3) 专门化机床。专门化机床的特点介于通用机床和专用机床之间，用于对形状相似尺寸不同的工件的特定表面，按特定的工序进行加工。这类机床有精密丝杠机床、曲轴机床等，生产率一般较高。

此外，机床还可以按其加工精度分为普通机床、精密机床和高精度机床，按其自动化程度分为普通机床、半自动机床和自动机床，按其控制方式分为程控机床、数控机床、仿形机床等。

(二) 特种加工机床

在过去的十年中，为满足国防和高科技领域的需求，许多产品正朝着高度精密、高速、高温、高压、大功率和小型化的方向不断发展。这些新产品对表面粗糙度、几何形状精度和表面质量都提出了更高的要求，这就导致传统的机械加工工艺已不能满足要求。通过采用特殊的加工技术，我们可以采用全新的工艺方法来解决那些传统加工手段难以或无法解决的众多工艺难题，例如大面积镜面加工、小径长孔甚至弯孔加工、脆硬难切削材料加工和微细加工等。因此，特种加工机床是一种重要而又特殊的机床，它不仅在生产上有很高的价值，而且在理论上也具有重大研究意义。近年来，特种加工机床的发展势头迅猛，根据其加工原理的不同，可将特种加工机床分为电加工、超声波加工、激光加工、电子束加工、离子束加工、水射流加工等多种机床。

1. 电加工机床

直接利用电能对工件进行加工的机床，统称为电加工机床。一般仅指电火花加工机床、电火花线切割机床和电解加工机床。

电火花加工机床是利用工具电极与工件之间的脉冲放电现象从工件上去除微粒材料从而达到加工要求的机床，主要用于加工硬的导电金属，如淬火钢、硬质合金等。按工具电极的形状和电极是否旋转，电火花加工可进行成型穿孔加工、电火花成型加工、电火花雕刻、电火花展成加工、电火花磨削等操作。

电火花线切割机床是利用金属丝作电极，在金属丝和工件间通过脉冲放电，并浇上液体介质，使之产生放电腐蚀从而进行切割加工的机床。当放置工件的工作台在水平面内按预定轨迹移动时，工件便可切割出所需要的形状。如金属丝在垂直其移动方向的平面内不与铅直线平行，可切出上下截面不同的工件。

电解加工机床是利用金属在直流电流的作用下，在电解液中发生阳极溶解的原理对工件进行加工的方法，又称电化学加工。加工时，工件与工具分别接电源的正负极，两者相对缓慢进给，并始终保持一定的间隙，让具有一定压力的电解液连续从间隙中流过，将工件上的被溶解物带走，使工件逐渐按工具的形状被加工成型。

2. 超声波加工机床

利用超声波能量对材料进行机械加工的设备称为超声波加工机床。加工时工具作超声振动，并以一定的静压力压在工件上，工件与工具间引入磨料悬浮液。在振动工具的作用下，磨粒对工件材料进行冲击和挤压，加上空化爆炸作用将材料切除。超声波加工适用于特硬材料，如石英、陶瓷、水晶、玻璃等材料的孔加工、套料、切割、雕刻、研磨和超声电加工等复合加工。

3. 激光加工机床

采用激光能量进行加工的设备统称为激光加工机床。激光是一种高能量、方向性好、单色性好的相干光。利用激光的极高能量密度产生的上万摄氏度高温聚焦在工件上，使工件被照射的局部在瞬间急剧熔化和蒸发，并产生强烈的冲击波，使熔化的物质爆炸式地喷射出来以改变工件的形状。

激光加工可以用于所有金属和非金属材料，特别适合于加工微小孔和切割材料(切缝宽度一般为 0.1~0.5 mm)。常用于加工金刚石拉丝模、钟表宝石轴承、陶瓷、玻璃等非金属材料和硬质合金、不锈钢等金属材料的小孔加工及切割加工。

4. 电子束加工机床

电子束加工是指在真空条件下，由阴极发射出的电子流为带高电位的阳极所吸引，在飞向阳极的过程中，经过聚焦、偏转和加速，最后以高速和细束状轰击被加工工件的一定部位，在几分之一秒内，将其99%以上的能量转化成热能，使工件上被轰击的局部材料瞬间熔化、汽化和蒸发，以完成工件的加工。常用于穿孔、切割、蚀刻、焊接、蒸镀、注入和熔炼等。此外，利用低能电子束对某些物质的化学作用进行镀膜和曝光，也属于电子束加工。电子束加工机床就是利用电子束的上述特性进行加工的装备。

5. 离子束加工机床

在电场作用下，将正离子从离子源出口孔"引出"，在真空条件下，将其聚焦、偏转和加速，并以大能量细束状轰击被加工部位，引起工件材料的变形与分离，或使靶材离子沉积到工件表面上，或使杂质离子射入工件内，用这种方法对工件进行穿孔、切割、铣削、成像、抛光、蚀刻、清洗、溅射、注入和蒸镀等的加工方式，统称为离子束加工。离子束加工机床就是利用离子束的上述特性进行加工的装备。

6. 水射流加工机床

水射流加工是利用具有很高速度的细水柱或掺有磨料的细水柱，冲击工件的被加工部位，使被加工部位上的材料被剥离的加工方法。随着工件与水柱间的相对移动，切割出要求的形状。常用于切割某些难加工材料，如陶瓷、硬质合金、高速钢、模具钢、淬火钢、白口铸铁、耐热合金、复合材料等。

(三) 锻压机床

锻压机床是利用金属的塑性变形特点进行成型加工的设备，属无屑加工设备，主要包括锻造机、冲压机、挤压机和轧制机四大类。

锻造机是利用金属的塑性变形，使坯料在工具的冲击力或静压力作用下成型为具有一定形状和尺寸的工件，同时使其性能和金相组织符合一定的技术要求的加工设备。按成型方法的不同，锻造加工可分为自由锻、模锻和特种锻造等。按锻造温度的不同，可分为热锻、温锻和冷锻等。

冲压机是借助模具对板料施加外力，迫使材料按模具形状和尺寸进行剪切或塑性变形，以获得达到要求的金属板制件的加工设备。根据加工时材料温度的不同，可分为冷冲压和热冲压。冲压工艺省工省料且生产率高。

挤压机是借助于凸模对放在凹模内的金属坯料的加力挤压，迫使金属挤满凹模和凸模合成的内腔空间，以获得所需金属制件的加工设备。挤压时，坯料受三向压应力的作用，有利于低塑性金属的成型。与模锻相比，挤压加工可节约金属材料，能够提高生产率和制品的精度。按挤压时材料温度的不同，可分为冷挤压、温热挤压和热挤压。

轧制机是使金属材料经过旋转的轧辊，在轧辊压力作用下产生塑性变形，以获得所要求的截面形状并同时改变其性能的加工设备。按轧制时材料温度是否在再结晶温度以上或以下，分为热轧和冷轧。按轧制方式又可分纵轧、横轧和斜轧。纵轧是轧件在两个平行排列而反向旋转的轧辊间轧制，用于轧制板材、型材、钢轨等；横轧是轧件在两个平行排列而同向旋转的轧辊间轧制，自身也做旋转运动，用于轧制套圈类零件；斜轧是轧件在两个轴线互成一定角度而同向旋转的轧辊间轧制，自身做螺旋前进运动，仅沿螺旋线受到轧制加工，主要用于轧制钢球。

二、工艺装备

产品制造时所使用的各种刀具、模具、夹具、量具等工具，总称为工艺装备。它是保证产品制造质量、贯彻工艺规程、提高生产率的重要手段。

(一) 刀具

切削加工时，从工件上切除多余材料时所用的工具，称为刀具。刀具的种类很多，如车刀、刨刀、铰刀、钻头、丝锥、齿轮滚刀等。大部分刀具已标准化，由工具制造厂大批量生产，不需自行设计。

(二) 模具

模具是用来将材料填充在其型腔中，以获得所需形状和尺寸制件的工具。按填充方法和填充材料的不同，模具分为粉末冶金模具、塑料模具、压铸模具、冲压模具、锻造模具等。

1. 粉末冶金模具

粉末冶金是制造机器零件的一种加工方法。粉末冶金模具是将一种或多种金属或非金属粉末混合，放在其型腔内，经加压成型，再烧结成制品的工具。

2. 塑料模具

塑料是以高分子合成树脂为主要成分，在一定条件下可塑制成一定形状且在常温下保持形状不变的材料。塑制成型制件所用的模子称为塑料模具。塑料模具分为压塑模具、挤塑模具、注射模具和其他模具。其他模具有挤出成型模具、发泡成型模具、低发泡注射成型模具和吹塑模具等。

压塑模具又称压胶模，是成型热固性塑料件的模具。成型前，根据压制工艺条件将模具加热到成型温度，然后将塑料粉放入型腔内预热、闭模和加压。塑料受热和加压后逐渐软化成黏流状态，在成型压力的作用下流动而充满型腔，经保压一段时间后，塑件逐渐硬化成型，然后开模和取出塑件。

挤塑模具又称挤胶模，是用于成型热固性塑料或封装电器元件的一种模具。成型及加料前先闭模，塑料放在单独的加料室内预热成黏流状态，再在压力的作用下使融料通过模具的浇注系统，高速挤入型腔，然后硬化成型。

注射模具沿分型面分为定模和动模两部分。定模安装在注射机的定模板上，动模则紧固在注射机的动模板上。工作时注射机将动模板与定模板紧密压紧，然后将机筒内已加热到熔融状态的塑料高压注入型腔，融料在模内冷却硬化到一定强度后，注射机将动模板与定模板沿分型面分开，即开启模具，将塑件顶出模外，获得塑料制件。

3. 压铸模具

熔融的金属在压铸机中以高压、高速射入压铸模具的型腔，并在压力下结晶成型。压铸件的尺寸精度高，表面光洁，主要用于制造非铁金属件。

4. 冲压模具

冲压模具包括阴模和阳模两部分。在室温下借助阳模对金属板料施加外力，迫使材料按阴模型腔的形状、尺寸进行裁剪或塑性变形。进行冲压加工时所用的钢材应是含碳量较低的高塑性钢。

5. 锻造模具

锻造模具是用于锻造的模具的总称。按所使用锻造设备的不同可分为：锤锻模、机锻模、平锻模、辗锻模等。按使用目的不同可分为：终成型模、预成型模、制坯模、冲孔模、切边模等。

(三) 夹具

夹具是安装在机床上，用于定位和夹紧工件的工艺装备，以保证加工时的定位精度、被加工面之间的相对位置精度，有利于工艺规程的贯彻和生产率的提高。夹具一般由定位机构、夹紧机构、刀具导向装置、工件推入和取出导向装置以及夹具体构成。按夹具安装在的机床的类别可分为：车床夹具、铣床夹具、刨床夹具、钻床夹具、镗床夹具、磨床夹具等。按夹具的专用化程度可分为：专用夹具、成组夹具和组合夹具等。

专用夹具是专为特定工件的特定工序设计和制造的。若产品改变或工艺改变,夹具基本上要报废。

成组夹具是采用成组技术,把工件按形状、尺寸和工艺相似性进行分组,再按每组工件设计组内通用的夹具。成组夹具的特点是:具有通用的夹具体,只需对夹具的部分元件稍作调整或更换,即可用于组内各个零件的加工。

组合夹具是利用一套标准元件和通用部件(如对定装置、动力装置)按加工要求组装而成的夹具。标准元件有不同的形状和尺寸,配合部位具有良好的互换性。当产品改变时,可以将组合夹具拆散,按新的加工要求重新组装。组合夹具常用于新产品试制和单件小批量生产中,可缩短生产准备时间,减少专用夹具的品种和试制过程环节。

(四) 量具

量具是以固定形式复现量值的计量器具的总称。许多量具已商品化,如千分尺、百分表、量块等。有些量具尽管是专用的,但可以相互借用,不必重新设计与制造,如极限量规、样板等,设计产品时所取的尺寸和公差应尽可能借用量具库中已有的量具来确定。有些则属于组合测量仪,基本是专用的,或只在较小的范围内通用。

组合测量仪可同时对多个尺寸进行测量,将这些尺寸与允许值进行比较,通过显示装置指示是否合格;也可以通过测得的尺寸值计算出其他一些较难直接测量的几何参数,如圆度、垂直度等,并与相应的允许值进行比较。组合测量仪中通常有模数转换装置、微处理器和显示装置(如信号灯、显示屏幕等),测得的值经模数转换装置转换成数量值,由微处理器将测得的值作相应的处理,并与允许值进行比较,得出是否合格的结论,由显示装置将测量分析结果显示出来;也可按设定的多元联立方程组求出所需的几何参数,与允许值进行比较,比较结果也在显示装置上显示出来。

三、仓储输送装备

仓储输送装备包括各级仓储、物料输送、机床上下料等设备。机器人可作为加工装备,如焊接机器人和喷漆机器人等,也可属于仓储输送装备,用于物料输送和机床上下料。

1. 仓储

仓储是用来储存原材料、外购器材、半成品、成品、工具、胎夹模具等物品的,分别归厂或由各车间管理。

现代化的仓储系统应有较高的机械化程度,采用计算机进行库存管理,以减轻劳动强度,提高工作效率,配合生产管理信息系统,控制合理的库存量。

立体仓库是一种很有发展前途的仓储结构,具备很多优点,包括占地面积小而库存量大、便于实现全盘机械化和自动化、便于进行计算机库存管理等。

2. 物料输送装置

物料输送在这里主要指坯料、半成品或成品在车间内工作中心间的传输。采用的输送方法有各种传送装置和自动运载小车。

输送装置主要用于流水生产线或自动线中，有四种主要类型：由许多根装在型钢台架上的轴构成的床形短距离滑道，它由人工或靠工件自重实现输送；由刚性推杆推动工件做同步运动的步进式输送装置；带有抓取机构的、在两工位间输送工件的输送机械手；由连续运动的链条带动工件或随行夹具的非同步输送装置。用于自动线中的输送装置有工作可靠、输送速度快、输送定位精度高、与自动线的工作协调等要求。

自动运载小车主要用于工作中心间工件的输送。与上述输送装置相比，它具有较大的柔性，即可通过计算机控制，方便地改变工作中心间工件输送的路线，故较多地用于柔性制造系统中。自动运载小车按其运行的原理分为有轨和无轨两大类。无轨运载小车的走向一般靠浅埋在地面下的制导电缆控制。在小车紧贴地面的底部装有接收天线，它用来接收制导电缆的感应信息，不断判别和校正走向。

3. 机床上下料装置

专为机床将坯料送到加工位置的机构称为上料装置，加工完毕后将制品从机床上取走的机构称为下料装置。在大批量自动化生产中，为减轻工人体力劳动，缩短上下料时间，常采用机床上下料装置。

四、辅助装备

辅助装备包括清洗机和排屑装置等设备。

清洗机是用来清洗工件表面尘屑油污的机械设备。所有零件在装配前均需经过清洗，以保证装配质量和使用寿命。清洗液常用 3%～10% 的碳酸钠或氢氧化钠水溶液，设备加热到 80～90℃，采用浸洗、喷洗、气相清洗和超声波清洗等方法。在自动装配线中，常常采用分槽多步式清洗生产线，完成工件的自动清洗。

排屑装置用于自动机床或自动线上，在加工区域将切屑清除，输送到机外或线外的集屑器内。清除切屑的装置常用离心力、压缩空气、电磁或真空、切削液冲刷等方法，输屑装置则有带式、螺旋式和刮板式多种。

课点4 机械制造装备的设计方法

机械制造装备设计可分为创新设计、变型设计和模块化设计三大类型，依据不同的设计类型可采用不同的设计方法。

一、创新设计

创新设计是指基于市场需求的预测，对产品结构进行全新设计，或运用最新的技术手段和原理，对传统产品进行改造，研发高附加值的新一代产品的设计。

在进行创新设计时，首先必须进行市场调研和预测，明确产品设计的任务，并在此基础上进行产品规划、方案设计、技术设计和施工设计。在进行产品研发时还要根据市场需要对设计方案不断地修正与改进。为了验证新产品的技术可行性，必须进行产品试制和产品试验，以确保其质量和可靠性，还必须进行产品生产准备工作和产品投产前的质量检验工作。为了验证新产品的制造工艺和工艺装备的可行性，我们采用小批量试生产的方式进行实验，再在此基础上进行批量生产，形成批量生产能力。通常情况下，设计和开发所需的周期较为漫长，因此需要投入大量的研发资源和精力。

（一）产品规划阶段

市场对产品的需求变化多端，因此在产品设计之前必须进行产品规划，确定新产品的功能、技术性能和开发日程表，以确保能够及时或提前研制出符合市场需求的产品，并将其投放市场，从而减少产品开发的盲目性。为了适应市场竞争形势，企业必须加强对产品开发工作的管理。在产品规划的阶段，我们将运用技术预测、市场学和信息学等多种理论和方法来解决设计过程中所遇到的问题。

在产品规划的阶段，必须明确设计任务，这需要在市场调研和预测的基础上，识别产品需求，进行可行性分析，并制定相应的设计技术任务计划。

1.需求分析

需求分析一般包括对销售市场和原材料市场的分析，例如：

(1) 新产品开发面向的客户及其对产品功能、技术性能、质量、数量、价格等方面的要求。

(2) 现有类似产品的功能、技术性能、价格、市场占有情况和发展趋势。

(3) 竞争对手在技术、经济方面的优势、劣势及发展趋向。

(4) 主要原材料、配件、半成品等的供应情况、价格及变化趋势等。

2.调查研究

调查研究包括市场调研、技术调研和社会环境调研三部分。

(1) 市场调研一般从以下几方面进行调研：

用户需求——有关产品功能、性能、质量、使用、保养、维修、外观、颜色、风格、需求量和价格等方面的要求。

产品情况——产品在其生命周期曲线中的位置，新老产品交替的动向分析等。

同行情况——同行产品经营销售情况和发展趋势，本企业产品的市场占有率与差距，主要竞争对手在技术、经济方面的优势、劣势及发展趋向。

供应情况——主要原材料、配件、半成品等的质量、品种、价格、供应等方面的情况及变化趋势等。

(2) 技术调研一般包括产品技术的现状及发展趋势，比如行业技术和专业技术的发展趋势；新型元器件、新材料、新工艺的应用和发展动态；竞争产品的技术特点分析；竞争企业的新产品开发动向；环境对研制的产品提出的要求，如使用环境的空气、湿度、有害物质和粉尘等对产品的要求；为保证产品的正常运转，研制的产品对环境提出的要求等。

(3) 社会调研一般包括企业目标市场所处的社会环境和有关的经济技术政策，如产业发展政策、投资动向、环境保护及安全等方面的法律、规定和标准；社会的风俗习惯；社会人员的构成状况、消费水平、消费心理和购买能力；本企业的实际情况、发展动向、优势和不足、发展潜力等。

3. 预测

预测分为定性预测和定量预测两部分。

(1) 定性预测是在数据和信息缺乏时，依靠经验和综合分析能力对未来的发展状况作出推测和估计。采用的方法有走访调查、资料查阅、抽样调查、类比调查、专家调查等。

(2) 定量预测是对影响预测结果的各种因素进行相关分析和筛选，根据主要影响因素和预测对象的数量关系建立数学模型，对市场发展情况作出定量预测。采用的方法有时间序列回归法、因果关系回归法、产品生命周期法等。

4. 可行性分析

对于产品开发中的重要问题，必须进行充分的技术经济论证，以判断其可行性，从而进行产品设计的可行性分析。可行性研究是一种科学方法，它是以市场为导向，从生产经营活动的全过程出发，综合运用多种学科知识和经验，对未来一定时期内可能出现的新情况、新问题所作的估计或预测。

在进行可行性分析时，需要综合考虑技术、经济和社会三个方面的因素，以全面评估其可行性。在产品设计过程中必须考虑上述因素，使设计方案既能满足使用要求又能降低产品成本。通过对技术、经济、社会等多个方面进行深入分析，并对产品开发的可行性进行全面研究，则可以撰写详尽的产品开发可行性报告。可行性报告一般包括如下内容：

(1) 产品开发的必要性，市场调查及预测情况，包括用户对产品功能、用途、质量、使用维护、外观、价格等方面的要求。

(2) 同类产品国内外的技术水平和发展趋势。

(3) 从技术上预期产品开发能达到的技术水平。

(4) 从设计、工艺和质量等方面需要解决的关键技术问题。

(5) 投资费用及开发时间进度，经济效益和社会效益估计。

(6) 现有条件下开发的可能性及准备采取的措施。

5. 编制设计任务书

经过可行性分析后，应确定待设计产品的设计要求和设计参数，编制"设计要求表"，表 1-1 所列内容可供参考。在"设计要求表"内要列出必须达到的要求和希望达到的要求。表中所列的各项要求应排出重要程度的次序，作为对设计进行评价时确定加权系数的依据。各项要求应尽可能用数值来描述其技术指标。

在上述基础上，结合本厂的技术经济和装备实际情况，编制产品的设计任务书。产品设计任务书是指导产品设计的基础性文件，其主要任务是对产品进行选型，确定最佳设计方针。在设计任务书内，应说明设计该产品的必要性和现实意义；产品的用途描述；设计所需要的全部重要数据；总体布局和结构特征；应满足的要求、条件和限制等。这些要求、条件和限制来源于市场、系统属性、环境、法律法规与有关标准，以及制造厂自身的实际情况，是产品设计、评价和决策的依据。

表 1-1 设计要求表

设计要求		必须和希望达到的要求	重要程度次序
类 别	项目及指标		
功能	运动参数	运动形式、方向、速度、加速度等		
	力参数	作用力大小、方向、载荷性质等		
	能量	功率、效率、压力、温度等		
	物料	产品物料特性		
	信号	控制要求、测量方式及要求等		
	其他性能	自动化程度、可靠性、寿命等		
经济	尺寸(长、宽、高)、体积和重量的限制			
	生产率、每年生产件数和总件数			
	最高允许成本、运转费用			
制造	加工	公差、特殊加工条件等		
	检验	测量和检验的特殊要求等		
	装配	装配要求、地基及安装现场要求等		
使用	使用对象	市场和用户类型		
	人机学要求	操纵、控制、调整、修理、配换、照明、安全、舒适		
	环境要求	噪声、密封、特殊要求等		
	工业美学	外观、色彩、造型等		
期限	设计完成日期	研制开始和完成日期，试验、出厂和交货日期等		

(二) 方案设计阶段

方案设计是根据设计任务书的要求，进行产品功能原理的设计。这阶段完成的质量将在很大程度上影响到产品的结构、性能、工艺和成本，从而关系到产品的技术水平及竞争能力。方案设计阶段大致包括对设计任务的抽象、建立功能结构、寻求原理解与求解方法、形成初步设计方案和对初步设计方案的评价与筛选等步骤。

1. 对设计任务的抽象

一项设计任务往往需要满足很多要求，其中只有少数是主要的，更多的是次要的。设计师对设计任务进行抽象时，应抓住主要要求，兼顾次要要求，避免由于知识和经验的局限性以及思想上的种种框框而影响设计方案的制订。对设计任务进行抽象是对设计任务的再认识，从众多应满足的要求中，通过功能关系和对与任务相关的主要约束条件的分析，对"设计要求表"一步一步进行抽象，找出具有本质性的、主要的要求，即本质功能，以便找到能实现这些本质功能的解，再进一步找出其最优解。

经过对设计任务的抽象，可明确所设计产品的总功能。总功能是表达输入量转变成输出量的能力。这里所谓的输入、输出量指的是物料、能量和信息。

2. 建立功能结构

产品的总功能通常是比较复杂的，较难直接看清楚输入和输出之间的关系。犹如产品通常由部件、组件和零件组成，与此相对应，产品应满足的总功能，也可分解成分功能和多级子功能，它们按确定的关系结合起来，以实现总功能。分功能和多级子功能及它们之间的关系称为功能结构，可用图 1-1 所示的图形表示。图中的方框是一个"黑箱"，代表一个系统，只知道其输入和输出特性，其内部结构在这阶段暂不细究。通过分析"黑箱"及其与周围环境的联系，以了解其功能、特性，进一步寻求其内部的机理和结构。图中实线箭头表示能量，双实线箭头表示物料，虚线箭头表示信息；箭头的位置可以画在方框的任一边，输入或输出用箭头的方向表示；能量、物料或信息可以是多项内容，用多个箭头表示；需注意上层输入、输出功能的内容必须与下层统一。

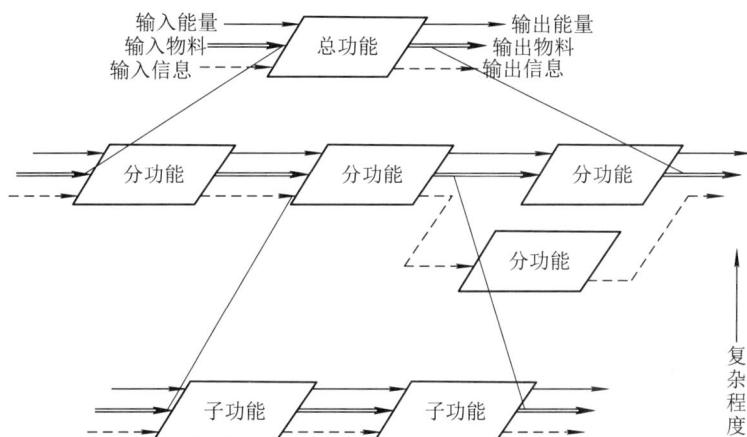

图 1-1 功能结构图

总功能可逐级往下分解，分解到子功能的要求比较明确，往下分解直到便于求解为止。

建立功能结构的另一个目的是便于了解产品中哪些子功能是已有的，则可直接采用已有零部件来实现；哪些子功能是以前没有的，则需要新开发零部件来实现。对功能结构进行分析，也可以找出在多种产品中重复出现的功能，为制订通用零部件规范提供了依据。

3. 寻求原理解与求解方法

对设计任务进行抽象，是为了确定最本质的功能；建立功能结构，是为了将复杂的总功能分解为比较简单的、相互联系的分功能。如何实现这些功能以及它们之间的联系，就是求解问题。

所谓原理解，就是能实现某种功能的工作原理，以及实现该工作原理的技术手段和结构原理，即所谓的功能载体。

工作原理是科学原理和技术原理的统称。为了寻求作为产品设计依据的科学原理，设计人员必须掌握广泛的科学知识，了解科学发展动态，不局限于单门学科(如机械学)，应综合运用机、电、液、光等多种学科的知识，运用发散思维方式寻求先进实用的科学原理。将科学原理具体运用于特定的技术目的，提炼、构思成所谓的技术原理，是设计中最关键、最富于创造性的一个环节。

从技术上和结构上实现工作原理的功能载体是以它具有的某种属性来完成的。这些属性包括物理化学属性、运动特性、几何特性和机械特性等。例如，两同心轴之间需要接合和断开的功能，可采用离合器来实现。作为离合器这个功能载体，根据其齿啮合属性、摩擦属性、液力属性或电磁属性，可分为牙嵌离合器、摩擦离合器、液力耦合器或电磁转差离合器等。

4. 形成初步设计方案

将所有子功能的原理解结合起来，才能形成和实现总功能。原理解的结合是设计过程中很重要的一环。原理解的结合可以得到多个初步设计方案，只有采用合适的结合方法，才能获得理想的初步设计方案。

(三) 技术设计阶段

技术设计阶段是将方案设计阶段拟定的初步设计方案具体化，确定结构原理方案。接下来的主要步骤有进行总体技术方案设计，确定主要技术参数、布局；进行结构设计，绘制装配草图，初选主要零件的材料和工艺方案，进行各种必要的性能计算。如果需要，还可以通过模型试验检验和改善设计。最后通过技术经济分析选择较优的设计方案。

在技术设计阶段，应综合运用系统工程学、价值工程学、力学、摩擦学、机械制造工程学、优化理论、可靠性理论、人机工程学、工业美学、相似理论等，以解决设计中出现的问题。

1. 确定结构原理方案

确定结构原理方案的过程如下：

(1) 确定结构原理方案的主要依据。根据初步设计方案，在充分理解原理解的基础上，确定结构原理方案的主要依据，其中包括：决定尺寸的依据，如功率、流量和联系尺寸等；决定布局的依据，如物流方向、运动方向和操作位置等；决定材料的依据，如耐蚀性、耐用性、市场供应情况等；决定和限制结构设计的空间条件，如距离、规定的轴的方向、装入的限制范围等。

(2) 确定结构原理方案。在上述依据的约束下，对主要功能结构进行构思，初步确定其材料和形状，进行粗略的结构设计。

(3) 评价和修改。对确定的结构原理方案进行技术经济评价，为进一步的修改提供依据。

2. 总体设计

总体设计阶段的任务是将结构原理方案进一步具体化。对于复杂程度较高的重要设计项目，可以提出多个总体设计方案以供选择。选优的准则一般包括：功能、使用性能、加工和装配的工艺性、生产成本、与原有产品的继承性等。总体设计的内容一般包括：

(1) 主要结构参数，包括尺寸参数、运动参数、动力参数、占用面积和空间等。

(2) 总体布局，包括部件组成、各部件的空间位置布局和运动方向、物料流动方向、操作位置、各部件相对运动配合关系，即工作循环图。在确定总体布局时，应充分考虑使用维护的方便性、安全性、外观造型、环境保护和对环境的要求等"人-机-环境"关系。

(3) 系统原理图，包括产品总体布局图、机械传动系统图、液压系统图、电力驱动和控制系统图等。

(4) 经济核算，包括产品成本和运行费用的估算、成本回收期、资源的再利用等。

(5) 其他方面的考虑，如材料选用、配件和外协件的供应、生产工艺、运输、开发周期等。

3. 结构设计

结构设计阶段的主要任务是在总体设计的基础上，对结构原理方案结构化，包括绘制产品总装图、部件装配图；提出初步的零件表、加工和装配说明书；对结构设计进行技术经济评价。

在技术设计阶段，因为掌握了更多的信息，所以有条件比方案设计阶段更具体、更定量地根据"设计要求表"中提出的要求，分析必达要求满足和超过的程度，确定对希望达到要求的处理结果，之后做出精确的技术经济评价，并找出设计的薄弱环节，进一步改进设计。技术经济评价通常从以下几方面进行：实现的功能，作用原理的科学性，结构合理性，参数计算准确性，安全性，人机工程要求，制造、检验、装配、运输、使用和维护的性能，资源回用，成本和产品研制周期等。

进行结构设计时必须遵守国家、部门和企业颁布的有关标准规范，充分考虑人机工程、外观造型、结构可靠性和耐用性、加工和装配工艺性、资源回用、环保等方面，以及材料、配件和外协件的供应，企业设备、资金和技术资源的利用，产品系列化、零部件通用化和标准化，结构相似性和继承性等方面的要求，通常要经过设计、审核、修改、再审核、再修改，多次反复，才可批准投产。

在结构设计阶段经常采用诸如有限元分析、优化设计、可靠性设计、计算机辅助设计等现代设计方法来解决设计中出现的问题。

对造价较高而设计成功把握不太高的产品，可通过模型试验检查产品的功能和零部件的强度、刚度、运动精度、振动稳定性、噪声、外观造型等方面的性能，在模型试验的基础上对设计作必要的修改。

(四) 施工设计阶段

施工设计阶段主要进行零件图设计，完善部件装配图和总装配图，进行商品化设计，编制各类技术文档等。

在施工设计阶段，应广泛运用工程图学、机械制造工艺学等理论和方法来解决设计中出现的问题。

1. 零件图设计

零件图中包含了为制造零件所需的全部信息。这些信息包括几何形状、全部尺寸、加工面的尺寸公差、几何公差和表面粗糙度要求、材料和热处理要求、其他特殊技术要求等。组成产品的零件有标准件、外购件和基本件。标准件和外购件不必提供零件图，基本件无论是自制或外协，均需提供零件图。零件图的图号应与装配图中的零件件号对应。

2. 完善装配图

在绘制零件图时，必须对装配图进行精细的调整，以确保从结构强度、工艺性和标准化等多个方面进行零件的结构设计。因此，在完成零件图的设计之后，必须对装配图的设计进行进一步的完善。每个零件在装配图中都必须按照企业规定的格式进行标注，以确保件号的准确性和规范性。如果没有标注件号，则不能作为图纸使用。

每一件零件的件号都是独立的，不能随意添加，以免给生产造成混乱。在进行零部件加工之前，要根据图纸对每个零部件分别编号。通常情况下，件号所包含的信息不仅限于产品型号和部件号，还包括材料、毛坯类型等其他相关信息，以便于备料和毛坯的生产和管理。

3. 商品化设计

商品化设计的目的是进一步提高产品的市场竞争力。商品化设计的内容一般包括：进行价值分析和价值设计，在保证产品功能和性能的基础上，降低成本；利用工业美学原理设计精美的造型和悦目的色彩，改善产品的外观功能；精化包装设计等。

4. 编制技术文档

对于技术文档的编制工作，我们应该给予足够的重视，将其视为对设计工作的深入思考和全面总结。技术文档是由技术人员在设计过程中形成的具有保存价值的文字、图表、数据、声像及其它各种形式的原始记录。编制技术文档的初衷在于为产品的制造、安装和调试提供必要的信息，同时为产品的质量检验、安装运输和使用等方面制定相应的规范。

因此，编制技术文档时，必须根据产品实际情况，合理确定各要素内容，并对每一个要素进行必要的说明或补充，以达到完善产品结构的作用。为此，技术文档的内容应当涵盖产品设计计算书、产品使用说明书、产品质量检查标准和规则、产品明细表等方面。产品设计计算书分通用设计计算书和专用设计计算书两种。产品的详细清单包含了基本件、标准件和外购件等多方面的信息。

二、变型设计

变型设计又称系列化设计。变型设计是在原有产品的基础上，按照一定的规律演变设计各种不同的规格参数、布局和附件的产品，变型设计可以迅速扩大原有产品的性能和功能，形成一个产品系列。创新设计和变型设计两者可以统筹运用，运用创新设计对系列化产品中的所谓的"基型产品"进行精心设计，变型产品则在系列型谱的范围内有指导地进行设计。

为了满足市场需求的快速变化，变型设计常常采用适应型和变参数型设计方法。两种设计方法都是在原有产品基础上，保持其基本工作原理和总体结构不变。适应型设计是通过改变或更换部分部件或结构，变参数型设计是通过改变部分尺寸与性能参数，形成所谓的变型产品，以扩大使用范围，满足更广泛的用户需求。适应型设计和变参数型设计统称"变型设计"。

(一) 变型设计的基本概念

为了缩短产品的设计和制造周期，降低成本，保证和提高产品的质量，在产品设计中应遵循变型设计的方法，以提高系列产品中零部件的通用化和标准化程度。

变型设计方法是在设计的某一类产品中，选择功能、结构和尺寸等方面较典型产品为基型，以它为基础，运用结构典型化、零部件通用化、标准化的原则，设计出其他各种尺寸参数的产品，构成产品的基型系列。在产品基型系列的基础上，同样运用结构典型化、零部件通用化、标准化的原则，增加、减去、更换或修改少数零部件，派生出不同用途的变型产品，构成产品派生系列，并编制反映基型系列和派生系列关系的产品系列型谱。在系列型谱中，各规格产品应有相同的功能结构和相似的结构形式；同一类型的零部件在规格不同的产品中应具有完全相同的功能结构；不同规格的产品，同一种参数应按一定规律(通常按等比级数)变化。

变型设计应遵循"产品系列化、零部件通用化、标准化"原则(简称"三化"原则)。有时将"结构的典型化"作为第四条原则，即所谓的"四化"原则。

变型设计是产品设计合理化的一条途径，是提高产品质量、降低成本、开发变型产品的重要途径之一。

(二) 变型设计的优缺点

1. 变型设计的优点

(1) 可以用较少品种规格的产品满足市场较大范围的需求，这意味着增加每个品种产品的生产批量，有助于降低生产成本，提高产品制造质量的稳定性。

(2) 系列中不同规格的产品是经过严格性能试验和长期生产考验的基型产品演变和派生而成的，可以大大减少设计工作量，提高设计质量，减少产品开发的风险，缩短产品的研制周期。

(3) 产品有较高的结构相似性和零部件的通用性，因而可以压缩工艺装备的数量和种类，有助于缩短产品的研制周期，降低生产成本。

(4) 零部件的种类少，系列中的产品结构相似，便于进行产品的维修，改善售后服务质量。

(5) 为开展变型设计提供技术基础。

2. 变型设计的缺点

为了以较少品种规格的产品满足市场较大范围的需求，每个品种规格的产品都具有一定的通用性，满足一定范围的使用需求，用户只能在系列型谱内有限的一些品种规格中选择所需的产品，选到的产品，一方面其性能参数和功能特性不一定最符合用户的要求，另一方面有些功能对用户来说还可能冗余。

(三) 变型设计的步骤

1. 主参数和主要性能指标的确定

变型设计的第一步是确定产品的主参数和主要性能指标。主参数和主要性能指标应最大程度地反映产品的工作性能和设计要求。例如，卧式车床的主参数是在床身上的最大回转直径，主要性能指标之一是最大的工件长度；升降台铣床的主参数是工作台工作面的宽度，主要性能指标是工作台工作面的长度；摇臂钻床的主参数是最大钻孔直径，主要性能指标是主轴轴线至立柱母线的最大距离。上述参数决定了相应机床的主要几何尺寸、功率和转速范围，从而决定了该机床的设计要求。

2. 参数分级

经过技术和经济分析，将产品的主参数和主要性能指标按一定规律进行分级，制定参数标准。产品的主参数应尽可能采用优先数系。优先数系是公比为 $\sqrt[N]{10}$，$N = 5$、10、20

或 40 的等比数列，见表 1-2。

　　若主参数系列公比选得较小，则分级较密，有利于用户选到满意的产品，但系列内产品的规格品种较多，上述变型设计的许多优点得不到充分利用；反之，若主参数系列公比选得较大，则分级较粗，系列内产品的规格品种较少，可带来上述变型设计的许多优点，但为了以较少的品种满足较大使用范围内的需求，系列内每个品种产品应具有较大的通用性，这导致结构相对复杂、成本会有所提高，对用户来说较难选到称心如意的产品。因此必须把市场、设计、制造和经销作为一个系统来进行全面的调查研究，经过技术经济分析，才能正确地确定最佳的参数分级。简单地说，产品的需求量越大，要求的技术性能越要准确，参数分级应越密；反之，参数分级可粗些。

表 1-2　优先数系及其公比 φ

N	5	10	20	40
公比 φ	1.60	1.25	1.12	1.06
优先数系	1.00	1.00	1.00	1.00
				1.06
			1.12	1.12
				1.18
		1.25	1.25	1.25
				1.32
			1.40	1.40
				1.50
	1.60	1.60	1.60	1.60
				1.70
			1.80	1.80
				1.90
		2.00	2.00	2.00
				2.12
			2.24	2.24
				2.36
	2.50	2.50	2.50	2.50
				2.65
			2.80	2.80
				3.00
		3.15	3.15	3.15
				3.35
			3.55	3.55
				3.75

续表

N	5	10	20	40
公比 φ	1.60	1.25	1.12	1.06
优先数系	4.00	4.00	4.00	4.00
				4.25
			4.50	4.50
				4.75
	4.00	5.00	5.00	5.00
				5.30
			5.60	5.60
				6.00
	6.30	6.30	6.30	6.30
				6.70
			7.10	7.10
				7.50
		8.00	8.00	8.00
				8.50
			9.00	9.00
				9.50

3. 制订系列型谱

系列型谱通常是二维甚至多维的，其中一维是主参数，其他维是主要性能指标。通过系列型谱的制订，可以确定产品的品种、基型和变型、布局、各产品品种的技术性能和技术参数等。在系列型谱中，结构最典型、应用最广泛的是所谓的"基型产品"，因此进行产品的系列设计通常从基型产品开始。

在制订系列型谱的过程中，产品零部件应充分考虑通用化和标准化的要求。通用化是指不同型号的机床采用相同的零部件，标准化是指使用要求相同的零部件按照现行的各种标准和规范进行设计和制造。

系列型谱内的产品是在基型产品的基础上经过演变和派生扩展而成的。扩展的方式有纵系列、横系列和跨系列三类。

(1) 纵系列产品。纵系列产品是一组功能、工作原理和结构相同，而尺寸和性能参数不同的产品。纵系列产品一般应综合考虑使用要求及技术经济原则，合理确定产品主参数和主要性能参数系列。如果主参数和主要性能指标按优先数系选择，能较好地满足用户要求且便于设计。

(2) 横系列产品。横系列产品是在基型产品基础上，通过增加、减去、更换或修改某些零部件，实现功能扩展的派生产品。例如，在卧式车床基础上开发的用于加工轴承套圈的无尾座短床身车床、用于加工大直径工件的马鞍形车床等。

(3) 跨系列产品。跨系列产品是采用相同的主要基础件和通用部件的不同类型产品。例如，通过改造坐标镗床的主轴箱部件和部分控制系统，可开发出坐标磨床、坐标电火花成型机床、三坐标测量机等不同类型产品，即跨系列产品。其中机床的工作台、立柱等主要基础件及一些通用部件适用于跨系列的各种产品。

三、模块化设计

模块化设计作为产品设计的一种合理化方式，不仅能够提升产品质量、降低生产成本、加快设计进度，还能够促进组合设计的实施，具有重要的应用价值。采用模块化设计方法，可通过精选适宜的功能模块，直接组合形成所谓的"组合产品"，从而达到缩短研制周期、降低产品成本的目的。

进行模块化设计，是在对不同性能和规格的产品进行功能分析的基础上，划分并设计出一系列功能模块，通过这些模块的组合，形成不同类型或相同类型但性能不同的产品，以满足市场多元化的需求。因此，可以把模块化技术应用于企业产品开发之中。制造资源规划(Manufacturing Resources Planning，MRP II)系统通常可用于推动模块化设计。模块化设计可以由销售部门承担，也可以在销售部门中成立一个专门从事模块化设计的设计组，由其来承担。设计的资料可以直接提交给生产计划部门，用于安排和投产组成产品的各个模块，并将这些模块组装成所需的产品。模块可以有多种类型，如单件型、小批量型、多品种型，等等。对于模块的设计，应该采用系列化的设计原则，即每一类模块的多种规格参数按照一定的规律变化，而功能结构则完全相同，同时各个模块中的零部件应该尽可能地标准化和通用化。

(一) 模块化设计的优点

(1) 便于采用具有新技术、新设计，且性能更好的模块取代原有旧模块，提高产品的性能，加快产品的更新换代。

(2) 采用模块化设计，只需更换部分模块，或设计制造个别模块和专用部件，便可快速满足用户提出的特殊订货要求，大大缩短设计和供货周期。

(3) 在模块化设计方法中，由于产品的大多数零部件由单件小批生产性质变为批量生产，有利于采用成组加工等先进工艺，有利于组织专业化生产，既提高质量，又降低成本。

(4) 模块系统中大部分部件由模块组成，如果设备发生故障，只需更换有关模块，维护修理更为方便，对生产影响少，还能加快产品更新换代。

(二) 模块化设计的步骤

1. 对市场需求进行深入调查，明确任务

为了能以最少的模块组合出数量最多、总功能各不相同的产品，需要对市场需求进行深入调查，对总功能加以明确，摒弃市场需求很少而又需要付出很大设计和制造代价的那些部分。

2. 建立功能结构

待实现的总功能可由多个具有分功能的模块组合而成。如何划分模块是模块化产品设计中的关键问题。模块种类少，通用化程度高，加工批量大，对降低成本较有利。但每个

模块需满足更多的功能和更高的性能，其结构必然复杂，组成的每个产品的功能冗余必然也多，整个模块化系统的结构柔性化程度必然也低。设计时应对功能、性能和成本等诸方面因素进行全面分析，才能合理地划分模块。

划分模块的出发点是功能分析，将产品的总功能分解为分功能、功能元，以获得相应的功能模块，再具体化为生产模块。功能模块是从满足技术功能的角度来确定的，因此它可以通过模块的相互组合来实现各种总功能结构。生产模块则不是根据其功能，而纯粹是从制造的角度来确定的。

总功能包括基本功能、辅助功能、特殊功能、适应功能和专门功能等几类，相应地建立有基本模块、辅助模块、特殊模块、适应模块和非标模块等，如图 1-2 所示。

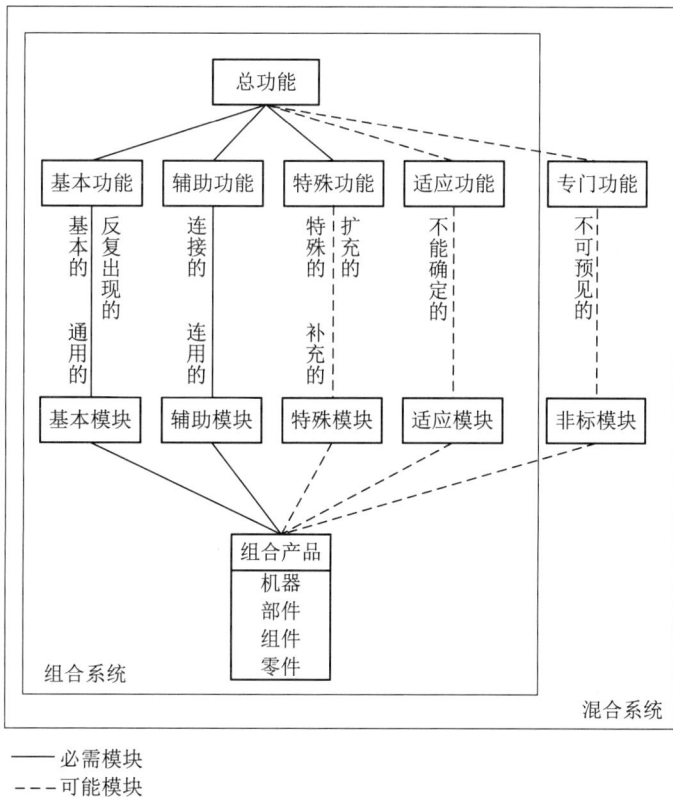

图 1-2　模块分类

基本模块实现系统中最基本的功能，是反复使用和不可缺少的。

辅助模块的用途是实现模块间的连接，通常为连接元件和接头。辅助模块必须按基本模块和其他模块的参数规格开发，在组合产品中是必不可少的。

特殊模块用来完成某些特殊的、补充的和设计任务书特别要求的功能，通常是基本模块的一个附件。

适应模块是为了适应其他系统和边界条件，此模块某些结构尺寸是不确定的，可随着边界条件的变化加以调整。

非标模块是为某个具体任务单独开发的，以满足模块化系统有时满足不了的一些意想不到的功能要求，与标准模块构成所谓的"混合系统"。

现以车床为例进行模块的划分。首先通过市场需求的分析，明确任务，绘出如图 1-3 所示的功能结构。

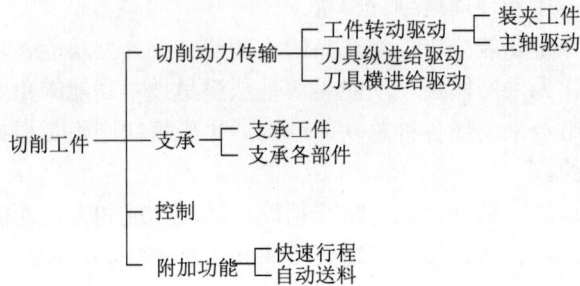

图 1-3　车床功能结构

根据对功能结构分析的结果，可建立如图 1-4 所示的模块系统，共有 9 类 28 种模块，以组合成多种不同功能的车床。

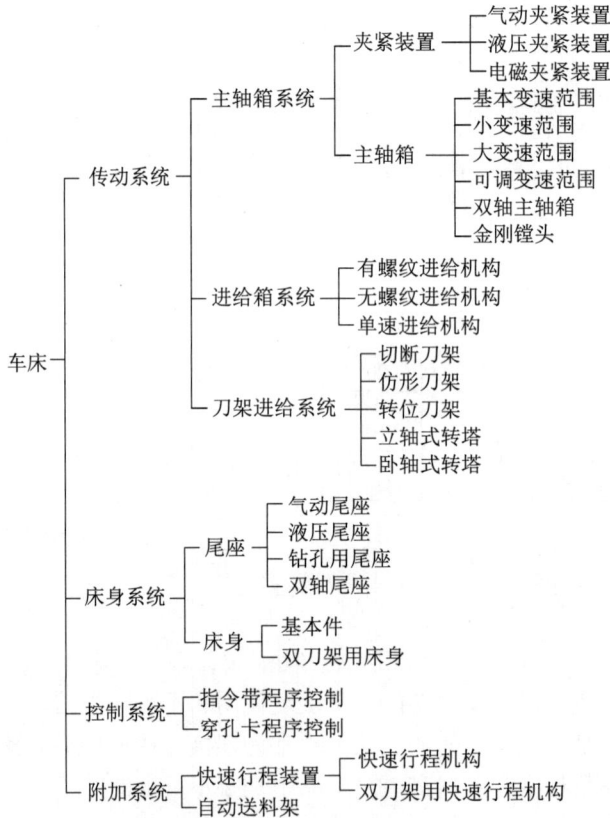

图 1-4　车床的模块划分

在功能模块的基础上，再根据具体生产条件确定生产模块。生产模块是实际使用时拼装组合的模块，它可以是部件、组件或零件。一个功能模块可能分解为多个生产模块。以部件作为生产模块较为普遍；组件模块可以使部件有不同的功能和性能，在实际使用中，更换组件有时比更换部件更灵活；零件模块的灵活性则更大。大的铸件或焊接件，从便于加工的方面考虑还可进一步模块化，划分为若干个结构要素。用这些结构要素可组合成不同规格的铸件或焊接件，以减少木模或胎模的数量。

3. 合理确定产品的系列型谱和参数

模块化系统也应遵循变型设计的原理，以用户的需求为依据，通过市场调查及技术经济分析，确定模块的系列型谱。纵系列模块系统中模块功能及原理方案相同，结构相似，而尺寸参数有变化。随参数变化对系列产品划分合理区段，且同一区段内模块通用。横系列模块系统是在一定基型产品的基础上更换或添加模块，以得到扩展功能的同类变型产品。跨系列模块系统中包括具有相近动力参数的不同类型产品，可有两种模块化方式：一是在相同的基础件结构上选用不同模块系统的模块组成跨系列产品；二是在基础件不同的跨系列产品中，具有同一功能的零部件选用相同的功能模块。

4. 模块的组合

模块化系统的设计要考虑模块如何组合，以达到用较少种类的模块组合出尽可能多的组合产品的目的。

模块系统分为开式和闭式两类：闭式系统由一定数量种类的模块组成有限数量的组合，而开式系统则是由模块得到无限多的组合。闭式系统可计算出模块的理论组合数，但在实际应用中由于要考虑使用需要、工艺可能及相容关系，实际组合数通常远小于理论组合数。

模块组合要精心设计结合部的结构，结合部位的形状、尺寸、配合精度等应尽量符合标准。

5. 模块的计算机管理系统

先进的模块化系统不但可采用 CAD，而且可用计算机进行管理，以更好地体现模块化设计的优越性。模块的计算机辅助管理的功能如下：

(1) 对模块进行编码，以便进行计算机管理。

(2) 给出模块系统最多可组合的产品数。

(3) 对于用户的某一给定的设计要求，分析是否存在一种有效的组合方案。

(4) 在满足要求的各种组合方案中进行评价，选择最佳的组合方案。

(5) 若无有效的组合方案满足用户要求，可为新的模块设计提供信息。

(6) 给出已选方案的模块组装图、明细表及价格表。

模块化设计可由销售部门承担；有关设计资料，包括模块组装图和明细表，可通过计算机网络直接传给生产计划部门，其对产品的各个模块直接安排投产，实现所谓的"MRPU"驱动。

四、合理化工程

合理化工程是一种管理哲理，适用于合同型企业。合同型企业的产品通常需按顾客的特殊要求进行设计制造。如果设计周期过长，导致产品交货期过长，则有可能失去顾客；如果要求在规定的时间内交货，产品设计周期过长，则产品的制造周期必须进行压缩，这有可能会影响产品的制造质量。因此对于合同型企业，压缩产品的设计周期是非常重要的。

合理化工程的主要目的是采用先进的信息处理技术，进行产品结构的重组、产品设计开发过程的重组和设计、管理系统信息集成，尽可能减少产品零部件的类别数，从而缩短产品的开发周期，提高产品设计质量，缩短产品的生产周期，并在这基础上提高产品的质量，降低产品的成本，改善售后服务。

产品结构的重组即进行系列产品和组合产品的开发、产品编码和产品技术文件的系统化，从而减少零部件的类别数。

产品设计开发过程的重组是将产品的设计开发过程分成全新产品设计和合同产品设计两部分。全新产品设计通常是依据对市场发展的预测所进行的换代产品和创新产品的设计。合同产品设计是根据合同要求选择适当的系列产品或组合产品，进行系列化设计或模块化设计。

为了实现产品结构和产品设计开发过程的重组，企业必须采用 CAD/CAM 和 MRP II 技术，并实现两者之间的信息集成。

1.3　机械制造装备设计参考指标点

课点5　机械制造装备的评价

一、工艺范围评价

机床工艺范围是指机床适应不同生产要求的能力。一般包括在机床上完成的工序种类、工件的类型、材料、尺寸范围以及毛坯种类等。根据机床的工艺范围，可将机床设计成通用机床、专门化机床和专用机床三种不同的类型。

机床工艺范围要根据市场需求以及用户要求合理确定。不仅要考虑单个机床的工艺范围，还要考虑生产系统整体，合理配置不同机床以及确定各自工艺范围，以便追求系统优化效果。一般来说，机床的工艺范围窄，可使机床的结构简单，容易实现自动化，生产率也可高一些。但是如果工艺范围过窄，会使机床的使用范围受到一定限制，并在一定程度上对加工工艺的革新起阻碍作用。如果工艺范围过宽，将使机床结构复杂，不能充分发挥机床各部件的性能，甚至有时会影响机床主要性能的提高。

用于单件或小批量生产的通用机床，要求在同一台机床上能完成多种多样的工作，以适应不同工序的需要，所以加工的工艺范围应该宽一些，例如，有较宽的转速范围和较充裕的尺寸参数，也可以增设各种附件以便扩大机床的工艺范围。

专用机床和专门化机床多用于大量或大批量生产，因其是为某一特定的工艺要求服务的，为了提高生产率，可采用工序分散方法，一台机床只负担几道甚至一道工序的加工。因此合理地缩小机床工艺范围以简化机床结构、提高效率、降低成本，是设计这一类机床的基本原则。

数控机床是一种能进行自动化加工的通用机床，由于数字控制的优越性，常常使其工艺范围比普通机床更宽，更适合于机械制造业多品种小批量的要求。加工中心由于具有刀库和自动换刀装置等，一次装夹能进行多面多工序加工，不仅工艺范围宽，而且有利于提高加工效率和加工精度。

二、生产能力评价

(一) 生产率方面

机床的生产率通常是指单位时间内机床所能加工的工件数量，即

$$Q = \frac{1}{t} = \frac{1}{t_1 + t_2 + t_3/n}$$

式中，Q 为机床生产率；t 为单个工件的平均加工时间；t_1 为单个工件的切削加工时间；t_2 为单个工件加工过程中的辅助时间；t_3 为加工一批工件的准备与结束工作时间；n 为一批工件的数量。

要提高机床生产率，必须缩短加工一个工件的平均总时间，其中包括缩短切削加工时间、辅助时间及分摊到每个工件上的准备和结束时间。采用先进刀具提高机床的切削速度，采用大切深、大进给、多刀多刃和成型切削等方法，都可以减少单件加工时间，提高生产率。采用机械手等机构自动装卸工件和自动换刀，利用气动、液动、电动、离心等夹紧机构自动装卡工件，可减少辅助时间，从而提高生产率。

通过对上式的进一步分析还可知，要提高生产率，单靠减少切削加工时间或辅助时间是有一定限度的，必须使切削加工时间、辅助时间及准备结束时间同时减少才更有效。设计机床时，当切削加工时间较长，远高于辅助时间和准备与结束工作时间时，自动化程度对生产率影响不大，提高生产率主要应减少切削加工时间。当切削加工时间较短时，对于实现自动化的要求才显得迫切。

(二) 自动化程度方面

机床自动化加工可以减少人对加工的干预，从而减少失误，保证加工质量；能够减轻劳动强度，改善劳动环境；还能减少辅助时间，有利于提高劳动生产率。机床的自动化分为大批大量生产自动化和单件小批量生产自动化。大批大量生产自动化，采用自动化单机(如组合机床、自动机床(包括数控机床))来组成生产流水线。单件小批量生产自动化，采用数控机床、加工中心来组成能控制加工和输送工件的高灵活性高效自动化生产系统，简称柔性制造系统(FMS)。多个柔性制造系统可形成工厂自动化(factory automation)，能够进行多品种、小批量生产自动化。

机床的自动化程度可以用自动化系数表示：

$$K_Z = \frac{t_Z}{t_X}$$

式中，t_Z 为一个工作循环中自动工作的时间；t_X 为完成一个工作循环的总时间。

设计机床时应根据实际情况确定自动化程度和所采用的手段，通用机床用途较广，加工对象变化较大，但也应尽可能实现局部的自动化循环。实现自动化所采用的手段与生产批量有很大关系。

(三) 性能方面

机床在加工过程中产生的各种静态力、动态力及温度变化，会引起机床变形、振动、噪声等问题，给加工精度和生产率带来了不利影响。机床性能就是指机床对上述现象的抵抗能力。由于影响的因素很多，在机床性能方面还难以像精度检验那样，制定出确切的检验方法和评价指标。机床性能主要包括以下内容。

1. 传动效率

传动效率是衡量机床能否有效利用电动机输出功率的能力，可用下式表示：

$$\eta = \frac{P}{P_E}$$

式中，η 为机床传动效率，P 为机床输出功率，P_E 为电动机输出功率。

机床的功率损失主要转化成摩擦热，这会造成传动件的磨损并引起机床热变形，因此，传动效率是间接反映机床设计与制造质量的重要指标之一。对于普通机床，主轴最高转速时的空运转功率不应超过电机功率的 1/3。机床的传动效率与机床传动链的长短及传动件的速度有关，也受轴承预紧、传动件平衡和润滑状态等因素的影响。

2. 刚度

刚度又称静刚度，是机床整机或零部件在静载荷作用下抵抗弹性变形的能力。如果机床刚度不足，在切削力等载荷作用下，会使有关零部件产生较大变形，恶化这些零部件的工作条件，特别是会使刀具与工件间产生较大位移，从而影响加工精度。

机床是一个由众多零件组合而成的复杂弹性体，为了提高机床刚度，要分析对刀具与工件间弹性位移影响较大的零部件，如主轴组件、刀架、支撑导轨等，同时要注意机床结构刚度的均衡与协调，防止出现薄弱环节。

3. 抗振能力

机床的抗振能力是指机床工作部件在交变载荷作用下抵抗变形的能力，包括抵抗受迫振动和自激振动的能力。习惯上称前者为抗振性，后者为切削稳定性。机床的受迫振动是在内部或外部振源，即交变力的作用下产生的，如果振源频率接近机床整机或某个重要零部件的固有频率，则会产生共振，必须加以避免。自激振动是机床-刀具-工件系统在切削加工中，由于内部具有某种反馈机制而产生的振动，其频率一般接近机床系统的某个固有频率。

机床零部件的振动会恶化其工作条件，加剧磨损，引起噪声；刀架与工件间的振动会直接影响加工质量，降低刀具耐用度，是限制机床生产率的重要因素。

为了提高机床的抗振性能，可采取相应的措施。对来自机床外部的振源，最可靠最有效的方法就是隔离振源。尽量使主运动电动机与主机分离，并且采用橡胶摩擦传动(如平带传动、V 带传动、多楔带传动等)驱动机床的主运动，避免电机振动的传递。对无法隔离的振源(如立式机床的电动机)或传动链内部形成的振源，则应：① 选择合理的传动形式(如采用变频无级调速电机或双速电机)，尽量缩短传动链，减少传动件个数，即减少振动源的数量；② 提高传动链各传动轴组件，尤其是主轴组件的刚度，提高其固有角频率；③ 大传动件应做动平衡或设置阻尼机构；④ 箱体外表面涂刷高阻尼涂层，如机床腻子等，增加阻尼比；⑤ 提高各部件结合面的表面精度，增强结合面的局部刚度。

自激振动与机床的阻尼比特别是主轴组件的阻尼比、刀具以及切削用量尤其是切削宽度密切相关。除增大工作部件的阻尼比外，还可调整切削用量来避免自激振动，使切削稳定。

4. 噪声

随着机床切削速度的提高、功率的增大、自动化功能的增多和机床变速范围的扩大，机床噪声已经成为机床设计和制造中一个不容忽视的问题。噪声损伤人的听觉器官和生理功能，妨碍语言通信，降低劳动生产率，是一种公害，必须采取措施予以降低。

机床振动是噪声源，主要分为以下几类：

① 齿轮、滚动轴承及其他传动零件的振动、摩擦等造成的机械噪声。传动件的传动线速度增加一倍，噪声增加 6 dB；载荷增加一倍，噪声增加 3 dB。

② 油泵、液压阀、管道中的油液冲击造成的液压噪声。

③ 电机风扇、转子旋转搅动空气形成的空气噪声。

④ 电动机定子内磁滞伸缩产生的电磁噪声。

噪声可直接从这些零件发出，还可通过其周围的结构作二次声发射，故应从控制噪声的生成和隔音两个方面着手以降低噪声。在控制噪声生成方面，应先找出机床最主要的噪声源，再采取降低噪声的措施，如传动系统的合理安排，轴承及齿轮结构的合理设计，提高主轴箱体和主轴系统的刚度，避免结构共振，选用合理的润滑方式和轴承结构形式等。在隔音方面，应根据噪声的吸收和隔离原理，考虑隔音措施，如将齿圈与辐板分离，齿轮箱严格密封，选用吸振材料作箱体罩壳等。

5. 热变形

机床工作时会受到内部热源的影响，如电动机发热，液压系统发热，轴承、齿轮等摩擦传动发热以及切削热等；还会受到外部热源的影响，如环境温度变化和周围的辐射热源，使机床各部分温度发生变化。热源在机床上分布不均，且产生的热量不同，自然会导致机床各部分不同的温升。由于不同金属材料具有不同的热膨胀系数，所以机床各部分变形不一，从而产生机床热变形。

机床热变形会破坏机床的原始精度，引起加工误差，还会破坏轴承、导轨等的调整间隙，加快运动件的磨损，甚至会影响正常运转。据统计，机床热变形引起的加工误差最大值约占全部误差的 70%，热变形尤其对精密机床、大型机床、自动化机床、数控机床的影响较大，是不容忽视的。

机床设计中要求采取各种措施来减少内部热源的发热量，改善散热条件，均衡热源，减少温升和热变形；还可采用热变形补偿措施，减少热变形对加工精度的影响。

三、可靠性评价

机床的可靠性是指机床在整个使用寿命期间内完成规定功能的能力，也就是要求机床不轻易发生或尽可能少发生故障。它是一项重要的技术经济指标，对于机床制造企业来说，是提高产品信誉、增强产品竞争力的重要手段，在企业经营中有相当重要的作用。随着自动化水平的不断提高，也越来越需要许多机床、仪表、控制系统和辅助装置协同工作，如自动线、自动化工厂等。它们对机床可靠性指标的要求是相当高的，因为当一台机床因出现故障而停车时，往往会影响全线或某一部分的自动化生产。因此，对于纳入自动线、自动化加工系统或自动化工厂的机床，必须采取适当的措施来保证机床的可靠性。

为了维持使用可靠性所采取的措施称为维护。实际上在使用中的可靠性是靠检查、分解、修理、变换、调整和清扫等各种维护手段来维持的。这就要求在设计时就考虑机床的维护问题，如机床的操纵、观察、调整、装卸工件和工具应方便操作；机床维护简单，使用安全：零部件便于拆装，有互换性，易于查找故障进行修理，并便于安装、包装、运输和保管等。使用安全包括操作者的安全，误动作的防止，超载超程的保护，有关动作的互锁，用检测试验和报警等手段确认动作状态，探测故障和缺陷，记录和跟踪故障趋向等。

衡量可靠性的主要指标有可靠度、平均无故障工作时间(期望寿命)、故障率等。

1. 可靠度

可靠度是指机床或零件在规定条件下，在规定运行时间内，执行所规定的功能无故障运行的概率。

2. 平均无故障工作时间

平均无故障工作时间表示故障间隔的平均时间，是一个比较直观的且非常重要的指标。一些长寿命产品(如机床、数控系统、电视机、冰箱、汽车)多采用这一指标来规定其可靠性。也有用故障前运行时间的平均值来表示可靠性的情形。

3. 故障率

某一产品已经安全运行了某段时间间隔，而在下一段时间间隔内，产品的失效概率称为故障率。故障率也就是表示故障即将发生的概率。

故障率有初期、随机和集中耗损三种类型。初期故障型也称减少型，多发生在产品投入运行初期。为了消除初期失效，在产品交付用户前，应在较为苛刻的条件下运行一段时间，以便发现故障，并将其消除。随机故障型也称常数型，它随机发生，一般存在于比较复杂的系统中。集中耗损故障型也称增加型，是指在产品运行一段时间后，故障发生的概率突然开始增加，预测这一时间的意义非常重大。

四、人机工程学评价

产品设计应满足其应具备的功能，也应该满足人机工程学方面的要求。人机工程学是研究人机关系的一门学科，它把人和机作为一个系统，研究人机系统应具有什么样的条件，才能使人机实现高度的协调性，人只需付出适宜的代价使系统取得最大的功效和安全。它不仅涉及工程技术理论，还涉及生理学、人体解剖学、心理学和劳动卫生学等理论和方法，是一门综合性的边缘学科。

人机工程学评价的内容十分广泛，大致包括以下几方面的内容：

(一) 人因素方面

产品设计中应充分考虑与人体有关的问题。例如，人体静态与动态的形体尺寸参数，人对信息的感知特性，人的反应及能力特性，人在劳动中的心理特征等，使设计的产品符合人的生理、心理特点，具有一个安全、舒适、可靠、高效的工作条件。下面详细介绍一些与人体有关的内容。

1. 人体静态与功能尺寸

人体的静态尺寸因年龄、性别和地区等因素存在差异，新发布的国家标准《中国成年人人体尺寸》(GB/T 10000—2023)对人体尺寸参数进行了全面更新与统计分析。该标准纳入了我国成年人的主要静态人体尺寸，涵盖立姿、坐姿、头部、手部、足部等 52 项人体尺寸测量项目，以及基于 2014—2018 年全国调查数据更新的百分位数统计。此标准将年龄进行分组(18—25 岁、26—35 岁、36—60 岁、61—70 岁四组)，并整合了人体功能尺寸数据，适用于工作空间设计。所有数据均标明对应人群占比的百分位数，便于实际应用。人体功能尺寸指人在特定姿势下的活动空间尺度，包括立姿、坐姿及综合姿势下的四肢活动范围。

2. 人体操纵力

人在操作和使用机器时需做一些操作动作，操作件使人体承受一定的负荷，这些负荷使人体肌肉工作，通过心脏循环系统向肌肉提供血液，维持肌肉做功的消耗。当操作负荷达到一定的强烈程度和持续时间时，不同年龄、性别、身体素质及健康状态的人体会出现不同程度的疲劳现象。这是因为人体对负荷的耐受能力存在个体差异，同时，人体不同部位肌肉可承受的负荷还与操作件的位置、动作方向密切相关。在操作设计时，需要充分考虑这些因素，以确保操作既不过于沉重，也不过于轻快。在通常情况下，操作应追求轻快与灵活，但同时也必须避免过于轻快，以免无法承受人体肢体的自然重量而导致误操作的发生。

3. 人的视觉和听觉特性

人在操作机器时，通过感官，如视觉、听觉接受外界的信息，由大脑进行分析和处理，作出反应，进而实现对机器的操纵和控制。要实现正确的操作，人必须能够准确、全面、及时地接受外界的信息。设计时应研究和分析人感官器官的感知能力和范围，确定合适的人机界面。

据统计，人感知的信息有 80%～90%是由视觉器官接收的，设计产品时，信息源应尽可能在人的视野和视距范围内。视野是指人的头部和眼球固定不动的情况下，眼睛自然可见的空间范围，常以度(°)来表示。正常人的视野在水平面内约为左右 60°，有效区域为左右 10°～20°；垂直面内向上 50°，向下 70°，有效区域向上 30°，向下 40°。

人的视觉接受能力与视野角度有直接关系，如正前方的视觉接受能力为"1"。视野角度与视觉接受能力之间的关系见表 1-3。视野角度当然可以通过人头部左右和上下转动 45°和 30°而扩大，但持续时间长了会引起颈部的疲劳。

表 1-3 视觉接受能力

视野角度/(°)	0	5	20	35	50	65	80
视觉接受能力	1	1/2	1/4	1/8	1/12	1/18	1/36

视距是指人在操作过程中正常的观察距离。一般操作视距范围为 380~760 mm。视距过远或过近都会影响认读的速度和准确性，因此要根据工作要求的精确程度、性质和内容来确定和选择最佳视距。

人的眼睛沿水平方向运动比垂直方向运动灵活，感觉水平尺寸的误差也比垂直尺寸精确，且不易疲劳，因此视觉接受的信号源应尽可能水平排列。人的视线习惯从左到右、从上到下按顺时针方向移动。当眼睛观察视区时，视区的右上象限观察效果最优，然后依次是左上象限、左下象限和右下象限。直线轮廓比曲线轮廓更易被人眼接受。人眼最易辨别红色，然后依次为绿、黄、白；当两种颜色匹配在一起时，最易辨别的颜色按顺序依次是黄底黑字、黑底白字、蓝底白字、白底黑字等。

人的听觉器官也是重要的信息接收器。人们对来自听觉的信息反应较来自视觉的信息反应快 30~50 ms。人们可以听到的声音频率范围为 20~2000 Hz，可以听到的声强级范围为 0~120 dB，当超过 110~130 dB 时人们会感到不舒服。机器的运转信号如需要通过声音信息传给操纵者，其声音信号的频率和声强应适于人耳的接受范围，而且应有别于机器周围或机器本身产生的声音。声音信号的设计应根据信号的意义，如报警、提示、显示运行状态等的区别，设计成不同的音响形式。音响形式可以是连续音响、断续音响、音乐等，使人听到该音响后马上产生相应的条件反射，进行必要的操作。

(二) 机器因素方面

设计产品时，产品自身结构应满足人机工程学方面的要求。主要包括以下几方面内容：

1. 信号显示装置设计

信号显示装置应根据人的生理和心理特征进行设计，使人接受信息速度快、可靠性高、误读率低，并减轻精神紧张和身体疲劳。

信号显示装置包括仪表显示和信号灯显示两种。仪表显示有指针式和数显式两类。前者显示的信号形象化、直观，使偏差和偏差方向一目了然，常用于监控仪表。后者认读速度快、精度高，且不易产生视觉疲劳。信号灯显示有两个作用：一是指示性的，即引起操作者注意，或指示操作，具有传递信息的作用；二是显示工作状态，即反映某个指令、某种操作或某个运行过程的执行情况。设计时应正确选择信号灯的颜色和位置。信号灯的颜色通常有以下几类：红色表示危险、禁止，表示要求立即进行处理的状态；黄色表示提醒、警告，表示状态变得危险或达到临界状态；绿色表示安全、正常工作状态，还可表示机器的预置和准备状态。

2. 操作装置设计

操作装置有手动和脚动两类。手动操作装置按运动方式分为旋转式操作器、移动式操作器、按压式操作器等。设计时应注意其形状、大小、位置、运动状态和操作力的大小等，留出人的操作位置，让操作者有一个合适的姿势；还要注意合理布局操作件的位置和确定操作运动的方向、合适的操作力大小。以上这些都应符合生物力学和生理学的规律，以保证操作时的舒适和方便。

设计时还应注意人们的操作习惯，这些操作习惯包括：

(1) 手柄操作方向。当运动件作直线运动时，手柄操作方向应大致平行于运动件的移动轨迹，并与运动件产生的运动方向一致。当运动件作回转运动时，手柄的回转平面应与运动件的回转平面平行，手柄的操作方向应与运动件产生的回转方向一致。

(2) 按钮位置。按钮的排列直线应和运动件的运动方向相平行，即操纵运动件向右、向前或向上的按钮应布置在按钮板的最右、最前和最上方，如图1-5所示。

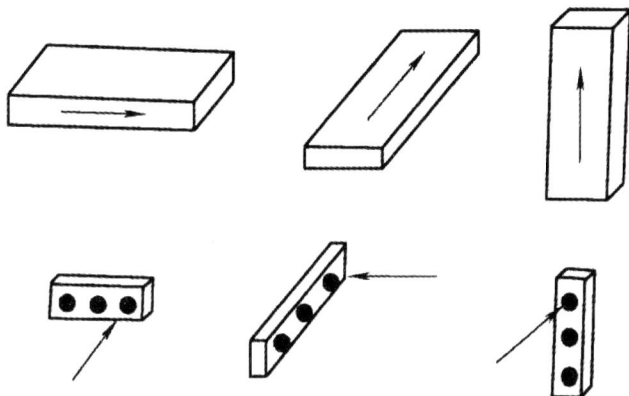

图 1-5 平面运动按钮布置规则

如果运动件作回转运动，按钮位置的排列方向应与距该组按钮最近的运动件上的圆周线速度方向一致。

(3) 手轮操作方向。如果运动件作直线运动，当操作者面对手轮轴端，顺时针方向转动手轮时，运动件应向右或向上运动。

如果运动件作回转运动，当操作者面对手轮轴端，顺时针方向转动手轮时，运动件应作顺时针方向回转。

如果运动件作径向运动，当操作者面对手轮轴端，顺时针方向转动手轮时，运动件应向中心方向运动。

(4) 特殊情况。当一个操作件可以使运动件实现多个方向运动时，上述原则应用于最常用的一个方向；当同时操纵主运动和进给运动时，上述原则适用于进给运动。

3. 安全保障技术

安全保障技术包括系统本身安全性和操作人员安全性两大方面。为保证系统本身的安全性，应自动设置安全工作区限，设计互锁安全操作，如工作环境条件的监测监控，非正常工作状态的自动停机，对操作失误的自动安全处理等。为保证人员的安全性，应采取各种保障人身安全的措施，如漏电保护、报警指示、急停操作和快速制动等，同时对危险工作区要设置自动光电栅栏、工作区自动防护及有害物和危险物的自动封闭等。

(三) 人机系统方面

人机系统方面需评价的内容包括：

(1) 产品系统中人的功能和其他各部分功能之间的联系和制约条件，以及人机之间功能的合理分配方法。

(2) 系统中被控对象状态信息的处理过程，人机控制链的优化。

(3) 人机系统的可靠性和安全性。

(4) 环境因素对劳动质量及生活质量的影响，提高作业舒适度和安全保障系统的设计。

(四) 环境因素方面

环境因素方面需评价的内容包括：

(1) 作业空间，如场地、厂房、机器布局、作业线布置、道路及交通、安全门等。

(2) 物理环境，包括照明、空气温度、湿度、气压、粉尘、辐射、噪声等。

(3) 化学环境，包括有毒物质、化学性有害气体及水质污染等。

五、结构工艺性评价

结构工艺性评价的目的是降低生产成本，缩短生产时间，提高产品质量。结构工艺性应从加工、装配、维修和运输等方面来评价。

(一) 加工工艺性

应从产品结构的合理组合和零件的加工工艺性两方面评价加工工艺性。

1. 产品结构的合理组合

一个产品是由部件、组件和零件组成的。组成产品的零部件越少，结构越简单，重量也越轻，但可能导致零件的形状复杂，加工工艺性差。根据工艺要求，设计时应合理地考虑产品的结构组合，把工艺性不太好或尺寸较大的零件分解成多个工艺性较好的较小零件。这样做的优点是使零件的尺寸与企业生产设备尺寸相适应，也易于装配和运输；零件形状简单化，易于毛坯生产和加工制造；维修时只需更换失效的零件，其他零件仍可继续使用；多个零件可以平行投产，缩短生产周期。但此操作带来的缺点是因多个零件靠连接面装配在一起，这些连接面均需保证一定的精度要求，增加了加工费用和装配费用；由于存在连接面，刚度、抗振性和密封性能皆有所降低。因此，产品结构的合理组合也包括设计时把多个结构简单、尺寸较小的零件合并为一个零件，以减轻重量，减少连接面数量，节省加工和装配费用，改善结构的力学性能。

有些零件上各工作面的工作条件不同，常采用不同的材料，例如，蜗轮的齿部为了具备耐磨性，常采用铜材质；轮毂部位为了提高强度和降低成本，常采用钢材质。可将多个零件的坯件用不可拆方式连接在一起，如热压配合、铆接、粘接或螺纹连接等，然后再整体地进行加工，可取得很好的效果。

2. 零件的加工工艺性

零件的结构形状、材料、尺寸、表面质量、公差和配合等确定了其加工工艺性。加工工艺性的评价应依据制造厂现有生产条件进行，没有一个绝对的标准。这些生产条件概括起来包括如下几个方面：传统的工艺习惯，本企业的加工设备和工装条件，外协加工条件，与老产品结构的通用性，材料、毛坯和半成品的供应情况和质量检验的可能性等。

零件的加工工艺性与其材料和毛坯类型有很大的关系，下面简单介绍一些对结构设计有指导意义的规律。

(1) 铸件类零件尽可能不采用型芯，如果采用型芯要考虑其支承和清砂；模型和型芯尽可能采取直线、平面等简单形状；结构形状应充分考虑起模方便；避免大面积的水平壁和正三角截面，以免产生气泡和缩孔；壁厚不可小于最小允许尺寸，并应尽量均匀，厚度变化应逐渐过渡；合理考虑分型面的位置，便于机械加工和去除飞边；加工面应留有必要的退刀槽，要考虑加工时夹紧和定位的可靠性和刚性；避免倾斜的加工面，在结构允许的前提下，调整加工面于一个平面上；当孔在同一个轴线上甚至具有相同直径和公差时，可合并工序，简化工艺；在结构允许的前提下，用分散布置的小连接面替代整块大的连接面，以减少加工工作量。

(2) 模锻件类零件结构形状应充分考虑起模方便；分型面尽可能是平面，尽量位于零件高度的一半处，并与最小高度相垂直；避免过大的薄平面；采用较大过渡圆角，避免过窄肋片、内槽和过小的冲孔；避免急剧的断面过渡和向冲模内过深地挤压成型。

(3) 冷挤压件类零件结构形状应充分考虑起模方便；避免边缘倾斜和小的直径差；尽可能采取回转对称形状；避免断面突然变化，避免尖铣的棱边和内槽；避免细、长或侧向的孔。

(4) 车削加工类零件要给出必要的退刀槽；力求成型刀具尽量简单；尽可能不要在孔内开沟槽，孔公差和表面粗糙度不要太严；考虑车削加工时夹持的可靠性；轴上的环肩不要太高，以免增加金属去除量。

(5) 钻孔加工类零件尽量采用通孔，避免不通孔，若不通孔尽可能采用锥形孔底；斜孔的入口和出口处有垂直于孔轴线的凸台或凹面。

(6) 铣削加工类零件尽量采用平的铣削表面，以便采用平铣刀或组合铣刀进行加工，避免采用昂贵的成形铣刀；沟槽尽可能采用盘状铣刀进行加工，避免采用指形齿轮铣刀进行加工，后者价格较高且加工效率低；各加工面尽可能处于同一平面或相互平行，以便在一次进给或安装中完成加工。

(7) 磨削加工类零件的磨削面两端尽可能没有台肩，以便采用高效低成本的大直径圆周砂轮进行磨削，如果结构上必须有台肩，应留出足够宽度的退刀槽；在同一个零件上，尽可能采用相同的圆角和锥度。

(二) 装配工艺性

产品设计阶段不仅决定了零件加工的成本和质量，也决定了装配的成本和质量。装配的成本和质量取决于装配操作的种类和次数，装配操作的种类和次数又与产品结构、零件及其结合部位的结构和生产类型有关。

1. 便于提高装配效率及质量的四种途径

在面向产品装配环节时，可采用装配操作的分解、压缩、统一和简化四种途径，有效提升装配效率与质量。

(1) 装配操作的分解。将产品合理地分解成部件，部件分解成组件，组件再分解成零件，可实现平行装配，既缩短了装配周期，也保证了装配质量。在装配过程中尽可能减少加工，部件尽可能可单独进行试验。

(2) 装配操作的压缩。尽可能减少零件、将它们拆开。

(3) 装配操作的统一。装配时尽可能采用统一的工具、工艺的装配方向和方法。

(4) 装配操作的简化。减少装配工序和工步的数目。

2. 便于装配的零件结合部位结构

零件结合部位结构的合理性可以改善装配工艺性。减少结合部位的数量、统一和简化结合部位的结构是提高装配工艺性的重要措施。采用粘接、卡接或一些特殊连接方法代替螺钉连接，可减少连接元件数量和装配工作量。

3. 便于装配的零件结构

零件结构应便于自动储存、识别、整理、夹取和移动，以提高装配的工艺性。

(三) 维修工艺性

产品设计应充分考虑产品的维修性。好的维修性体现在以下几方面：
(1) 平均修复时间短。
(2) 维修所需元器件或零部件的互换性好，并容易买到或有充足的备件。
(3) 有宽敞的维修工作空间。
(4) 维修工具、附件及辅助维修设备的数量和种类少，准备齐全。
(5) 维修技术的复杂性低。
(6) 维修人员数量少。
(7) 维修成本低。
(8) 采用状态监测和自动记录，指导维修。

六、色彩造型评价

机械产品的造型不同于一般的艺术品，其造型必须与功能相适应，即功能决定造型，造型表现功能。机械产品的造型也必须建立在系列化、通用化和标准化的基础上，同一系列产品应具有风格一致的造型。

机械产品的造型的总原则是经济实用、美观大方。"经济"指的是造型成本低，并有助于提高产品的可靠性、寿命和人机界面。"实用"指的是使用操作方便、舒适、符合人体的生理和心理特征，使人机系统的工作效能达到最高。"美观大方"是指产品的外观形象给人的心理、生理及视觉产生良好效应。人的审美观点尽管不全相同，但还是有相同规律可循，良好的外观造型应从产品造型设计和产品色彩两方面去评价。

(一) 产品造型设计

良好的产品造型必须符合美学原则，美学原则不是一成不变的，它随着社会发展、科学技术进步、人类社会文化、艺术和文明的提高而不断发展、创新和增加新的内容。美学原则包括如下几个方面：

1. 尺度与比例

尺度是指工业产品造型的整体及局部与人体的生理尺寸或人所习惯的某种特定标准之间相适应的大小关系，而不是指造型物体本身的大小。有尺度感的造型，具有使用合理、与人的生理感觉和谐、与使用环境协调的特点，是造型美的基本因素之一。

　　产品造型的比例一般是指造型的整体与局部、局部与局部之间大小对比的关系，以及整体或局部本身长、宽、高之间的比例关系。人的视觉本能地喜爱比例得当的造型，即所谓的比率美。常用的比例称黄金比例，即 0.618。宽长比例符合黄金比例的矩形称为黄金矩形。

2. 对称与均衡

　　对称和均衡是取得良好视觉平衡的两种基本形式。

　　对称是自然界最常见的一种平衡方式，也广泛地用于产品造型中，可给人以庄重、严肃、规整、安全可靠、稳定有力量的感觉。

　　均衡是不对称的平衡方式，来源于力学的平衡原理。与对称不同，对称是以对称线或对称面表现出的平衡方式，而均衡是以支点表现出的平衡方式。均衡造型的产品具有静中有动、动中有静的条理美和动态美。

3. 安定与轻巧

　　所谓安定，是指形体靠近地面的部分重而大，显得稳定、可靠、安全。

　　轻巧的造型能给人以轻松、灵巧的视觉效果，可增加产品的生动感、亲切感。

　　对于重心低而扁平的形体，适当减小其底部的支承面积，可取得轻巧的造型效果，如图1-6(a)所示；对于重心高的形体，适当增加其底部的支承面积，可改善其造型的安定感，如图 1-6(b)所示；对于重心偏离支承底面的形体，采用如图 1-6(c)所示的造型，可消除倾倒危险的感觉，增加其稳定感。

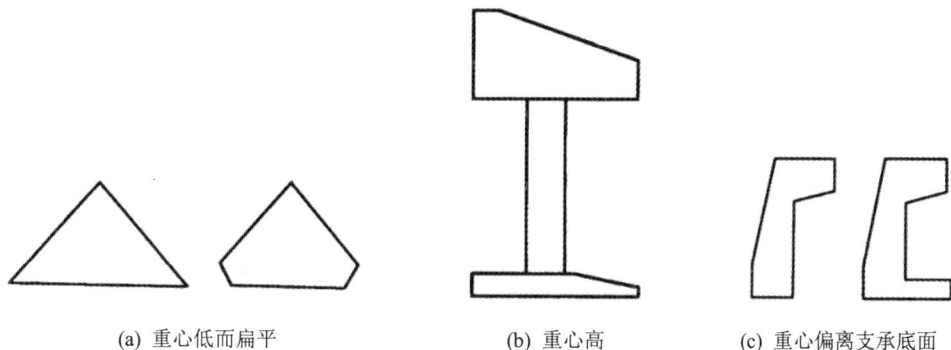

(a) 重心低而扁平　　　　　　　(b) 重心高　　　　　(c) 重心偏离支承底面

图 1-6　安定与轻巧的处理举例

4. 对比与调和

　　所谓对比，是对某一部分进行重点处理，突出地表现需强调的部分，使造型生动、个性鲜明、避免平淡。所谓调和，是对造型中的构成要素进行统一的协调处理，使造型柔和亲切，避免生硬杂乱。

　　在产品造型设计中，一般以调和为主调，在调和的基础上再采用对比的手法。常用的手法有以下几方面：

　　(1) 线型的对比与调和。这里的线型是指产品的轮廓线，对比表现为线型的曲与直、粗与细、长与短、连续与间断、倾斜与垂直等。把不同类型的线型组织在同一产品造型中，应以一种线型为主调，局部运用与主调有差异的线型起对比和衬托作用，可使造型既主次分明，有主调避免了杂乱，又富有变化，打破单调，使产品造型具有独特的风格。

(2) 体量的对比与调和。体量的对比表现为大与小、方与圆等形体的对比。在产品造型设计中，清一色地采用同一种体量，如同样大小的方形会显得呆板、平淡。如图 1-7 的两组造型，每组中左侧的造型比右侧的造型显得形象、生动、活泼。

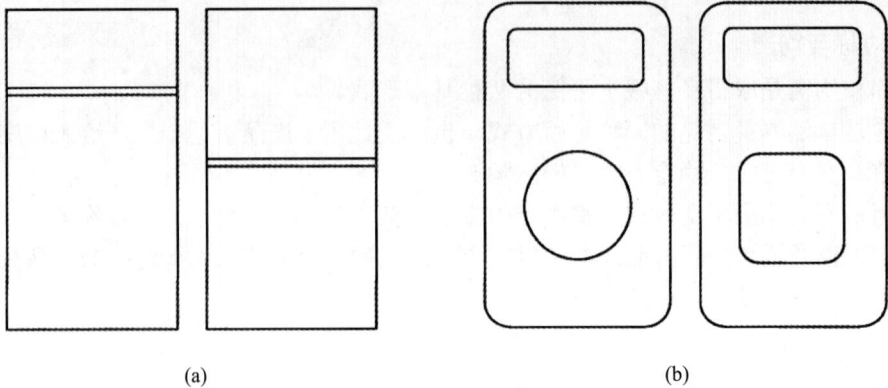

(a)   (b)

图 1-7   体量对比与调和

(3) 方向的对比与调和。方向的对比表现为垂直与水平、高与低、直与斜、集中与分散等。运用垂直与水平方向的立面或线条来构成对比，在造型设计中用得较多。这是因为垂直的线条显得挺拔，水平的线条显得沉稳，单独出现就显得呆板、乏味。

(4) 虚实的对比与调和。虚实对比表现为线条之间凹与凸、空与实、疏与密、粗与细等。实的部分常为重点表现刻画的主体，虚的部分起衬托作用。强调"实"能展现稳重大方的特点，突出"虚"能产生亲切活泼的效果。

(5) 质感的对比与调和。材料质感的对比与调和表现在天然与人造、有纹理与无纹理、光滑与粗糙、细腻与粗犷、坚硬与松软等方面。在造型设计中采用不同的材质、不同的加工方法，可产生不同的外观效果。

(6) 色彩的对比与调和。色彩的对比与调和主要表现在色彩的浓淡、冷暖、明暗、进退和轻重等方面。在造型设计中应充分利用不同的色彩明度和纯度所产生的对比效果来丰富造型的风格，突出重点，赋予造型以新颖、悦目、明朗的视觉效果。

5. 过渡与呼应

过渡是指在两个相邻的形体、面或色彩之间，采用逐渐演变的形式把两者联系起来，以取得和谐的造型效果。

呼应是指在造型设计时，在前后、上下或左右对应部位，利用"形""色""质"的某些相同或相似的特点进行处理，以取得它们之间在线型、大小、色彩及质感等方面的艺术效果的一致性，产生心理和视觉印象上的联系和位置的相互照应，使整体造型显得和谐、均衡、统一。

6. 重点与一般

机械产品是由各部件组合起来的，对各部件的造型应妥善处理重点与一般的关系，对各部件的体量大小、形状、线型、色彩、质感和装饰等方面进行分析比较，做到重点突出、轻重分明。如果主从不清、轻重不分，会使造型缺乏鲜明的主题与生动活泼的感染力，艺术效果平淡乏味。

　　所谓突出重点的手法，是指对造型的主体部分的体量、形状、线型等加以重点的渲染，使其显示出较高的艺术表现力；而对于一般或次要的部件仅作普通的处理，使其符合形体统一的原则，能起到衬托主体的作用。

　　在产品造型中，突出重点的手法有以下几种：

　　(1) 运用形体对比和线型对比突出主体，即用比较突出的体量和比较复杂的轮廓形态来引起观察者的注意。

　　(2) 运用色彩、材质的对比突出主体，使主体鲜明。

　　(3) 运用精细或特殊的加工工艺，获得特别的面饰效果来突出主体。

　　(4) 采用特殊的外观件或装饰件来强调重点。

　　(5) 利用造型中的方向性和透视感等因素，引导人们的视线集中于主体。

(二) 产品色彩

　　产品造型的色彩不同于绘画，它应着重研究色彩与人、色彩与产品的相互关系，研究色彩本身所体现出的对比与调和规律，以简练、纯朴、含蓄、夸张的手法创造出具有现代美感的色彩形象。由于产品的色彩受到功能、材质、工艺等条件的制约，其色彩一般来说比较单纯、统一、简洁、明快、富有装饰性。

1. 色调选择

　　产品色彩要突出一个主色调。工业产品色调的选择要适于人的心理、生理要求。不同的色调会给人心理和生理带来不同的反应。色彩过亮、过暗、过于模糊不清、过于单调，都会令人容易感到疲劳和厌烦。几种主要色彩的联想与象征见表1-4。

表 1-4　色彩的联想与象征

色名	抽象联想		象征含义		心理感受
	青年	老年	褒义	贬义	
红	热情、革命	热烈、吉祥	活力、光辉、积极、刚强、欢乐、喜庆、胜利	危险、灾害、爆炸、愤怒	兴奋、引人注意、产生紧张感
橙	热情、温暖、愉快、明亮	甜美、堂皇、欢喜	热情、光明、辉煌、向上	—	引人烦恼、焦虑和注意
黄	明快、希望、泼辣、温柔、纯净、轻快、甜美	光明、明快、轻薄、丰硕	光明、富有、忠义、高贵、豪华、威严	枯败、没落	丰硕感、香酥感、病态感
绿	青春、少壮、永恒、理想	希望、公平、新鲜	生长、和平、复苏、欢乐、喜悦、春天、成长、活泼、希望、生命	—	宁静、具有新鲜感
蓝	无限、理智、理想、永恒	冷淡、薄情、平静、悠久	宁静、深远、和平、希望、诚实、善良	悲凉、贫寒、凄凉	具有平静安详感
紫	高贵、古朴、高尚、优雅	古朴、优美、高贵、消极、神秘	庄严、奢华、高贵	阴暗、悲哀、险恶、苦、毒、恐怖、荒淫、丑恶	忧郁感、不安与消极感

色名	抽象联想		象征含义		心理感受
	青年	老年	褒义	贬义	
白	清洁、纯洁、神圣	洁白、神秘、衰亡	朴素、纯真、高雅、光明、真实、洁净	寒冷、苍老、衰亡	—
黑	死亡、刚健、悲哀、坚实	严肃、阴郁、绝望、死亡	庄严、肃穆、沉重、坚固	绝望、死亡	—
灰	忧郁、绝望、阴郁	沉默、荒废	温和、平淡、忧郁	空虚、悲哀	—

2. 配色方法

产品配色的主要方法是利用色彩的对比与调和理论，按照一定的布局关系相互依存、相互呼应，构成具有和谐气氛的色彩。表现产品色彩的变化要依靠色彩的对比，使色彩达到统一主要依靠色彩的调和。配色的方法有：

(1) 统一配色。产品外观配色数量不宜过多，在强调主体色的同时，辅助色的数量不要超过两种。色彩设置过多容易造成混乱、互相割裂、支离破碎等感觉。

(2) 均衡配色。在配色时要注意通过色彩的面积大小、位置的变化，形成不同的均衡关系。例如，置明色于上方，暗色于下方，稳定感增强；反之，显得不稳定，使人不安。均衡的配色使人心情安定，不均衡的配色使人感到不安和紧张。

(3) 重点配色。选择与主体色形成明显对比的、小面积的调和色作为突出重点部分的配色，可以弥补总体色调的单一，从而使整体产生活跃感。通常总体色调为视觉感受适中的中性色调，重点配色常选用高纯度、高明度的色彩，或者选用纯黑或纯白色，同时还应充分考虑配色的平衡效果。

七、标准化评价

(一) 标准化及其目的

标准化的定义是：在经济、技术、科学及管理等社会实践中，通过对重复性事物和概念进行制定、发布和实施，使其达到统一，以获得最佳秩序和社会效益。

实现标准化的目的是：

(1) 合理简化产品的品种规格。

(2) 促进相互理解、相互交流，提高信息传递的效率。

(3) 在生产、流通、消费等方面，能够全面地节约人力和物力。

(4) 在商品交换与提高服务质量方面，保护消费者的利益和社会公共利益。

(5) 在安全、卫生、环境保护方面，保障人类的生命、安全与健康。

(6) 在国际贸易中，消除国际贸易的"技术壁垒"。

(二) 标准分类

标准分类如图1-8所示。按照标准的性质来分，有技术标准、工作标准和管理标准三类；按照标准化对象的特征来分，有基础标准、产品标准、方法标准、安全卫生和环境保护标准四大类，其中，方法标准中包括产品质量鉴定有关的方法标准、工艺操作方法标准和管理方法标准；按照标准的适用范围，标准分为六个不同的级别，依次为国际标准、区域标准、国家标准、专业标准(包括专业协会标准、部委标准)、地方标准和企业标准。

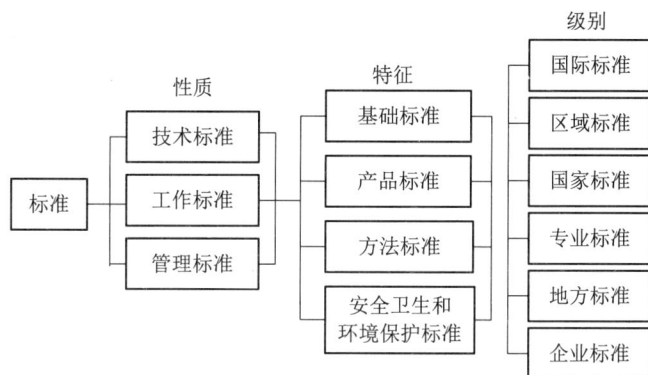

图 1-8　标准分类

(三) 企业标准体系结构

所谓标准体系，是指一定范围内的标准按其内在联系形成的科学的有机整体。标准体系是由层次结构和领域结构组成的。层次结构表明各级标准之间的纵向联系，领域结构表明行业之间的横向联系。按标准体系的适用范围可分为国家标准体系、行业标准体系和企业标准体系。典型的企业标准体系结构如图 1-9 所示。

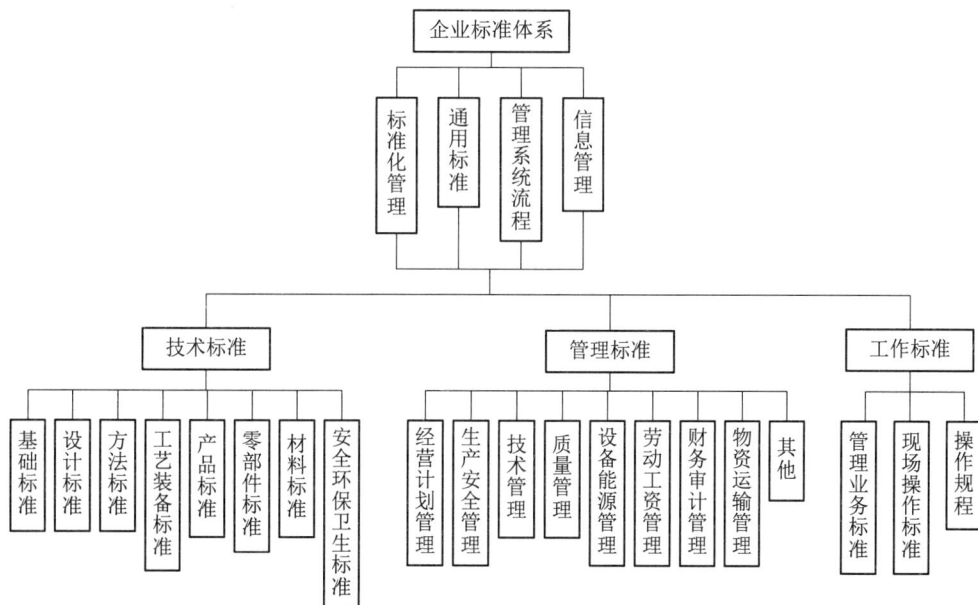

图 1-9　企业标准体系结构

(四) 产品设计的标准化

产品设计的标准化对提高设计水平、保证设计质量、简化设计程序、节约设计费用将产生显著效果。从编制产品设计任务书到设计、试制、鉴定各个阶段，都必须充分考虑标准化的要求，认真进行标准化审查。对产品设计进行标准化评价的主要内容有：

1. 企业标准的审查

内容包括编号、文件格式、编制方法是否符合上级标准的要求和有关规定。

2. 设计文件的标准化审查

内容包括图样和技术文件成套性检查；图样格式、视图、剖视、投影、公差配合、表面粗糙度、几何公差是否符合有关标准；设计技术文件内容的准确性、科学性和合理性；零件图、结构要素和应用材料是否符合有关标准；是否采用标准件和通用件；设计文件的格式、技术术语、文字符号等是否符合有关标准；产品图样和设计文件的代号是否符合有关标准。

3. 工艺文件的标准化审查

内容包括工艺文件的成套性；格式、名称、工艺术语、材料、代号；工艺尺寸的正确性；通用工具、量具是否符合有关标准；是否采用典型工艺。

4. 工装设计文件的标准化审查

内容包括工装设计文件的成套性；是否采用标准件和标准毛坯。

课点6　机床设计步骤

机床类型不同，其设计步骤也不同。下面介绍一般机床设计的内容及步骤。

一、总体设计

1. 机床主要技术指标设计

机床主要技术指标设计是后续设计的前提和依据。对于不同的设计任务，如工厂的规划产品，或根据机床系列型谱进行设计的产品，或用户的订货等，尽管具体的设计要求不同，但主要的技术指标基本相同，包括：

(1) 工艺范围，包括加工件的材料类型、形状、质量和尺寸范围等。

(2) 运行模式，说明机床是单机运行模式，还是用于生产系统。

(3) 生产率，包括加工件的类型、批量及所要求的生产率。

(4) 性能指标，包括加工工件所要求的精度(用户订货设计)或机床的精度、刚度、热变形、噪声等性能指标。

(5) 驱动方式，机床的驱动方式有电动机驱动和液压驱动。电动机驱动方式中又有普通电动机驱动、步进电动机驱动与伺服电动机驱动。驱动方式的确定不仅与机床的成本有关，还将直接影响传动方式的确定。例如，当主运动采用电主轴时，则无主运动的机械传动系统；当直线进给运动采用直线电动机时，则无直线进给运动的机械传动系统；当回转进给运动采用力矩电动机时，则无回转进给运动的机械传动系统。

(6) 主要参数，即确定机床的加工空间和主参数。

2. 总体方案设计

总体方案设计包括：

(1) 运动功能设计，包括确定机床所需运动的个数、形式(直线运动、回转运动)、功能(主运动、进给运动、其他运动)及排列顺序，最后画出机床的运动原理图，并进行运动功能分配。

(2) 基本参数设计，包括尺寸参数、运动参数和动力参数设计。

(3) 传动系统设计，包括传动方式、传动原理图及传动系统图设计。

(4) 总体结构布局设计，包括总体布局结构形式及总体结构方案图设计。

(5) 控制系统设计，包括控制方式及控制原理、控制系统图设计。

3. 总体方案综合评价与选择

在总体方案设计阶段，对其各种方案进行综合评价，从中选择较好的方案。

4. 总体方案的设计修改或优化

对所选择的方案进行进一步的修改或优化，确定最终方案。

上述设计内容，在设计过程中要交叉进行。

二、详细设计

详细设计包括技术设计和施工设计两部分。

1. 技术设计

技术设计包括设计机床的传动系统，确定各主要结构的原理方案，设计部件装配图，对主要零件进行分析计算或优化，设计液压原理图和相应的液压部件装配图，设计电气控制系统原理图和相应的电气安装接线图，设计和完善机床总装配图和总联系尺寸图。

2. 施工设计

施工设计包括设计机床的全部自制零件图，编制标准件、通用件和自制件明细表，编写设计说明书、使用说明书，制定机床的检验方法和标准等技术文档。

三、机床整机综合评价

在对所设计的机床进行整机性能分析和综合评价过程中，可对所设计的机床进行计算机建模，得到所谓的数字化样机，又称虚拟样机(Virtual Prototype)。可采用虚拟样机技术对所设计的机床进行运动学仿真和性能仿真，在实际样机没有试造出来之前对其进行综合评价，可以大大减少新产品研制的风险，缩短研制的周期，提高研制的质量。

上述步骤可反复进行，直到设计结果满意为止。在设计过程中，设计与评价反复进行，可以提高设计一次成功率。

四、定型设计

在上述步骤完成后，可进行实物样机的制造、实验及评价。根据实物样机的评价结果进行修改设计，最终完成产品的定型设计。

习题与思考题

1-1 为什么说机械制造装备在国民经济发展中起着重要作用？

1-2 机械制造装备的机电一体化体现在哪些方面？

1-3 对机械制造装备应如何进行分类？

1-4 机械制造装备设计有哪些类型？

1-5 从系统设计的角度，如何提高产品的可靠性？

1-6 设计过程中遵守标准化原则的重要意义是什么？如何贯彻设计的标准化原则？

项目二 切削金属工件的刀具及切削参数选择

2.1 认识车刀的几何角度及切削要素

课点7 切削运动

切削加工时，按工件与刀具的相对运动所起的不同作用，切削运动可分为主运动与进给运动。

待加工表面指工件即将被切除的表面；过渡表面指工件上由切削刃正在形成的表面；已加工表面指工件上切削后形成的表面。

1. 主运动

主运动是由机床或人力提供的主要运动，它使刀具和工件之间产生相对运动，从而使刀具前面接近工件并切除切削层。一般来说，主运动的切削速度最高，消耗的机床功率也最大。

2. 进给运动

进给运动是刀具与工件之间产生的附加运动，以保持切削连续地进行。

3. 合成切削运动

当主运动和进给运动同时进行时，由主运动和进给运动合成的运动称为合成切削运动。刀具切削刃上选定点相对工件的瞬时合成运动方向称为合成切削运动方向，其速度称为合成切削速度。该速度方向与过渡表面相切。合成切削速度 v_e 等于主运动速度 v_c 和进给运动速度 v_f 的矢量和。

$$v_e = v_c + v_f$$

4. 辅助运动

除主运动、进给运动以外，机床在加工过程中还需完成一系列其他运动，即辅助运动。辅助运动的种类很多，主要包括刀具接近工件，切入、退离工件，快速返回原点的运动；为使刀具与工件保持相对正确位置的对刀运动；多工位工作台和多工位刀架的周期换位，以及逐加工多个相同局部表面时，工件周期换位所需的分度运动等。另外，机床的起动、停车、变速、换向，以及部件和工件的夹紧、松开等操纵控制运动，也属于辅助运动。辅助运动在整个加工过程中是必不可少的。

课点 8 车削工具

一、刀具的分类

目前金属切削刀具的类型有许多，下面是几种常用的分类方法。

(一) 根据工件加工表面的不同形式分类

各种外表面(平面、旋转体表面、沟槽和台阶等)加工刀具，如车刀、刨刀、铣刀、外表面拉刀和镗刀等。

孔加工刀具，如钻头、扩孔钻、铣刀和内表面拉刀等。

螺纹加工刀具，如板牙、自动开合螺纹切头、螺纹车刀和螺纹铣刀等。

齿轮加工刀具，如滚刀、插齿刀等。

切断刀具，如镶齿圆锯片、带锯、弓锯、切断车刀和锯片铣刀等。

(二) 根据切削运动方式和相应的刀刃形状分类

通用刀具，如车刀、刨刀、铣刀、钻头、铰刀和锯等。

成形刀具，如成形车刀、成形刨刀、成形铣刀、拉刀、圆锥铰刀和螺纹加工刀具等。

展成刀具，如滚刀、插齿刀、剃齿刀等。另外还有组合刀具、涂层刀具等。

各种刀具的结构都由装夹部分和工作部分组成。整体结构刀具的装夹部分和工作部分都在刀体上，镶齿结构刀具的工作部分(刀齿或刀片顶)镶装在刀体上。

(三) 根据不同使用场合分类

标准通用刀具。例如，车刀中的可转位式刀具；铣刀类的圆柱平面铣刀、平面端铣刀、槽铣刀、角度铣刀；孔加工刀具中的钻头、扩孔钻、校刀；螺纹刀具中的丝锥、板牙、螺纹车刀、螺纹铣刀等。

标准专用刀具，如多齿刀具类中的盘类齿轮铣刀、插齿刀、滚刀、齿刀、锥齿轮刀具等。

专用刀具，如成形车刀、成形铣刀、拉刀、蜗轮滚刀、花键滚刀等。

标准通用刀具与标准专用刀具一般由国家专门机构按标准化设计，由专业生产厂生产，提供给用户。对于标准通用刀具，主要是面临如何正确选择、合理使用的问题，对于标准专用刀具还有使用前的验算问题。

二、刀具的组成

任何刀具都通常由刀头和刀体两部分组成。

(一) 刀头部分

即切削部分，由于切削时的工作环境很恶劣，要求根据实际情况选择相应的刀具材料，并加工成合理的几何形状。

(二) 刀体部分

刀体部分除了起支撑刀头部分的作用之外，还作为被夹持和定位的部位。由于夹持和定位的形式和方法对于各种机床有所不同，所以不同刀具刀体部位的形状有所不同。要求刀体部分应该具有足够的强度、刚度、弹性、韧性。

为了满足两部分不同的性能要求，并节约大量比较昂贵的刀头材料，上述两部分通常由两种材料分别按各自的形状制成。两部分的接合形式有硬钎焊和机械连接两种。

三、刀具的切削部分

刀具投入切削工作的部分仅仅是靠近刀尖的一部分区域，称为刀具的切削部分。刀具的切削部分是个实体，它像六面体的一个角，是由三个面组成的实体。这三个面相交成三个棱边和一个尖角，其中两个棱边在切削过程中担任着重要的角色。这就是刀具几何形状研究的对象"三面两刃和一尖"。下面分别对此进行介绍。

(1) 前面是产生切削力的面，同时又是切屑接触的刀面。

(2) 主后面是与工件上的过渡表面相对的刀面。

(3) 副后面是与工件上的已加工表面相对的刀面。

(4) 主切削刃是前面与主后面相交的棱线。切削过程中由它产生过渡面，担任主要的切削工作。

(5) 副切削刃是前面与副后面相交的棱线。切削过程中由它产生已加工面，同时修整已加工表面和协同主切削刃完成金属的切削工作。

(6) 刀尖是主切削刃与副切削刃的交点。

课点9 车刀角度

为了确定刀具前面、后面及切削刃在空间的位置，首先应建立参考系，它是一组用于定义和规定刀具角度的各基准坐标平面。用刀具前面、后面和切削刃相对各基准坐标平面的夹角来表示它们在空间的位置，这些夹角就是刀具切削部分的几何角度。

用于确定刀具几何角度的参考系有两类，一类称为刀具静止参考系，是用于定义在刀具设计、制造、刃磨和测量时刀具几何参数的参考系。在刀具静止参考系中定义的角度称为刀具标注角度。另一类称为刀具工作参考系，是规定在刀具进行切削加工时刀具几何参数的参考系。该参考系考虑了切削运动和实际安装情况对刀具几何参数的影响，在这个参考系中定义和测量的刀具角度称为工作角度。

一、基面

基面就是通过切削刃选定点，平行或垂直于刀具在制造、刃磨及测量时适合于安装或定位的一个平面或轴线。一般基面要垂直于假定的主运动方向。对车刀、刨刀而言，基面就是通过切削刃选定点并与刀柄安装面平行的平面。对钻头、铣刀等旋转刀具来说，基面是通过切削刃选定点并通过刀具轴线的平面。

二、切削平面

切削平面就是通过切削刃选定点、与切削刃相切并垂直于基面的平面。当切削刃为直线刃时，切削平面是通过切削刃选定点，即包含切削刃并垂直于基面的平面。对应于主切削刃和副切削刃的切削平面分别称为主切削平面和副切削平面。

三、正交平面

正交平面指通过切削刃选定点并同时垂直于基面和切削平面的平面，也可看成通过切削刃选定点并垂直于切削刃在基面上投影的平面。

四、法平面

法平面指通过切削刃选定点并垂直于主切削刃的平面。

五、假定工作平面

假定工作平面是通过切削刃选定点并垂直于基面的平面，一般来说，其方位要平行于假定的进给运动方向。

六、背平面

背平面指通过切削刃选定点并垂直于基面和假定工作平面的平面。在设计刀具和绘制刀具图样(工作图)时，它采用平面视图表示。

课点 10   车刀工作角度

切削过程中，由于刀具的安装位置、刀具与工件间相对运动情况的变化，实际起作用的角度与标注角度有所不同，称这些角度为工作角度。现在仅就刀具安装位置对角度的影响叙述如下：

(1) 刀柄中心线与进给方向不垂直时对主、副偏角的影响：当车刀刀柄与进给方向不垂直时，主偏角和副偏角将发生变化。

(2) 切削刃安装高低对前、后角的影响：切削刃安装高于或低于工作中心时，通过切削刃作出的切削平面、基面将发生变化，所以使刀具角度也随着发生变化。

2.2 应用切削基本理论进行刀具角度和切削用量选择

课点 11 被切削工件材料切削加工性

工件材料切削加工性指在一定的切削条件下，对工件材料进行切削加工的难易程度。由于切削加工的具体情况和要求不同，所谓难易程度就有所不同。例如，粗加工时，要求刀具的磨损要慢，加工生产率要高；精加工时，则要求工件有高的加工精度和较小的表面粗糙度。显然，这两种情况下所指的切削加工难易程度是不相同的。此外，如普通机床与自动化机床，单件小批量生产与大批量生产，单刀切削与多刀切削等，都使衡量切削加工性的指标不相同，因此切削加工性是一个相对的概念。

1. 切削加工性评定的主要指标

工件材料切削加工性可以从多方面进行评定。对于不同加工情况，可采用不同的指标衡量。粗加工时，通常采用刀具耐用度指标；精加工时，通常采用加工表面质量指标。

在刀具耐用度指标中，以相对加工性(用 K_r 表示)最为常用。根据 K_r 的大小可方便地判断出材料加工的难易程度。以 45 钢(170～229 HBS, $\sigma_b = 0.637$ GPa)的 V_{60} 为基准，记作 $(V_{60})_j$，其他材料的 V_{60} 与之的比值称为相对加工性，用 K_r 表示，即

$$K_r = \frac{V_{60}}{(V_{60})_j}$$

常用工件材料的 K_r 见表 2-1。K_r 越大，材料加工性越好。从表 2-1 中可以看出，当 $K_r > 1$ 时该材料比 45 钢易切削；反之，该材料比 45 钢难切削，例如，正火 30 钢就比 45 钢易切削。一般把 $K_r < 0.5$ 的材料称为难加工材料，如高锰钢、不锈钢等。

表 2-1 相对切削加工性及其分级

加工等级	工程材料分类		相对切削加工性	代表性材料
1	很容易切削的材料	一般非铁材料	> 3.2	5-5-5 铜铅合金、铝镁合金
2	容易切削的材料	易切钢	2.5～3.0	退火 15Cr、自动机钢
3		轻易切钢	1.6～2.5	正火 30 钢
4	普通材料	一般钢、铸铁	1.0～1.6	45 钢、灰铸铁、结构钢
5		稍难切削的材料	0.65～1.0	调质 2Cr13、85 钢
6	较难切割的材料	较难切削的材料	0.5～0.65	调质 45Cr、调质 65Mn
7		难切削的材料	0.15～0.5	ICr18Ni9Ti、调质 50CrV
8		很难切削的材料	< 0.15	铸铁镍基高温合金

其他评定切削加工性的指标有加工表面质量指标、切屑控制难易指标、切削温度、切削力、切削功率指标。加工表面质量指标是在相同加工条件下，通过比较加工后的表面质量(如表面粗糙度等)来判定切削加工性好坏的指标。加工表面质量越好，加工性越好。切

屑控制难易指标是从切屑形状及断屑难易与否等方面来判断材料加工性的好坏。切削温度、切削力、切削功率指标是根据切削加工时产生的切削温度的高低、切削力的大小、功率消耗的多少来评判材料加工性，这些数值越大，说明材料加工性越差。

2. 改善材料切削加工性的措施

1) 调整化学成分

在不影响工件材料性能的条件下，适当调整化学成分，可以改善其切削加工性。例如，在钢中加入少量的硫、硒、铅、磷等，虽略降低钢的强度，但也同时降低了钢的塑性，对切削加工性的提高有利。硫能引起钢的红脆性，但若适当提高锰的含量，则可避免这一问题。硫与锰形成的硫化锰，与铁形成的硫化铁等，质地很软，可成为切削时塑性变形区中的应力集中源，能降低切削力，使切屑易折断，减小积屑瘤的形成，减少刀具磨损；硒、铅也有类似作用；磷能降低铁素体的塑性，使切屑易于折断。

2) 材料加工前进行合适的热处理

同样成分的材料，金相组织不同时，力学性能就不一样，其切削加工性就不同。因此，可通过对不同材料进行不同的热处理来改善其切削加工性。例如，低碳钢的塑性过高，通过正火处理，细化晶粒后，硬度提高，塑性降低，有利于减小刀具的粘结磨损，减小积屑瘤，改善工件表面粗糙度；高碳钢通过球化退火后，硬度下降，可减小刀具磨损；2CH3不锈钢通常要进行调质处理，降低塑性，使其变得容易加工；白口铸铁可在 950～1000℃范围内长时间退火或正火，降低表面硬度，从而改善切削性能。

3) 选择加工性好的材料状态

低碳钢经冷拉后，塑性大为下降，加工性好；锻造的坯件余量不均，且有硬皮，加工性很差，改为热轧后加工性得以改善。

4) 其他

如采用合适的刀具材料，选择合理的刀具几何参数，合理地制订切削用量与选用切削液等都可以改善材料切削加工性。等离子焰加热工件切削，就是改善加工性的一种积极措施。切削时等离子焰装置安放在工件上方，与刀具同步移动，火焰的温度达 150℃，可根据背吃刀量适当调整，使工件表面温度达到 1000℃左右，当背吃刀量层软化后就被刀具切去，所以工件并不热，即不影响工件的材质。

课点 12　*如何选择切削液*

合理选用切削液能有效地减小切削力、降低切削温度、减小加工系统热变形、延长刀具寿命和改善已加工表面质量，此外，选用高性能切削液也是改善难加工材料切削性能的一个重要措施。

一、切削液的作用

(一) 冷却作用

切削液浇注在切削区域内，利用热传导、对流和汽化等方式，降低切削温度和减小加工系统热变形。

(二) 润滑作用

切削液渗透到刀具、切屑与加工表面之间，减小了各接触面间摩擦，其中带油脂的极性分子吸附在刀具的前、后面上，形成了物理性吸附膜。若在切削液中添加化学物质，其在产生化学反应后，会形成化学性吸附膜，该化学膜可在高温时减小接触面间摩擦，并减少黏结。上述吸附膜起到了减小刀具磨损和提高加工表面质量的作用。

(三) 排屑和洗涤作用

在磨削、钻削、深孔加工和自动化生产中，利用浇注或高压喷射方法排除切屑或引导切屑流向，并冲洗散落在机床及工具上的细屑与磨粒。

(四) 防锈作用

在切削液中加入防锈添加剂，使之与金属表面起化学反应，从而形成保护膜，起到防锈、防蚀的作用。

此外，切削液应具有抗泡沫性、抗霉变质性、无变质臭味、排放时不污染环境、对人体无害和使用经济性等要求。

二、切削液的选用

切削液的使用效果除取决于切削液的性能外，还与刀具材料、加工要求、工件材料、加工方法等因素有关，应综合考虑，合理选用。

(一) 依据刀具材料、加工要求选用

高速钢刀具耐热性差，粗加工时，切削用量大，切削热多，容易导致刀具磨损，应选用以冷却为主的切削液，如 3%～5%(质量分数)的乳化液或水溶液；精加工时，主要是为了获得较好的表面质量，可选用润滑性好的极压切削油或高质量分数极压乳化液。

硬质合金刀具可选用低质量分数乳化液或水溶液，应连续、充分地浇注，以免高温下刀片冷热不均，产生热应力而导致刀片产生裂纹、损坏等。

(二) 依据工件材料选用

加工钢等塑性材料时，需用切削液。加工铸铁等脆性材料时，一般则不用，原因是切削液对于其的作用不如钢明显，又易污染机床、工作场地。对于高强度钢、高温合金等，它们在加工时均处于极压润滑摩擦状态，应选用极压切削油或极压乳化液。对于铜、铝及铝合金，为了得到较好的表面质量和精度，可采用 10%～20%(质量分数)的乳化液、煤油或煤油与矿物油的混合液。切削铜时不宜用含硫的切削液，因为硫会腐蚀铜。有的切削液与金属能形成超过金属本身强度的化合物，这将给切削带来相反的效果，如铝的强度低，切铝时就不宜用硫化切削油。

(三) 依据加工方法选用

钻孔、攻螺纹、铰孔、拉削等，排屑方式为半封闭或封闭状态，导向部、校正部与已加工表面的摩擦也严重，对硬度高、强度大、韧性大、冷硬严重的难切削材料尤为突出，宜用乳化液、极压乳化液和极压切削油。

成形刀具、齿轮刀具等，有保持形状、尺寸精度等要求，也应采用润滑性好的极压切削油或高质量分数极压切削液。

磨削加工温度很高，且细小的磨屑会破坏工件表面质量，要求切削液具有较好的冷却性能和清洗性能，常用半透明的水溶液和普通乳化液。磨削不锈钢、高温合金宜用润滑性能较好的水溶液和极压乳化液。

课点 13 如何选择刀具几何参数

刀具的几何参数是和金属的切削过程密切相连的。不同的几何参数，对于工件材料的弹性和塑性变形、切削力、切削热和切削温度、刀具磨损和耐用度及工件的加工精度和表面粗糙度等，都会产生显著的影响。刀具的几何参数对于刀具的切削性能具有决定性作用。因此，为了合理使用刀具，充分发挥刀具的切削性能，在保证加工质量的前提下，尽可能提高刀具的切削生产率，就必须选择合理的刀具几何参数。

一、前角的选择

前角是刀具最重要的几何角度之一。前角的存在使刀具刃口具有一定的锋利性。增大前角，可以减小切削层的变形，减小切屑与前刀面之间的摩擦，使排屑比较顺利，同时也可以使切削抗力下降，使刀具寿命下降。针对某一加工条件，客观上有个合理的前角取值。

工件材料的强度、硬度较低时，前角应取得大些，反之应取小些。加工塑性材料宜取较大的前角，加工脆性材料宜取较小的前角。刀具材料韧性好时宜取较大前角，反之应取较小的前角，如硬质合金刀具就应取比高速钢刀具较小的前角。粗加工时，为保证切削刃强度，应取较小前角；精加工时，为提高表面质量，可取较大前角。工艺系统刚性较差时，应取较大前角。为减小刃形误差，成形刀具的前角应取较小值。

当用硬质合金刀具加工中碳钢工件时，通常取 $\gamma_0 = 10° \sim 20°$；加工灰铸铁工件时，通常取 $\gamma_0 = 8° \sim 12°$。

二、后角的选择

后角的作用有减小刀具后刀面与工件切削表面之间的摩擦；减小刀具后刀面的磨损；提高刀具耐用度和工件表面粗糙度；后角越大、摩擦越小，刀具的摩擦减慢。但是后角太大，楔角就会减小，使刀刃强度降低，散热体积减小，刀具磨损反而加快。所以过大或过小的后角都会使磨损加剧，刀具耐用度降低。

后角的大小主要根据切削厚度来选择。粗加工时，切削厚度大，切削力大，发热多，要求刃口强度和散热能力好，这时应选取较小的后角以加强刀刃。一般粗加工时车刀的后角

$\alpha_0 = 4° \sim 6°$。精加工时，切削厚度较薄，刀具磨损主要发生在后刀面上，这时为了减小后刀面的摩擦，保证加工质量，后角应取得大些。加工塑性大或弹性大的材料，由于工件表面的弹性恢复大，与后刀面的接触面积比较大，故应取大一些的后角，以减小摩擦。例如，在加工低碳钢时，粗车取 $\alpha_0 = 4° \sim 6°$，精车取 $\alpha_0 = 6° \sim 8°$。

当工件材料的强度、硬度较高，或断续切削时，为了保证刀刃强度，后角应选小一些。高速钢刀具的后角可比同类型的硬质合金刀具稍大些(加大 $2° \sim 3°$)。

三、主偏角、副偏角的选择

减小主偏角和副偏角，可以减小已加工表面上残留面积的高度，使其表面粗糙度减小；同时又可以提高刀尖强度，改善散热条件，提高刀具寿命。减小主偏角还可使切削厚度减小、切削宽度增加，切削刃单位长度上的负荷下降，对提高刀具寿命有利。另外，主偏角取值还影响各切削分力的大小和比例的分配。例如车外圆时，增大主偏角可使背向力减小，进给力增大。

当工件材料硬度、强度较高时，宜取较小主偏角，以提高刀具寿命。工艺系统刚性较差时，宜取较大的主偏角；反之则宜取较小的主偏角，以提高刀具寿命。

精加工时，宜取较小的副偏角，以减小表面粗糙度；当工件强度、硬度较高或刀具作断续切削时，宜取较小副偏角，以增加刀尖强度。在不会产生振动的情况下，一般刀具的副偏角均可选择较小值 $K_r' = 5° \sim 15°$。

四、刃倾角的选择

改变刃倾角可以改变切屑流出方向，达到控制排屑方向的目的。负刃倾角的车刀刀头强度好，散热条件也好。增大刃倾角绝对值可使刀具的切削刃实际钝圆半径减小，切削刃变得锋利。刃倾角不为零时，切削刃是逐渐切入和切出工件的，增大刃倾角绝对值可以减小刀具受到的冲击，提高切削的平稳性。

加工中碳钢和灰铸铁工件时，粗车取 $\lambda_s = 0° \sim -5°$，精车取 $\lambda_s = 0° \sim +5°$，有冲击负荷作用时取 $\lambda_s = -5° \sim -15°$，冲击特别大时取 $\lambda_s = -30° \sim -45°$。加工高强度钢、淬硬钢时，取 $\lambda_s = -20° \sim -30°$。工艺系统刚性不足时，为避免背向力 F_p 过大而导致工艺系统受力变形过大，不宜采用负的刃倾角。

课点 14　切削用量选择

切削用量的大小对加工质量、刀具磨损、切削功率和加工成本等均有显著影响。切削用量包括背吃刀量、进给量切削速度。

一、合理选择切削用量的原则

选择切削用量时，要在保证加工质量和刀具寿命的前提下，充分发挥机床性能和刀具切削性能，使切削效率最高、加工成本最低。合理选择切削用量的原则如下：

(一) 粗加工时切削用量的选择原则

首先,选取尽可能大的背吃刀量;其次,要根据机床动力和刚性的限制条件等,选择尽可能大的进给量;最后,根据刀具耐用度确定最佳切削速度。

(二) 精加工时切削用量的选择原则

首先,根据粗加工后的余量确定背吃刀量;其次,根据已加工表面的粗糙度要求,选取较小的进给量;最后,在保证刀具寿命的前提下,尽可能选取较高的切削速度。

粗加工时,以提高生产效率为主,但也要考虑经济性和加工成本;而半精加工和精加工时,以保证加工质量为目的,兼顾加工效率、经济性和加工成本。所选择的切削用量具体数值应根据机床说明书,参考切削用量手册,并结合实践经验而定。

二、切削用量的选择方法

(一) 背吃刀量

背吃刀量主要根据机床、工件和刀具的刚性决定。在刚性允许的情况下,可以使背吃刀量与工件加工余量相等,以减少走刀次数,提高加工效率。有时为了保证必要的加工精度和降低表面粗糙度,可留一定的精加工余量,最后进行一次精加工。数控机床的精加工余量可小于普通机床,一般取 0.2~0.5 mm。

(二) 切削速度与主轴转速的关系

切削速度与主轴转速的关系由下式确定:

$$v = \frac{n\pi D}{1000} \text{ m/min}$$

式中:n 为主轴转速,单位为 r/min;D 为工件或刀具直径,单位为 mm。

确定加工时的切削速度时,除了可借鉴表 2-2 所示的常用切削用量参考表外,还可查阅切削用量手册。

表 2-2　常用切削用量参考表

工件材料	加工内容	背吃刀量 a_p/mm	切削速度 V_0/(m/min)	进给量 f/(mm/r)	刀具材料
碳素钢 Rm > 600 MPa	粗加工	5~7	60~80	0.2~0.4	YT 类
	粗加工	2~3	80~120	0.2~0.4	
	精加工	2~6	120~150	0.1~0.2	
碳素钢 Rm > 600 MPa	钻中心孔	—	500~800	—	W18Cr4V
	钻孔	—	25~30	0.1~0.2	
	切断(宽度 < 5 mm)		70~1100	0.1~0.1	YT 类
碳素钢 Rm < 200 MPa	粗加工	—	50~70	0.2~0.4	YG 类
	粗加工	—	50~100	0.1~0.2	
	切断(宽度 < 5 mm)		50~70	0.1~0.2	

除此之外还应考虑以下几点：

(1) 应尽量避开积屑瘤产生的区域。

(2) 断续切削时，为减小冲击和热应力，要适当降低切削速度。

(3) 在易发生振动的情况下，切削速度应避开自激振动的临界速度。

(4) 加工大件、细长件和薄壁件时，应选用较低的切削速度。

(5) 加工带外皮的工件时，应适当降低切削速度。

2.3　依工件选用制造刀具的材料

课点 15　刀具材料性能要素

一、高的硬度和耐磨性

硬度是刀具材料应具备的基本性能。刀具要从工件上切下切屑，其硬度必须比工件材料的硬度大。切削金属所用刀具的切削刃的硬度，常温硬度在 60 HRC 以上。耐磨性表示材料抵抗磨损的能力，一般来说，刀具材料的硬度越高，耐磨性就越好。在切削过程中，刀具要经受剧烈的摩擦，很容易被磨钝，因此刀具材料必须具备良好的耐磨性。

二、足够的强度和韧性

在切削过程中，刀具要承受很大的切削力、冲击和振动。刀具材料必须具备足够的抗弯强度和冲击韧性。

三、高的耐热性(热稳定性)

耐热性是衡量刀具材料切削性能的主要标志。它是指刀具材料在高温下保持硬度、耐磨性、强度和韧性的能力。刀具材料的高温硬度越高，则刀具的切削性能越好，允许的切削速度也越高。除高温硬度外，刀具材料还应具有在高温下抗氧化的能力及良好的抗黏结和抗扩散的能力，即刀具材料应具有良好的化学稳定性。

四、良好的工艺性

为了便于制造，要求刀具材料有较好的可加工性，如切削加工性、铸造性、锻造性、热处理性等。

五、良好的经济性

经济性是刀具材料的重要指标之一。性能良好的刀具材料，如果其成本和价格较低，且立足于国内资源，则有利于推广应用。

课点 16　金属切削加工常用刀具材料

刀具材料种类很多，主要有工具钢(包括碳素工具钢、合金工具钢、高速钢)、硬质合金、陶瓷、立方氮化硼和金刚石等几种类型。目前，生产中所用的刀具材料以高速钢和硬质合金居多。碳素工具钢、合金工具钢因具有耐热性，是目前主要用于手工工具、切削速度较低的刀具。陶瓷、金刚石和立方氮化硼等超硬度材料目前应用得还不够广泛，但由于其有高硬度、高耐磨性和高耐热性，正受到越来越多的重视。

一、高速钢

高速钢是一种加入较多的 Ca、Mo、Cr 等合金元素的高合金工具钢，有较高的热稳定性，切削温度达 500～650℃时仍能进行切削；有较高的强度(抗弯强度为一般硬质合金的 2～3 倍，为陶瓷的 5～6 倍)、韧性(较硬质合金及陶瓷高几十倍)，具有一定的硬度和耐磨性；其制造工艺简单，容易磨成锋利的切削刃，可锻造，这对于一些形状复杂的工具，如钻头、成形刀具、拉刀、齿轮刀具等尤为重要，是制造这些刀具的主要材料。常用高速钢牌号与性能见表 2-3。

表 2-3　常用高速钢的牌号与性能

类　　别		牌　　号	常温度/HRC	抗弯强度/GPa	冲击韧性/(MJ/m²)	高温硬度600℃/HRC
通用高速钢		W18Cr4V	63～66	3～3.4	0.18～0.32	48.5
		W6Mo5Cr4V2	63～66	3.5～4	0.3～0.4	47～48
		W14Cr4VMnRE	64～66	4	0.25	48.5
高性能高速钢	高碳	9W18Cr4V	66～68	3～3.4	0.17～0.22	51
	高钒	W12Cr4V4Mo	63～66	3.2	0.25	51
	超硬	W6Mo5Cr4V2A1	67～69	2.9～3.9	0.23～0.3	55
		W10Mo4Cr4V3A1	67～69	3.1～3.5	0.2～0.28	54
		W2Mo9Cr4VCo8	67～69	2～3.8	0.23～0.3	55

高速钢按用途分为通用型高速钢和高性能高速钢，按制造工艺分为熔炼高速钢和粉末冶金高速钢。

(一)　通用型高速钢

按其化学成分，普通高速钢可分为钨系高速钢和钼(或钨钼系)系高速钢。

钨系高速钢典型牌号为 W18Cr4V(简称 W18)，含 W18%、Cr4%、V1%。其优点是：有较好的综合性能,在600℃时其高温硬度为48.5HRC,可以制造各种复杂刀具;淬火时过热倾向小;含钒量小,磨加工性好;碳化物含量高,塑性变形抗力大。缺点是:碳化物分布不均匀,影响薄刃刀具或小截面刀具的耐用度;强度和韧性显得不够;热塑性差,很难用作热成形方法制造的刀具(如热轧钻头)。

钨钼系高速钢是将钨钢中的一部分钨以钼代替而得的一种高速钢。典型牌号为W6Mo5Cr4V2(简称M2),含W6%、Mo5%、Cr4%、V2%。其特点是:碳化物分布细小均匀,具备良好的机械性能,抗弯强度比W18高10%~15%,韧性高50%~60%,可作承受冲击力较大的刀具,热塑性特别好,更适用于制造热轧钻头等;磨削加工性也好,目前在各国广泛应用。

(二) 高性能高速钢

高性能高速钢是在普通高速钢的基础上增加一些含碳量、含钒量并添加钴、铝等合金元素熔炼而成的,其耐热性好。它在630~650℃时仍能保持接近60HRC的硬度,适用于加工高温合金、钛合金、奥氏体不锈钢、高强度钢等难加工材料。高性能高速钢的典型牌号有W2Mo9Cr4VCo8(M42)和W6Mo5Cr4V2Al(501)。M42的综合性能好,常温硬度接近70HRC,600℃时其硬度为55HRC,刃磨性能好;但M42含钴多,成本较贵。501钢是一种含铝的无钴高速钢,600℃时硬度达54HRC;501钢的切削性能与M42大体相当,成本较低,但刃磨性能较差。

(三) 粉末冶金高速钢

粉末冶金高速钢是将熔融的高速钢液,通过高压惰性气体(氩气或氮气)雾化成细小的高速钢粉末,再将这种粉末在高温下压制成致密的钢坯,而后锻压成材或刀具形状。与熔炼高速钢比,其硬度和韧性较高,热处理变形小,磨削加工性好,材质均匀,质量稳定可靠,刀具寿命长。尤其适合制造各种精密刀具和形状复杂的刀具,如精密螺纹车刀、复杂成形刀具等。

二、硬质合金

硬质合金是由高硬度、难熔的金属碳化物(如WC、TiC)的粉末,用Co、Mo、Ni等作黏结剂,按一定比例混合,压制成形,在高温下烧结而成的粉末冶金制品。因金属碳化物有熔点高、硬度高、化学稳定性好、热稳定性好等特点,因此硬质合金的硬度、耐磨性和耐热性都很高。硬度可达89~93HRA,在800~1000℃还能承担切削,耐用度较高速钢高数倍。当耐用度相同时,切削速度可提高4~10倍,但抗弯强度比高速钢低得多,仅为0.9~1.5GPa(90~150kg/mm²),冲击韧性差,切削时不能承受大的振动和冲击负荷。

硬质合金按其化学成分与使用性能可分为四类:钨钴类(WC+Co)、钨钛钴类(WC+TiC+Co)、添加稀有金属碳化物类(WC+TiC+TaC(NbC)+Co)及碳化钛基类(TiC+WC+Ni+Mo)。常用的硬质合金的牌号及性能见表2-4。

表 2-4　常用的硬质合金的牌号及性能

牌号	物理学性能			使用性能			使用范围		相当于IOS牌号
	硬度		抗弯强度/GPa	耐磨	耐冲击	耐热	材料	加工性质	
	HRA	HRC							
YG3X	91	78	1.08				铸铁、有色金属及其合金	连续切削时精加工、半精加工,不能承受冲击载荷	K105
YG6X	91	78	1.37				铸铁、冷硬铸铁、高温合金	精加工、半精加工	K10
YG6	89.5	75	1.42				铸铁、有色金属及其合金	连续切削粗加工、间断切削半精加工	K20
YG8	89	74	1.47				铸铁、有色金属及其合金	间断切削粗加工	K30
YT5	89.5	75	1.37				碳素钢、合金钢	粗加工,可用间断切削加工	P30
YT14	90.5	77	1.25				碳素钢、合金钢	连续切削粗加工、半精加工,间断切削精加工	P20
YT15	91	78	1.13				碳素钢、合金钢	连续切削粗加工、半精加工,间断切削精加工	P10
YT30	92.5	81	0.88				碳素钢、合金钢	连续切削精加工	P01
YW1	92	80	1.28	较好	较好		难加工材料	精加工、半精加工	M10
YW2	91	78	1.47	好			难加工材料	半精加工、粗加工	M20

(一) K 类硬质合金(相当于我国的 YG 类),即 WC+Co 类硬质合金

它由 WC 和 Co 组成。常用牌号有 YG6、YG8,YG3X、YG6X,含钴量分别为 6%、8%、3%、6%,硬度为 89～91.5HRA,抗弯强度为 1.1～1.5GPa(110～150kg/mm²)。组织结构有粗晶粒、中晶粒、细晶粒之分。一般硬质合金(如 YG6、YG8)为中晶粒组织,细晶粒硬质合金有 YG3X、YG6X。

YG 类硬质合金主要含 WC 和 Co 元素。Co 含量低则硬度高、耐热、耐磨性好,但脆性增加;Co 含量高则抗弯强度和冲击韧性好,适合粗加工。

(二) P 类硬质合金(相当于我国的 YT 类),即 WC+TiC+Co 类硬质合金

YT 类硬质合金的硬质点除 WC 外,还含有 5%～30%的 TiC。常用牌号有 YT5、YT14、YT15、YT30。随着合金成分中 TiC 含量的提高和 Co 含量的降低,硬度和耐磨性提高,但是冲击韧性显著降低。此类合金有较高的硬度和耐磨性,抗黏结扩散能力和抗氧化能力好,但抗弯强度、磨削性能和导热系数下降,低温脆性大,韧性差,适于高速切削钢料。

含钴量增加,抗弯强度和冲击韧性提高,此类合金适于粗加工;含钴量减少,硬度、耐磨性及耐热性增加,适于精加工。

(三) M 类硬质合金(相当于我国的 YW 类),即 WC+TiC+TaC+Co 类硬质合金

在 YT 类中加入 TaC(NbC)可提高其抗弯强度、疲劳强度、冲击韧性、高温硬度、高温

强度和抗氧化能力、耐磨性等，既可用于加工铸铁，也可用于加工钢，因而又有通用硬质合金之称。常用的牌号有 YW1 和 YW2。

以上三类硬质合金的主要成分均为 WC，所以又称 WC 基硬质合金。

三、涂层刀具材料

为提高高速钢刀具、硬质合金刀具的耐磨性和使用寿命，近年来在刀具制造中广泛采用涂层技术。涂层刀具是在高速钢或硬质合金基体上涂覆一层难熔金属化合物，如 TiC、TiN、Al_2O_3 等。涂层一般采用 CVD 法(化学气相沉积法)或 PVD 法(物理气相沉积法)制作。涂层刀具表面硬度高、耐磨性好，其基体又有良好的抗弯强度和韧性。涂层硬质合金刀片的寿命可提高 1～3 倍以上，涂层高速钢刀具的寿命可提高 1.5～10 倍以上。随着涂层技术的发展，涂层刀具的应用越来越广泛。

四、其他刀具材料

(一) 陶瓷

有纯 Al_2O_3 陶瓷及 Al_2O_3-TiC 混合陶瓷两种，由其微粉在高温下烧结而成。其主要特点如下：

(1) 有很高的硬度(91～95 HRA)和耐磨性。

(2) 有很高的耐热性，在高温 1200℃ 以上仍能进行切削，切削速度比硬质合金高 2～5 倍，而且高温条件下抗弯强度、韧性降低极少。

(3) 有很高的化学稳定性，与金属的亲和力小，抗黏结和抗扩散的能力好。

(4) 有较低的摩擦系数，切屑不易粘、不易产生积屑瘤。

(5) 主要缺点是脆性大、抗弯强度低、冲击韧性差、易崩刃，使其使用范围受到限制。陶瓷可用于加工钢和铸铁。

(二) 金刚石

金刚石是一种碳的同素异形体，是目前自然界中最硬的材料，天然金刚石价格昂贵，使用很少。人造金刚石是在高温、高压和其他条件配合下由石墨转化而成的。金刚石刀具的特点如下：

(1) 有极高的硬度和耐磨性，硬度高达 10 000 HV，耐磨性好，可用于加工硬质合金、陶瓷、高硅铝合金及耐磨塑料等高硬度、高耐磨的材料，刀具耐用度比硬质合金可提高几倍到几百倍。

(2) 有较低的摩擦系数，切屑与刀具不易产生黏结，不产生积屑瘤，能进行高精度切削。

(3) 切削刃锋利，能切下极薄的切屑，加工冷硬现象较少，很适于精密加工。

(4) 有很好的导热性及较低的热膨胀系数。

(5) 主要缺点是：热稳定性差，切削温度不宜超过 800℃；强度低、脆性大、对振动敏感，只宜微量切削；不适于加工铁族金属，因为金刚石中的碳元素和铁元素有极强的亲和力，碳元素向工件扩散，会加快刀具磨损。

金刚石目前主要用于磨具和磨料，主要对有色金属及非金属材料进行高速精细车削及镗孔；加工铝合金、铜合金时，切削速度可达 800～3800 m/min。

(三) 立方氮化硼

立方氮化硼是由软的六方氮化硼(俗称白石墨)在高温高压下加入催化剂转变而成的。主要特点如下：

(1) 有很高的硬度(8000～9000 HV)及耐磨性，仅次于金刚石。

(2) 有比金刚石高得多的热稳定性(1400℃)，可用来加工高温合金，但在高温时(1000℃以上)与水易起化学反应，故只宜干切削。

(3) 化学惰性大，与铁族金属直至 1300℃时也不易起化学反应，可用于加工淬硬钢及冷硬铸铁。

(4) 有较好的导热性。

(5) 有较低的摩擦系数。

立方氮化硼有整体聚晶立方氮化硼和立方氮化硼复合片两种类型。整体聚晶立方氮化硼能像硬质合金一样焊接，并可多次重磨；立方氮化硼复合片则由在硬质合金基体上烧结一层厚度为 0.5 mm 的立方氮化硼而成。

2.4　依通用机床加工方法选用刀具

课点 17　认识刀具

一、刀具的作用

金属切削加工是现代机械制造工业中应用最广泛的一种加工方法，一般占机械制造总工作量的 50%以上。金属切削刀具直接参与切削过程，是从工件上切除多余金属层的重要工具。无论是普通车床，还是先进的数控机床或是加工中心，以至柔性制造系统，都必须依靠刀具才能完成各种切削过程。

根据刀具在实际工作过程中的应用，更新刀具可以成倍地提高生产效率。例如，群钻与麻花钻相比，加工效率可以提高 3～5 倍；而数控机床、加工中心等先进设备效率的发挥，很大程度上取决于刀具的性能。更新刀具技术是提高精度的基础，随着新兴业的发展，特种加工、精密加工等技术的出现，加工精度已超过 0.01 μm，广泛地应用到航天、航空等领域内。

二、刀具的分类

由于被加工的工件形状、尺寸和技术要求不同，以及使用的机床和加工方法也不同，刀具名目繁多，形状各异，随着生产的发展还在不断创新。为了综合研究各种刀具的共同特征，以便于刀具的设计、制造和使用，把刀具系统地分类是很重要的。刀具的分类可按许多方法进行，例如，按切削部分材料来分，可分为高速钢刀具和硬质合金刀具等；按刀具结构分，可分为整体式刀具和装配式刀具等。但是较能反映刀具共同特征的是按刀具用途和加工方法分类，如下所示。

1. 切刀

切刀是金属切削加工中应用最广的一类基本刀具，其特点是结构比较简单，只有一条连续的直线刀刃或曲线刀刃，它属于单刃刀具。切刀包括车刀、刨刀、镗刀、成形车刀及自动机床和专用机床用的切刀，而车刀最有代表性。

2. 孔加工刀具

孔加工刀具包括从实体材料上加工出孔的刀具，如钻头，以及对已有孔进行加工的刀具，如扩孔钻、铰刀等。

3. 拉刀

拉刀是一种具有高生产率的多齿刀具，它可用于加工各种形状的通孔、各种直槽或螺旋槽的内表面，也能加工各种平的或曲线的外表面。

4. 铣刀

铣刀可用于各种铣床，可加工各种平面、台肩、沟槽，进行切断及成形表面。铣刀属于多刃刀具，它同时参加切削的刀刃总长度较长，生产效率较高。

5. 齿轮刀具

齿轮刀具是用于加工齿轮齿形的刀具。按加工齿轮的齿形可分为加工渐开线齿形的刀具和加工非渐开线齿形的刀具。这类刀具的共同特点是对齿形有严格要求。

6. 螺纹刀具

螺纹刀具用于加工内、外螺纹。它有两类：一类是利用切削加工方法来加工螺纹的刀具，如螺纹车刀、丝锥、板牙和螺纹切头等；另一类是利用金属塑性变形方法来加工螺纹。

7. 磨具

磨具是磨削加工的主要工具，它包括砂轮、砂带、油石等。用磨具加工的工件表面质量较高，是加工淬火钢和硬质合金的主要工具。

课点 18 磨削过程及原理

磨削也是一种切削加工。砂轮表面上的每个磨粒相当于一个微小刀齿，磨粒上的每个棱角都相当于一个微小的切削刃，整个砂轮就相当于具有极多刀齿的铣刀，这些刀齿随机地排列在砂轮的表面上。因此，磨削可以看作具有众多刀齿铣刀的一种超高速铣削。

砂轮表面磨粒形状各异，排列也很不规则，其间距和高低为随机分布。砂轮表面凸起高度较大和较为锋利的磨粒，可以获得较大的磨削厚度，起切削作用；凸起高度较小和较钝的磨粒，只能在工件表面刻划出细微的沟痕，工件材料则被挤向磨粒的两旁而隆起，此时无明显切屑产生，仅起刻划作用；比较凹下的磨粒，既不切削也不刻划，只是从工件表面滑擦而过，起摩擦抛光作用。

由此可见，磨削过程的实质是切削、刻划和摩擦抛光综合作用的过程。由于各磨粒的工作情况不同，所以磨削除了产生正常的切屑外，还产生金属微尘等。

课点 19 砂 轮

砂轮是由细小而坚硬的磨料加结合剂，用烧结的方法制成的疏松的多孔体。砂轮表面上杂乱地排列着许多磨粒，磨粒的每一个棱角都相当于一个切削刃，整个砂轮相当于一把具有无数切削刃的铣刀，磨削时砂轮高速旋转，切下粉末状切屑。砂轮的特性主要由磨料、粒度、结合剂、硬度、组织及形状尺寸等因素决定。

一、磨料

磨料是制造磨具的主要原料，直接担负着切削工作。它必须具有高的硬度及良好的耐热性，并具有一定的韧性。目前常用的磨料有氧化物系、碳化物系和高硬磨料系三类。

氧化物系磨料的主要成分是 Al_2O_3，由于它的纯度不同，加入的金属元素也不同，因而被分为不同的品种。碳化物系磨料主要以碳化硅、碳化硼等为基体，也是因材料的纯度不同而被分为不同品种。高硬磨料系中主要包括人造金刚石和立方氮化硼。立方氮化硼是近年发展起来的新型磨料。虽然其硬度比金刚石略低，但其耐热性(1400℃)比金刚石(800℃)高出许多，而且对铁元素的化学惰性高，所以特别适合磨削既硬又韧的材料。在加工高速钢、模具钢、耐热钢时，立方氮化硼的工作能力超过金刚石 5～10 倍。同时，立方氮化硼的磨粒切削刃锋利，磨削时可减少加工表面材料的塑性变形，因此磨出的表面粗糙度比用一般砂轮小。因此，立方氮化硼是一种很有前途的磨料。

二、粒度

粒度指磨料颗粒的尺寸，其大小用粒度号表示。国家标准规定了磨料和微粉两种粒度号。一般粗磨选用较粗的磨料(粒度号较小)，精磨选用较细的磨料(粒度号较大)；微粉多用于研磨等精密加工和超精密加工操作。

三、结合剂

结合剂的作用是将磨料粘合成具有一定强度和形状的砂轮。砂轮的强度、抗冲击性、耐热性及耐蚀性主要取决于结合剂的性能。常用的结合剂有陶瓷结合剂(V)、树脂结合剂(B)、橡胶结合剂(R)和金属结合剂(M)等。陶瓷结合剂应用最广，适用于外圆、内圆、平面、无心磨削和成形磨削的砂轮等；树脂结合剂适用于切断和开槽的薄片砂轮及高速磨削砂轮；橡胶结合剂适用于无心磨削导轮、抛光砂轮；金属结合剂适用于金刚石砂轮等。

四、硬度

磨具的硬度指磨具在外力作用下磨粒脱落的难易程度(又称结合度)。磨具的硬度反映结合剂固结磨粒的牢固程度，磨粒难脱落则硬度高，反之则硬度低。国家标准中对磨具硬度规定了 16 个级别：D，E，F(超软)；G，H，J(软)；K，L(中软)；M，N(中)；P，Q，R(中硬)；S，T(硬)；Y(超硬)。普通磨削常用 G～N 级硬度的砂轮。

五、组织

磨具的组织指磨具中磨粒、结合剂、气孔三者体积的比例关系，以磨粒率(磨粒占磨具体积的百分率)表示磨具的组织号。磨粒所占的体积比例越大，砂轮的组织越紧密；反之，组织越疏松。国家标准规定了 15 个组织号：0，1，2，…，13，14 号。0 号组织最紧密，磨粒率最高；14 号组织最疏松，磨粒率最低。普通磨削常用 4～7 号组织的砂轮。

六、形状与尺寸及代号

根据机床类型和加工需要，将磨具制成各种标准的形状和尺寸。常用的几种砂轮的形状、代号和用途见表 2-5。

表 2-5　常用砂轮的形状、代号和主要用途

砂轮名称	代号	断面简图	主要用途
平行砂轮	1		根据不同尺寸分别用于外圆磨、内圆磨、平圆磨、螺纹磨和砂轮机上
筒形砂轮	2		用于立式平面磨床上
碗形砂轮	11		通常用于刃磨刀具，也可用于导轨磨磨削加工
碟形一号砂轮	12a		适用于磨铣刀、铰刀、拉刀等

砂轮的特性代号一般标注在砂轮的断面上，用以表示砂轮的磨料、粒度、硬度、结合剂、组织、形状、尺寸及允许的最高线速度。例如，1-300X30X75-A60L5V-35 m/s，表示该砂轮为平形砂轮(1)，外径为 300 mm，厚度为 30 mm，内径为 75 mm，磨料为棕刚玉(A)，粒度号为 60，硬度为中软(L)，组织号为 5，结合剂为陶瓷(V)，最高圆周速度为 35 m/s。

2.5　根据工件结构选用数控刀具及其工具系统

课点 20　用于数控机床刀具的基本要求

在切削加工中，刀具是保证加工质量、提高生产效率的一个重要因素。本节主要介绍对数控刀具的基本要求，以及数控刀具的快速更换、自动更换、尺寸预调及数控工具系统的使用。随着社会生产和科学技术的发展，机械产品日趋精密复杂，且频繁改型，特别是在宇航、造船、军事领域，所需的零件精度要求高，形状复杂，批量小，普通机床已不能

满足这些要求。作为机械工业加工手段现代化的标志，数控机床应运而生。数控机床包括普通数控机床、加工中心、柔性制造系统以及自动加工线。而这些加工设备，只有配备了高性能的刀具，其性能和功能才能得以发挥。

数控刀具应适应加工零件品种多、批量小的要求，除应具备普通刀具应有的性能外，还应满足以下基本要求：

(1) 刀具切削性能和寿命要稳定可靠。用数控机床进行加工时，需对刀具实行定时强制换刀或由控制系统对刀具寿命进行管理。同一批数控刀具的切削性能和刀具寿命不得有较大差异，以免频繁地停机换刀，造成加工工件大量报废。

(2) 刀具应有较高的寿命。应选用切削性能好、耐磨性高的涂层刀具，以及合理地选择切削用量。

(3) 应确保可靠的断屑、卷屑和排屑。紊乱切屑会给自动化生产带来极大的危害。

(4) 能快速地转位或更换刀片，以及快速地换刀或自动换刀。

(5) 能迅速、精确地调整刀具尺寸。

此外，还应尽可能做到以下几点：

(1) 必须从数控加工特点出发来制定数控刀具的标准化、系列化和通用化结构体系。

(2) 应建立完整的数据库及其管理系统。数控刀具的种类多，管理较复杂。既要对所用刀具进行自动识别，记忆其规格尺寸、存放位置、已切削时间和剩余寿命等，又要对刀具的更换、运送、刀具切削尺寸预调等进行管理。

(3) 应有完善的刀具组装、预调、编码标志与识别系统。

(4) 应有刀具磨损和破损的在线监测系统。

课点21 刀具分类

对于目前的数控加工而言，数控加工刀具有其另外的特点。数控刀具必须适应数控机床高速、高效和自动化程度高的特点，一般应包括通用刀具、通用连接刀柄及少量专用刀柄。刀柄要连接刀具并装在机床动力头上，因此已逐渐标准化和系列化。按照切削工艺，数控刀具可分为车削刀具、铣削刀具、钻削刀具和镗削刀具，下面举例说明。

车削刀具：外圆、内孔、螺纹、成形车刀等。

铣削刀具：球头、盘形、键槽铣刀等。

钻削刀具：钻头、铰刀、丝锥等。

镗削刀具：粗镗刀、精镗刀等。

课点22 自动换刀系统

自动换刀系统是加工中心的重要部件，由它实现零件工序之间连续加工的换刀要求，即在每一道工序完成后自动将下一工序所用的新刀具更换到主轴上，从而保证了加工中心工艺集中的工艺特点。刀具的交换一般通过机械手、刀库及机床主轴的协调动作共同完成，自动换刀系统一般由刀库和机械手组成。不同机床的自动换刀系统可能不同，这正是体现机床独具特色的部分。

(1) 刀库顾名思义是存放刀具的仓库，就是把加工零件所用的刀具都存放在这里，在加工过程中由机械手抓取。刀库形式主要有盘式刀库和链式刀库两种。

① 盘式刀库。刀库容量为 30 把左右。如果刀库容量太大，就会造成刀库的转动惯量过大。一般中小型加工中心使用盘式刀库较多。

② 链式刀库。刀库容量较大，可以装载 100 把刀具，甚至更多。链式刀库容量较大，主要是因为箱体类零件加工内容多，使用刀具的数量也就相应增加。

(2) 机械手形式有单臂、双臂等多种，有的加工中心甚至没有机械手，而通过刀库和主轴的相对运动实现换刀。

(3) 选刀方式一般有固定位置选刀和任意位置选刀两种。

① 固定位置选刀。每把刀具放在刀库中的刀套位置是确定的。例如 T5 是 3 mm 的钻头，加工前放在 5 号刀套位置，那么，机械手将 3 mm 的钻头换到主轴上，使用完毕后，机械手会将其还回到 5 号刀套位置。对于固定位置换刀方式，在刀具放置时，应注意将较重的一些刀具分开放置，从而避免长时间的不均匀负重，导致链条拉长，从而加大换刀位置刀套的定位误差。

② 任意位置选刀。它是记忆式的换刀方式，即将刀具号和刀库中的刀套位置对应记忆在数控系统的 PLC 中，刀具更换位置后，PLC 跟踪记忆。例如 T5 是 3 mm 的钻头，加工前放在 5 号刀套位置，那么，机械手将 3 mm 的钻头换到主轴上，使用完毕后，机械手可能会将其还回到 8 号刀套位置，那么 PLC 也会随之更改原来的记忆。每次选刀时，刀库旋转遵循"近路原则"，即刀库是沿换刀最近的方向旋转，因此每次选刀时刀库的最大转角为 180°。

习题与思考题

2-1 什么是工件材料切削加工性？请简述。

2-2 刀具材料性能要素有哪些？

2-3 用于数控机床的刀具要满足哪些基本要求？

2-4 机床刀架自动换刀装置应满足什么要求？

2-5 机床刀具分为哪几类？请分别举例说明。

项目三　机床设计基本理论

3.1　机床运动分析

课点 23　机床的运动原理

机床不同于一般的机械，它是用来制造其他机械的工作母机，因此在运动学原理、刚度及精度方面有其特殊要求。下面简单介绍一些机床设计的基本理论。

不同的机床因其加工功能(能够采用的加工方法、工件的类型、加工表面形状等)不同，实现加工功能所需要的运动也不同。机床的末端执行器有两个，一个是安装工件的执行器(如铣床的工作台、车床主轴的卡盘)，一个是安装刀具的执行器(如铣床的主轴、车床的刀架)。所谓工件的加工，就是通过刀具相对工件的运动来完成的。例如，车床的加工功能是加工圆柱面、圆锥面、端面、螺旋回转面及自由回转面等各种回转表面，它的加工功能需要工件绕其自身轴线(C 轴)回转，刀具沿工件轴线(Z 轴)方向移动和垂直于工件轴线(X 轴)方向移动等三个运动来实现。

当车削圆锥面或某些自由回转曲面时，刀具在 Z 轴和 X 轴两个方向的移动或在 Z、X 和 C 轴三个方向的运动必须保持严格的运动关系；当车削螺纹时，工件的 C 轴回转与刀具的 Z 轴移动必须保持严格的运动关系。这种严格的运动关系在机械传动的机床中是靠内联系传动系来实现的(如在车螺纹时，进给传动系统应保证工件旋转一周，刀具移动一个螺距)，而在数控机床中是通过坐标轴的联动来实现的。因此能够加工螺纹和回转曲面的数控车床，需要有 Z、X 和 C 轴三个运动，且要求三个轴的运动能够联动。

机床运动学就是研究、分析和实现机床期望的加工功能所需要的运动功能配置，即配置什么样的运动功能才能实现机床所需要的加工功能。掌握了机床运动学知识就可对任何机床的工作原理进行学习、分析和设计。

一、机床的工作原理

金属切削机床的基本功能是提供切削加工所必需的运动和动力。机床的基本工作原理是：通过刀具与工件之间的相对运动，由刀具切除工件上多余的金属材料，使工件具有要求的几何形状和尺寸。

工件加工表面的几何形状的形成取决于机床的运动功能，包括机床运动轴的数目、运动性质及各运动轴之间的关系(独立还是联动)。而几何尺寸则主要取决于机床的运动行程。

可以看出，工件的加工表面是通过机床上刀具与工件的相对运动而形成的，因此要分析机床的运动功能，需要先了解工件表面的形成方法。

二、工件表面的形成方法及机床运动

工件表面的形成方法主要是指工件的待加工表面几何形状的成形方法。机床成形运动主要是指形成工件的待加工表面几何形状所需的运动。几何表面的形成原理不同，所需要的机床成形运动也不同。

1. 几何表面的形成原理

任何一个表面都可以看成是一条曲线(或直线)沿着另一条曲线(或直线)运动的轨迹。

上述两条曲线(或直线)称为该表面的发生线，前者称为母线，后者称为导线。图 3-1 中给出了几种表面的形成原理，图中 1、2 表示发生线。图 3-1(a)、(c)的平面分别是由直线母线或曲线母线 1 沿着直线导线 2 移动而形成的；图 3-1(b)的圆柱面是由直线母线 1 沿轴线与它相平行的圆导线 2 运动而形成的；图 3-1(d)的圆锥面是由直线母线 1 沿轴线与它相交的圆导线 2 运动而形成的；图 3-1(e)的自由曲面是由曲线母线 1 沿曲线导线 2 运动而形成的。有些表面的母线和导线可以互换，如图 3-1(a)、(b)、(e)所示；有些则不能互换，如图 3-1(c)、(d)所示。

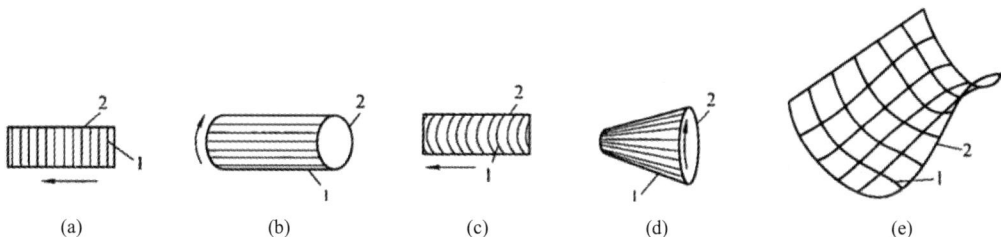

图 3-1　表面形成原理

2. 发生线的形成及机床运动

从发生线成形的原理上看，刀具切削刃的类型可以分为点切削刃、线切削刃和面切削刃。所谓面切削刃，是指"假想面"上任一点或线都可以作为切削刃使用，如圆柱铣刀切削刃的实际形状为直线或螺旋线，当刀具高速回转时，切削刃形成圆柱回转面，面上的任一点均可与工件接触进行切削，因此其切削刃的理论形状是圆柱面(即假想面)，故称之为面切削刃。圆柱面切削刃可视为是由与其轴线平行的直线绕轴线回转形成的。采用的刀具切削刃的类型不同，形成发生线所需的运动也不同。

工件加工表面的发生线是通过刀具切削刃与工件接触并产生相对运动而形成的。有如下四种方法：

(1) 轨迹法(描述法)。如图 3-2(a)所示，点切削刃车刀车削外圆柱面，发生线 1(直母线)是由刀具的点切削刃作直线运动轨迹形成的，称为轨迹法。因此为了形成发生线 1，刀具和工件之间需要一个相对的直线运动。又如图 3-2(b)所示，纵向磨削外圆柱面，发生线 1 的形成也是轨迹法，刀具(砂轮)和工件之间需要一个相对的直线运动 f。

(2) 成形法(仿形法)。如图 3-2(c)所示，宽刃车刀车削短外圆柱面，刀具的切削刃是线切削刃，与工件发生线 1(直母线)吻合，因此发生线 1 由切削刃实现，该方法称为成形法。

发生线 1 的形成不需要刀具与工件的相对运动。又如图 3-2(d)所示，横向磨削短外圆柱面，发生线 1 的形成也是成形法，不需要刀具与工件的相对运动。

(3) 相切法(旋切法)。如图 3-2(e)所示，圆柱铣刀铣削短圆柱外圆柱面。工件发生线 1 为圆柱铣刀的面切削刃上与其轴线平行的直线，发生线 1 某时刻在刀具面切削刃上的 A 位置(左边俯视图)，另一时刻发生线 1 在 B 位置(右边俯视图)。面切削刃是由轨迹法生成的，需要一个运动 S(刀具回转运动)，面切削刃和工件的接触线与工件发生线 1 吻合，故发生线 1 是由运动 n_1 形成的。而发生线 2 是面切削刃运动轨迹的切线组成的包络面，故发生线 2 是由相切法生成的，需要两个直线运动 f_1 和 f_2 才能形成发生线 2。

(4) 展成法(滚切法)。如图 3-2(f)所示，发生线 1(渐开线母线)是由切削刃 2(线切削刃)在刀具与工件作展成运动时所形成的一系列轨迹线的包络线,发生线 1 的形成称为展成法。故为了形成发生线 1，刀具与工件之间需要一个复合的相对运动叫 n_1 与 n_2，简称展成运动。

3. 加工表面的形成方法

加工表面的形成方法是母线形成方法和导线形成方法的组合。因此，加工表面形成所需的刀具与工件之间的相对运动也是形成母线和导线所需相对运动的组合。

如图 3-2(a)所示，点切削刃车刀车削外圆柱面，形成发生线 1(直母线)需要直线运动 f，形成发生线 2(圆导线)需要回转运动 n，因此工件圆柱加工表面的形成共需两个形状创成运动 f 和 n。

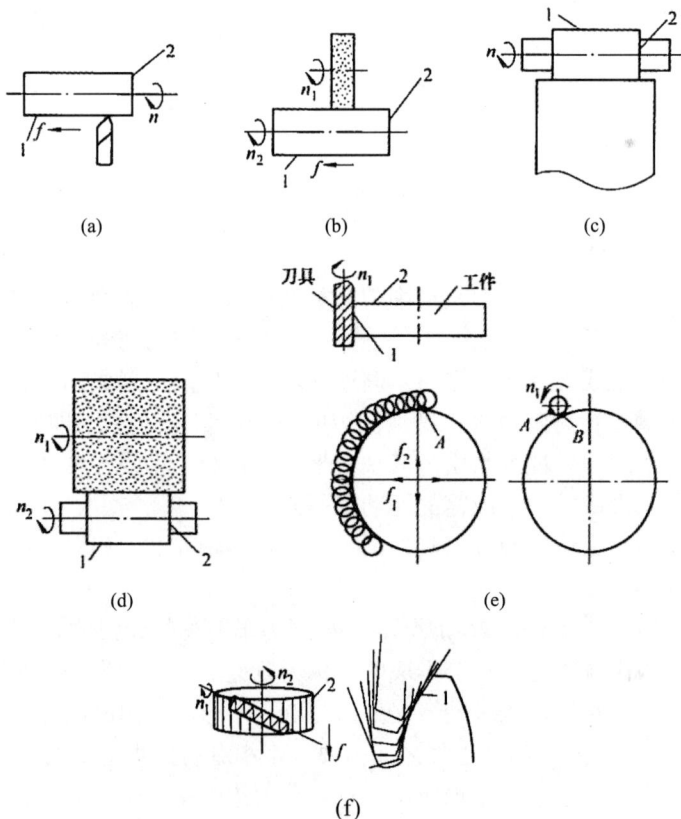

图 3-2　加工方法与形状创成运动的关系

三、机床运动分类

机床的运动可以按运动的性质、运动的功能、运动之间的关系进行分类。

1. 按运动的性质分类

机床运动可以分为直线运动和回转运动。

2. 按运动的功能分类

为了完成工件表面的加工，机床上需要设置各种运动，各个运动的功能是不同的。机床运动可以分为成形运动和非成形运动两类。

(1) 成形运动。机床上用来完成工件一个待加工表面几何形状的生成和金属切除任务的运动称为表面成形运动，简称成形运动。成形运动是完成一个表面的加工所必需的最基本的运动。

(2) 非成形运动。除了上述成形运动之外，机床上还需设置一些其他运动，称为非成形运动，如：切入运动(刀具切入工件的运动)，分度运动(当工件加工表面由多个表面组成时，由一个表面过渡到另一个表面所需的运动)，辅助运动(如刀具的接近、退刀、返回等)，调整运动(调整刀具与工件相对位置或方向)，控制运动(如一些操纵运动)。

3. 按运动之间的关系分类

按机床各个运动之间的关系机床运动可以分为独立运动和复合运动。

(1) 独立运动与其他运动之间无严格的运动关系。

(2) 复合运动之间有严格的运动关系。如车螺纹时，工件主轴的回转运动和刀具的纵向直线运动为复合运动。对机械传动的机床来说，复合运动是通过内联系传动系来实现的；对数控机床来说，复合运动是通过运动轴的联动来实现的。

四、机床的成形运动

机床的成形运动可以有两种分类方法。一是从成形运动的速度、消耗动力看，可以把成形运动分为主运动(速度高、消耗动力大)和进给运动(速度低、消耗动力小)；二是从成形运动所完成的功能看，成形运动的功能是完成表面几何形状的生成和金属的切除，可以把成形运动分为主运动(完成金属的切除)和形状创成运动(完成表面几何形状的生成，即母线和导线的生成)。以下从运动方案设计和分析的原理来看，重点介绍第二种分类方法，同时将两种分类方法加以对照。

1. 主运动

主运动的功能是切除加工表面上多余的金属材料，因此运动速度高，消耗机床的大部分动力，故称为主运动，也可称为切削运动。它是形成加工表面必不可少的成形运动，如图 3-2 所示，车削加工时工件主轴的回转运动 n，磨削加工时砂轮主轴的回转运动 n_1，铣削加工时铣刀主轴的回转运动 n_1，滚齿加工时滚刀主轴的回转运动 n_1 等都为主运动。磨削加工时砂轮主轴(砂轮头架)的回转运动 n_1 速度高，消耗功率大，是主运动；而工件主轴(工件头架)的回转运动 n_2 速度低，消耗功率小，不属于主运动。同理，滚齿加工时滚刀主轴回转运动 n_1 为主运动，而工件的回转运动 n_2 不属于主运动。

2. 形状创成运动

形状创成运动的功能是用来形成工件加工表面的发生线(包括母线和导线)。例如:

(1) 图 3-2(a)为用点刃车刀车削外圆柱面,形成直母线 1(轨迹法)需要一个直线运动 f,而形成圆导线 2(轨迹法)需要一个回转运动 n。故共需两个形状创成运动 f 和 n。

(2) 图 3-2(b)纵向磨削外圆柱面,形成直母线 1(轨迹法)需要一个直线运动 f,形成圆导线(轨迹法)需要一个回转运动 n_2。故共需两个形状创成运动 f 和 n_2。

(3) 图 3-2(c)为用宽刃车刀车削短外圆柱面,形成直母线 1(成形法)不需要运动,形成圆导线 2(轨迹法)需要一个回转运动 n。故共需一个形状创成运动 n。

(4) 图 3-2(d)横向磨削短外圆柱面,形成直母线 1(成形法)不需要运动,形成圆导线 2(轨迹法)需要一个回转运动 n_2。故共需一个形状创成运动 n_2。

(5) 图 3-2(e)为用圆柱铣刀以相切法铣削短外圆柱面。形成直母线 1(轨迹法)需要一个回转运动 n_1(刀具回转运动),用相切法形成圆导线 2 需要两个直线运动 f_1 和 f_2。故共需三个形状创成运动 n、f_1 和 f_2。

(6) 图 3-2(f)滚直齿,形成渐开线母线 1(展成法)需要一个展成运动,该展成运动由刀具的回转运动 n_1 与工件的回转运动 n_2 实现,形成直导线 2 需要一个直线运动 f。故共需三个形状创成运动 n_1、n_2 和 f。

从上述分析可以看出:有些加工中主运动除了承担切除金属材料的任务外,还参与形状创成,如图 3-2(a)、(c)的 n,图 3-2(e)、(f)的 n_1 等既是主运动,又是形状创成运动,因此它们承担形成发生线和切除金属材料的双重任务;而有些加工中,主运动只承担切削任务,不承担发生线的创成任务,如图 3-2(b)、(d)的砂轮回转运动 n_1。

当形状创成运动中不包含主运动时,"形状创成运动"与"进给运动"两个词等价,这时进给运动就是用来生成工件表面几何形状的,因此无论是用主运动和进给运动,还是主运动和形状创成运动来描述成形运动,两种描述都是一样的。当形状创成运动中包含主运动时,"形状创成运动"与"成形运动"两个词等价,这时就不能仅靠进给运动来生成工件表面几何形状(如滚齿加工)。

在机床运动学中为了研究、设计和分析工件表面几何形状生成所需的运动,用主运动和形状创成运动来描述成形运动更方便,在机床使用中则用主运动和进给运动来描述成形运动更方便一些。可以看出,无论用哪种方法描述成形运动,进给运动都是成形运动的主体。

五、机床运动功能的描述方法

1. 坐标系

为了对机床运动功能式、机床运动原理图进行描述,首先要建立机床基准坐标系与机床运动轴坐标系,一般采用直角坐标系。

(1) 机床基准坐标系。机床基准坐标系即机床总体坐标系 $OXYZ$。

(2) 机床运动轴坐标系。沿 X、Y、Z 坐标轴方向的直线运动仍用 X、Y、Z 表示,绕 X、Y、Z 轴的回转运动分别用 A、B、C 表示。平行于 X、Y、Z 轴的辅助轴用 U、V、W 及 P、Q、R 表示,绕 X、Y 轴的辅助回转轴用 D、E 等表示(详见 GB/T 19660—2005 标准的规定)。与机床基准坐标系坐标方向不平行的斜置运动轴坐标系用加"—"表示,如沿斜置坐标系的 Z 轴运动用 $\overline{Z}$ 表示。

2. 机床运动功能式

运动功能式表示机床的运动个数、形式(直线或回转运动)、功能(主运动、进给运动、非成形运动)及排列顺序,是描述机床运动功能的最简洁的表达形式。左边写工件,用 W 表示;右边写刀具,用 T 表示;中间写运动,按运动顺序排列;工件、运动和刀具之间用 "/"分开。有下标 p 表示主运动,有下标 f 表示进给运动,有下标 a 表示非成形运动。例如,车床的运动功能式为 W/C_p, Z_f, X_f/T,三轴铣床的运动功能式为 W/X_f, Y_f, Z_f, C_p/T(参见图 3-4(a)、(b),为了使其更简洁,运动功能式中下标 f 和 a 也可省略,图 3-4(b)所示的三轴铣床的运动功能式又可简写为 W/X, Y, Z, C_p/T)。

3. 机床运动原理图

运动原理图是将机床的运动功能式用简洁的符号和图形表达出来,除了描述机床的运动轴个数、形式及排列顺序之外,还表示了机床的两个末端执行器和各个运动轴的空间相对方位,是认识、分析和设计机床传动系统的依据。运动原理图的图形符号可用图 3-3 所示的符号表示。图 3-3(a)表示回转运动,图 3-3(b)表示直线运动。

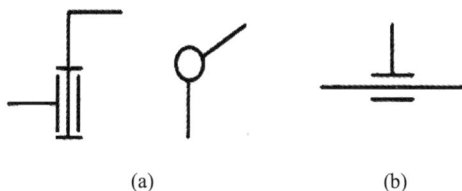

(a)   (b)

图 3-3   运动原理图图形符号

图 3-4 给出了一些常用机床运动原理图的例子。在运动原理图上,同时注明了与其相对应的运动功能式。各运动原理图介绍如下:

(1) 图 3-4(a)是车床的运动原理图。回转运动 C_p 为主运动,直线运动 Z_f 和 X_f 为进给运动。对于一般的车床,C_p 仅为主运动;对于有螺纹加工功能或有加工非圆回转面(如椭圆面)功能的数控车床,则 C_p 一方面为主运动,另一方面 C_p 可与 Z_f 组成复合运动进行螺纹加工,或 C_p 可与 X_f 组成复合运动进行非圆回转面加工,称这类数控车床具有 C 轴功能。

(2) 图 3-4(b)是铣床的运动原理图。回转运动 C_p 为主运动,直线运动 X_f、Y_f 和 Z_f 为进给运动。

(3) 图 3-4(c)是平面刨床的运动原理图。往复直线运动 X_p 为主运动,直线运动 Y_f 为进给运动,直线运动 Z_a 为切入运动。

(4) 图 3-4(d)是数控外圆磨床的运动原理图。回转运动 C_p 为主运动,回转运动 C_f、直线运动 Z_f 和 X_f 为进给运动,回转运动 B_a 为砂轮的调整运动。当 X_f 和 Z_f 组成复合运动时,用碟形砂轮可磨削长圆锥面或任意形状的回转表面;当 C_f 和 Z_f 组成复合运动时,可进行螺旋面磨削。在进行长轴纵向进给磨削时,X_f 应改为 X_a,为切入运动,但在进行横向进给磨削端面时,X_f 为横向进给运动,Z_f 应改为 Z_a,为切入运动。若一个运动既可为进给运动又可为非成形运动,则用进给运动符号表示。

(5) 图 3-4(e)是摇臂钻床的运动原理图。回转运动 C_p 为主运动,直线运动 Z_f 为进给运动,回转运动 C_a、直线运动 Z_a 及 X_a 为调整运动,用来调整刀具与工件的相对位置。

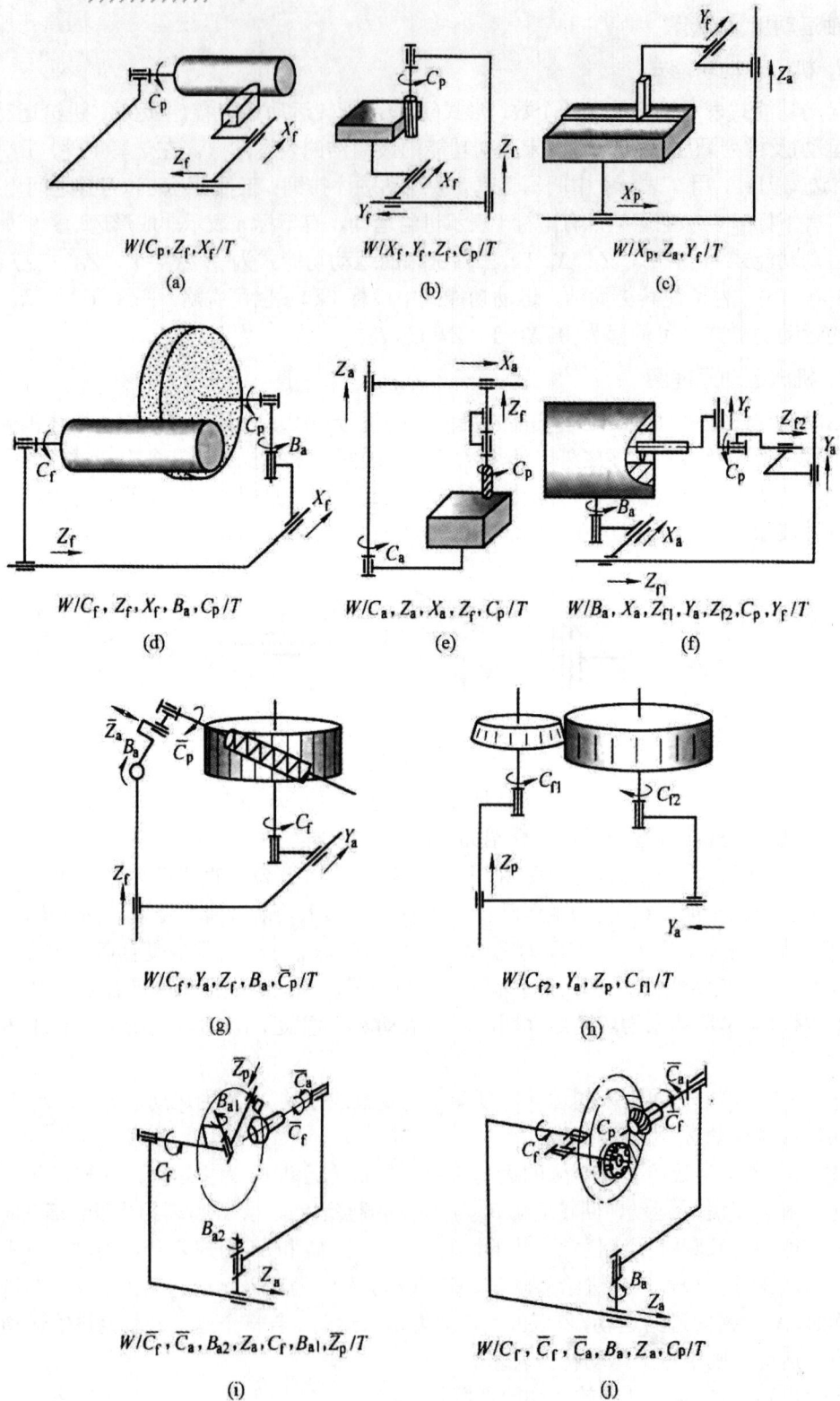

$W/C_p, Z_f, X_f/T$

(a)

$W/X_f, Y_f, Z_f, C_p/T$

(b)

$W/X_p, Z_a, Y_f/T$

(c)

$W/C_f, Z_f, X_f, B_a, C_p/T$

(d)

$W/C_a, Z_a, X_a, Z_f, C_p/T$

(e)

$W/B_a, X_a, Z_{f1}, Y_a, Z_{f2}, C_p, Y_f/T$

(f)

$W/C_f, Y_a, Z_f, B_a, \bar{C}_p/T$

(g)

$W/C_{f2}, Y_a, Z_p, C_{f1}/T$

(h)

$W/\bar{C}_f, \bar{C}_a, B_{a2}, Z_a, C_f, B_{a1}, \bar{Z}_p/T$

(i)

$W/C_f, \bar{C}_f, \bar{C}_a, B_a, Z_a, C_p/T$

(j)

图 3-4 机床运动原理图

(6) 图3-4(f)是镗床的运动原理图。回转运动 C_p 为主运动，直线运动 Z_{f1} 为镗孔加工时工件作的进给运动，Z_{f2} 为镗孔加工时镗杆作的进给运动(在数控镗床或加工中心上，镗孔进给通常由工件完成，只有 Z_{f1} 一个镗孔进给运动)，Y_f 为刀具的径向进给运动，用于加工端面或孔槽，回转运动 B_a 为分度运动，直线运动 X_a 及 Y_a 为调整运动，分别用来调整工件与刀具的相对方向及位置，用来加工不同方向和位置的孔。在镗铣床上，通常 X_a 和 Y_a 可改为进给运动 X_f 和 Y_f，用来铣削平面。

(7) 图3-4(g)是滚齿机床的运动原理图。回转运动 $\overline{C}_p$ 为主运动，回转运动 C_f 和直线运动 Z_f 为进给运动。$\overline{C}_p$ 与 C_f 组成复合运动创成渐开线母线；直线运动 Z_f 创成直导线，用于加工直齿轮；若 Z_f 与 C_f 组成复合运动，则创成螺旋导线，用于加工斜齿轮；回转运动 B_a 为调整运动，用来调整刀具的安装角，使刀具与工件的齿向一致；直线运动 Y_a 为径向切入运动，当用径向进给法加工蜗轮时，Y_a 为径向进给运动；$\overline{Z}_a$ 为滚刀的轴向窜刀运动，为调整运动，用来调整滚刀的轴向位置，当用切向进给法加工蜗轮时，$\overline{Z}_a$ 为切向进给运动。

(8) 图3-4(h)是采用齿轮式插齿刀加工直齿圆柱齿轮的插齿机床的运动原理图。刀具和工件相当于一对相互啮合的直齿圆柱齿轮，往复直线运动 Z_p 为主运动；回转运动 C_{f1}、C_{f2} 为进给运动，并组成复合运动，创成渐开线母线；直线运动 Y_a 为切入运动。

(9) 图3-4(i)是直齿锥齿轮刨齿机的运动原理图。刨刀的往复直线运动 $\overline{Z}_p$ 为主运动；回转运动 C_f(当量齿轮摇架回转)和 $\overline{C}_f$(工件回转)组成复合运动，产生展成运动；回转运动 $\overline{C}_a$ 为分度运动；直线运动 Z_a 为趋近与退离运动；回转运动 B_a 为调整运动，根据刀倾角进行调整，使刀具运动方向与工件齿根平行。

(10) 图3-4(j)是弧齿锥齿轮铣齿机的运动原理图。C_p 是铣刀盘的回转运动，为主运动，铣刀盘的切削刃为直线形，铣刀盘作回转运动时切削刃轨迹形成当量齿轮(平面齿轮或平顶齿轮)上一个齿的齿廓面；C_f 为当量齿轮的往复摆动运动(即摇架的摆动)，$\overline{C}_f$ 为工件的回转运动，C_f 和 $\overline{C}_f$ 复合组成展成运动；$\overline{C}_a$ 为工件的分度运动；Z_a 为趋近与退离运动；B_a 为调整运动，按工件的齿根角进行调整。铣刀盘一面进行回转运动 C_p，一面随摇架作摆动运动 C_f，摆动一次为一个行程，一个行程内完成一个齿的加工，行程终了，工件退离、分度，进行下一个齿的加工。

从以上的例子可以看出，只要掌握了机床运动原理图的原理和方法，就可以对任何复杂原理的机床进行运动功能分析，它同时是一种用于运动功能设计的有用工具。

运动功能式和运动原理图只表示机床的运动个数、形式(直线或回转运动)、功能(主运动、进给运动、非成形运动)及排列顺序，至于各个运动是如何驱动和传动的，哪个运动由工件一方完成，哪个运动由刀具一方完成，这些内容属于传动设计和结构方案设计的运动功能分配问题。

4. 运动功能分配设计

机床运动功能式(或运动原理图)描述了刀具与工件之间的相对运动，但基础支承件设在何处(即"接地")尚未确定，即相对"地"来说，哪些运动由刀具一侧完成，哪些运动由工件一侧完成还不清楚，所以这就涉及运动功能的分配问题。

运动功能分配设计是确定运动功能式中"接地"的位置，用符号"·"表示。符号"·"左侧的运动由工件完成，右侧的运动由刀具完成。机床的运动功能式中添加上接地符号"·"后，称为运动分配式。一个运动功能方案，经过运动功能分配设计，可以得到多个运动分配式。如前例中铣床的运动功能式为 W/X_f, Z_f, Y_f, C_p/T，其运动分配式有以下四种：

(1) W/X_f, Z_f, Y_f, C_p/T;

(2) $W/X_f \cdot Z_f$, Y_f, C_p/T;

(3) W/X_f, $Z_f \cdot Y_f$, C_p/T;

(4) W/X_f, Z_f, $Y_f \cdot C_p/T$。

上述每个运动分配式对应一个机床的总体布局形式，上述第4方案对应的机床总体布局形式是卧式升降台式铣床，第2方案则是卧式立柱移动式铣床。

众多的运动功能式经过评价筛选后，保留下的方案都可进行运动分配设计，然后对众多的运动分配式进行评价，选择其中合理的方案。通常依据"避重就轻"的原则进行评价，如工件尺寸和质量较大时，工件侧的运动数应尽量少，宜采用落地铣镗床的布局形式；反之，工件尺寸和质量相对刀具及刀架部件小时，刀具侧的运动应尽量小，如采用升降台铣床的布局形式。

5. 机床传动原理图

机床的运动原理图只表示运动的个数、形式、功能及排列顺序，不表示运动之间的传动关系。若将动力源与执行件、不同执行件之间的运动及传动关系同时表示出来，就是传动原理图。图3-5给出了传动原理图所用的主要图形符号及传动原理图例子。

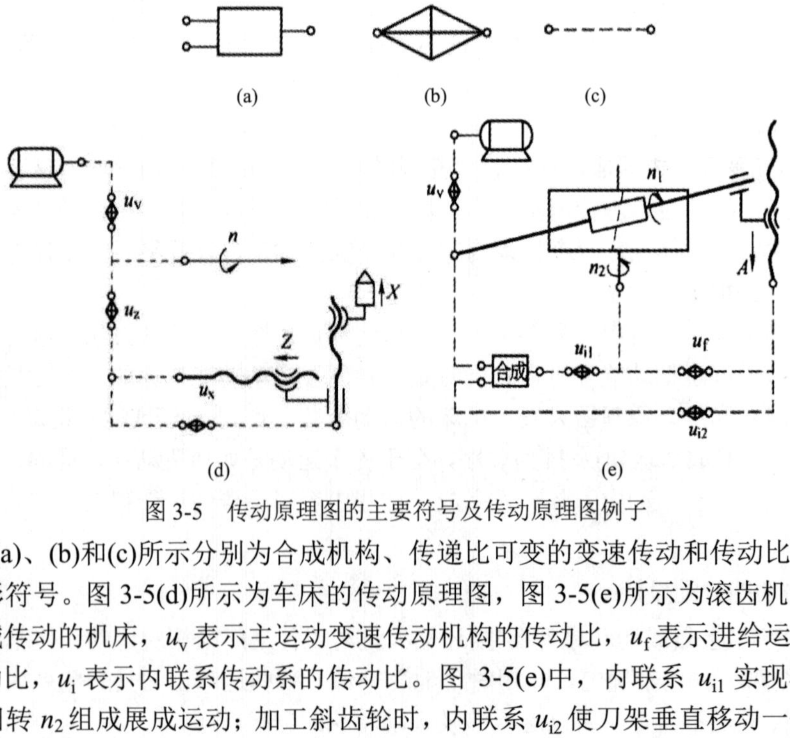

图 3-5　传动原理图的主要符号及传动原理图例子

图3-5(a)、(b)和(c)所示分别为合成机构、传递比可变的变速传动和传动比不变的定比传动的图形符号。图3-5(d)所示为车床的传动原理图，图3-5(e)所示为滚齿机的传动原理图。对机械传动的机床，u_v 表示主运动变速传动机构的传动比，u_f 表示进给运动变速传动机构的传动比，u_i 表示内联系传动系的传动比。图3-5(e)中，内联系 u_{i1} 实现将刀具回转 n_1 与工件回转 n_2 组成展成运动；加工斜齿轮时，内联系 u_{i2} 使刀架垂直移动一个斜齿轮导程，工件附加转动一周。

数控机床通常不设变速机构，u_v 和 u_f 分别由主电动机(可采用变频电动机或交流伺服主电动机)和进给电动机(可采用步进电机或交流伺服电动机)进行变速。有严格运动关系的内联系传动系则是通过各运动轴之间的联动来实现的。因此数控机床的机械传动关系比较简单,可以不采用传动原理图来描述。

课点 24 机床精度

各类机床按精度可分为普通精度级、精密级和超精密级。在设计阶段主要从机床的精度分配、元件及材料选择等方面来提高机床精度。机床精度主要包括以下几方面的内容:

1. 几何精度

几何精度是指机床在空载条件下,在不运动(机床主轴不转或工作台不移动、不转动等情况下)或运动速度较低时,机床主要独立部件的形状(直线度、平面度)、相互位置(平行度、垂直度、重合度、等距度、角度)、旋转(径向圆跳动、周期性轴向窜动、轴向圆跳动)和相对运动位移的精确程度。

以直线运动为例说明运动部件的位移偏差,ISO 230 给出运动部件的直线运动六项偏差,如图 3-6 所示,Z 轴运动部件的直线运动的六项偏差为:① 运动方向上的位置偏差,EZZ 表示 Z 坐标运动部件在运动方向的位置偏差(在运动精度中用定位精度和重复定位精度描述);② 运动部件的两个线性偏差,EXZ 表示 Z 坐标运动部件在 X 方向的位置偏差,EYZ 表示 Z 坐标运动部件在 Y 方向的位置偏差;③ 运动部件的三个角度偏差,ECZ 表示 Z 坐标运动部件在 C 方向(绕 Z 轴)的角度偏差,EBZ 表示 Z 坐标运动部件在 B 方向(绕 Y 轴)的角度偏差,EAZ 表示 Z 坐标运动部件在 A 方向(绕 X 轴)的角度偏差。

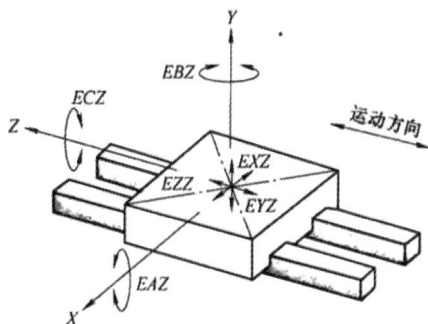

图 3-6 直线运动的六项偏差

几何精度直接影响被加工工件的精度,是评价机床质量的基本指标,它主要取决于结构设计、制造和装配质量的情况。

2. 运动精度

运动精度是指机床空载并以工作速度运动时,执行部件的几何位置精度(又可称为几何运动精度)。如高速回转主轴的回转精度,工作台运动的位置及方向(单向、双向)精度(定位精度和重复定位精度)。

对于高速精密机床,运动精度是评价机床质量的一个重要指标。

3. 传动精度

传动精度是指机床传动系统各末端执行件之间运动的协调性和均匀性。影响机械传动精度的主要因素是传动系统的设计、传动元件的制造和装配精度。对数控机床及零传动而言，影响传动精度的主要因素是电动机、驱动器及控制。

4. 定位精度和重复定位精度

定位精度是指机床的定位部件运动到达规定位置的精度，对数控机床而言，是指实际运动到达的位置与指令位置一致的程度。定位精度直接影响被加工工件的尺寸精度和几何精度。机床构件和进给控制系统的精度、刚度以及其动态特性等都将影响机床定位精度。

重复定位精度是指机床运动部件在相同条件下，用相同的方法重复定位时位置的一致程度。影响定位精度的因素都会影响重复定位精度，其中传动机构的反向间隙对重复定位精度的影响是最大的。

5. 工作精度

在加工规定的试件过程中，用试件的加工精度表示机床的工作精度。工作精度是各种因素综合影响的结果，包括机床自身的精度、刚度、热变形和刀具、夹具及工件的刚度、热变形等。

6. 精度保持性

在规定的工作期间内，保持机床所要求的精度，称为精度保持性。影响精度保持性的主要因素是磨损。磨损的影响因素十分复杂，有结构设计、工艺、材料、热处理、润滑、防护、使用条件等。

3.2　机床主要参数设计

课点 25　机床总体方案设计

机床总体方案设计是机床设计中的关键环节，它对机床所能达到的技术性能和经济性起着决定性的作用。

一、机床系列型谱的制订

为满足国民经济不同部门对机床的要求，机床分成若干种类型，如通常所说的车、铣、刨、钻、磨、镗等 11 大类通用机床。每一类型机床又分为大小不同的几种规格。国家根据机床的生产和使用情况，在调查研究的基础上，规定了每一种通用机床的主参数系列。它是一个等比级数的数列。例如，中型卧式车床的主参数是可安装工件的最大回转直径，主参数系列中有 250 mm、320 mm、400 mm、500 mm、630 mm、800 mm、1000 mm 七种规格，是公比为 1.25 的等比数列。其他各类机床的主参数参考国家标准《金属切削机床 型号编制方法》(GB/T 15375—2008)。

由于各机床用户需要的产品和规模不同，所以对机床性能和结构的要求也就不同，因此，同类机床甚至同一规格的机床，还需要有各种变型，以满足用户各种各样的需求。为了以最少的品种规格，满足尽可能多用户的不同需求，通常是按照该类机床的主参数标准，先确定一种用途最广、需要量较大的机床系列作为"基型系列"，在这一系列的基础上，根据用户的需求派生出若干种变型机床，形成"变型系列"。"基型"和"变型"构成了机床的"系列型谱"。表 3-1 列出了中型卧式车床系列型谱的大致内容。

表 3-1　中型卧式车床系列型谱表

最大工件直径/mm	形　　式						
	万能式	马鞍式	提高精度	无丝杠式	卡盘式	球面加工	端面车床
250	○		△	△			
400	○	△	△	△	△	△	
500	○	△		△	△	△	
630	○	△		△	△	△	
800	○	△		△	△	△	△
1000	○	△		△	△	△	△

注：○—基型，△—变型。

由表 3-1 可见，每类通用机床都有它的主参数系列，而每一规格又有基型和变型，合称为这类机床的系列和型谱。机床的主参数系列是系列型谱的纵向(按尺寸大小)发展，而同规格的各种变型机床则是系列型谱的横向发展，因此，"系列型谱"也就是综合地表明机床产品规格参数的系列性与结构相似性的表。

机床系列型谱的制订对机床工业的发展有很大好处，因为基型机床和变型机床之间大部分零部件是相同的(通用零件或通用部件)，可以通用。同一系列中尺寸不同的机床，主要结构形式是相似的，一些零部件结构相似，因此部分零部件可以通用。采用系列型谱可以大大减少设计工作量，提高零部件的生产批量，缩短制造周期，降低成本，提高机床产品质量。

二、机床运动功能设置

机床运动功能设置的方法和步骤如下：

1. 工艺分析

首先对所设计的机床的工艺范围进行分析，对于通用机床，加工对象有多种类型的工件，可选择其中几种典型工件进行分析，然后选择适当的加工方法。同一种表面有多种加工方法可供选择，以圆柱表面加工为例，可采用图 3-2(a)～(d)四种方法加工。

工件加工工序的集中与分散主要根据作业对象的批量来确定，大批量生产时，工序应分散，一台机床只完成一道或几道工序，机床的加工功能设置较少，以提高生产率、缩短制造周期及降低成本等。单件小批量生产时，工序应集中，一台机床可完成多道工序，甚至工件的全部工序集中在一台机床上进行，使工件的加工过程集约化，减少工件的安装定位次数，使得工件的安装定位误差减小；同时减少分工序加工所用的工装夹具数量，进而使得准备工装的时间及成本减少；减少因工序转换所需的等待、上下料及装夹等辅助时间，提高生产率；使物流系统缩短，大大减少加工系统的物流装备数目及占地面积。

可完成多道不同工种工序的机床称为复合加工机床，如车铣复合加工机床、车磨复合加工机床等。图 3-7 所示的复合加工中心，由三个复合模块 1、2、3 和模块自动交换装置 4 组成，复合模块 1 主要夹持工件，复合模块 3 主要进行加工，复合模块 2 具有加工和夹持工件功能，同时具备健铣加工中心和车削中心功能。复合模块 3 的主轴头模块可以与上下移动的滑台自动结合及分离，由自动交换装置进行主轴头交换。通过交换主轴头可以实现车削、铣削、平面磨削、外圆磨削、切齿等多种加工功能和淬火功能。

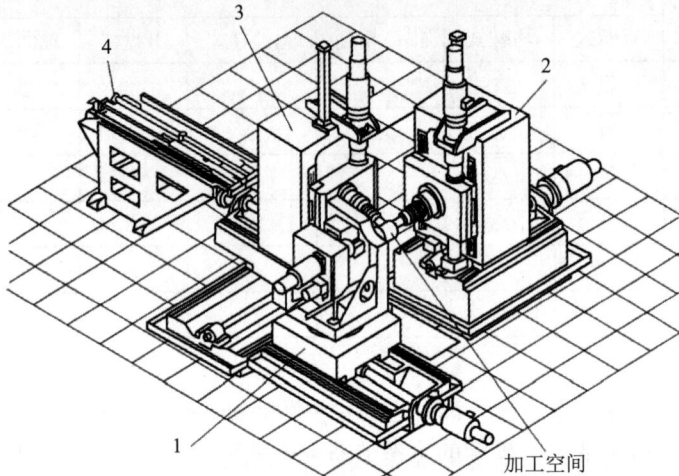

1—复合模块 1；2—复合模块 2；3—复合模块 3；4—模块自动交换装置。

图 3-7　复合加工中心

机床加工功能的增加，将使其结构复杂程度增加，制造难度、制造周期及制造成本增加。对于生产率，就机床本身而言，加工功能增加，可能会使生产率下降；但就机械制造系统(或工件的制造全过程)而言，机床加工功能的增加，将会减少作业对象的装卸次数，减少安装、搬运等辅助时间，会使总的生产率提高。

因此应根据可达到的生产率和加工精度、机床制造成本、操作维护方便程度等因素综合分析，再进行机床的工艺范围选择。

2. 机床运动功能设置

根据工艺范围分析和所确定的加工方法，进行机床运动功能设置，运动功能设置的方法有两类：

(1) 分析式设计方法。参考现有同类型机床的运动功能，经过研究分析，提出所设计机床的运动功能设置方案，然后通过仿真分析评定其方案的可行性和优劣。

(2) 解析式设计方法。采用解析法求出满足加工工艺范围和加工方法所要求的机床运动功能设置的所有可能方案，然后通过仿真分析评定其方案的可行性和优劣。

3. 写出机床的运动功能式，画出机床运动原理图

根据对所提出的运动功能方案的评定结果，选择和确定机床的运动功能配置，写出机床的运动功能式，画出机床运动原理图。

三、机床的总体结构方案设计

根据已确定的运动功能分配进行机床的结构布局设计。

1. 结构布局设计

机床的结构布局形式有立式、卧式及斜置式等，其中基础支承件的形式又有底座式、立柱式、龙门式等，基础支承件的结构又有一体式和分离式等。因此同一种运动分配式可以有多种结构布局形式，这样经运动分配设计阶段评价后保留下来的运动分配式方案的全部结构布局方案就有很多，因此需要再次进行评价，去除不合理方案。该阶段评价的方法主要是定性分析机床的刚度、占地面积、与物流系统的可接近性等因素。该阶段设计得到的结果是机床总体结构布局形态图，图 3-8 为五轴镗铣机床的结构布局形态图。

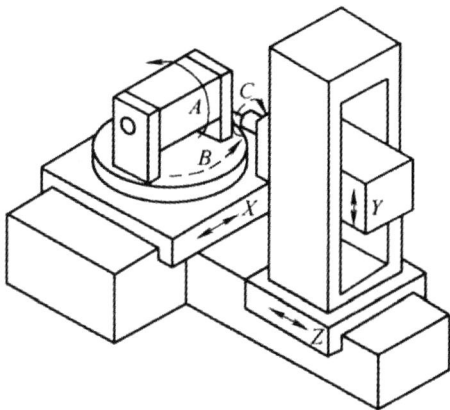

图 3-8 五轴镗铣机床的结构布局形态图

2. 机床总体结构的概略形状与尺寸设计

该阶段主要是进行功能(运动或支承)部件的概略形状和尺寸设计，设计的主要依据是：

经机床总体结构布局设计阶段评价后所保留的机床总体结构布局形态图，驱动与传动的设计结果，机床动力参数及加工空间尺寸参数，以及机床整机的刚度及精度分配。设计中在兼顾成本的同时应尽可能选择商品化的功能部件，以提高性能、缩短制造周期。其设计过程如下：

(1) 首先确定末端执行件的概略形状与尺寸。

(2) 设计末端执行件与其相邻的下一个功能部件的接合部的形式和概略尺寸。若为运动导轨接合部，则执行件一侧相当于滑台，相邻部件一侧相当于滑座，考虑导轨接合部的刚度及导向精度，选择并确定导轨的类型及尺寸。

(3) 根据导轨接合部的设计结果和该运动的行程尺寸，同时考虑部件的刚度要求，确定下一个功能部件(即滑台侧)的概略形状与尺寸。

(4) 重复上述过程，直到基础支承件(底座、立柱、床身等)设计完毕。

(5) 若要进行机床结构模块设计，则可将功能部件细分成子部件，根据制造厂的产品规划，进行模块提取与设置。

(6) 初步进行造型与色彩设计。

(7) 进行机床总体结构方案的综合评价。

上述设计完成后，得到的设计结果是机床总体结构方案图，如图 3-9 所示。然后对所得到的各个总体结构方案进行综合评价比较，评价的主要因素有：

(1) 性能。预测设计方案的刚度及精度。

(2) 制造成本。根据设计方案的结构复杂程度，制造装配难度，模块化及标准化程度，预估制造周期。

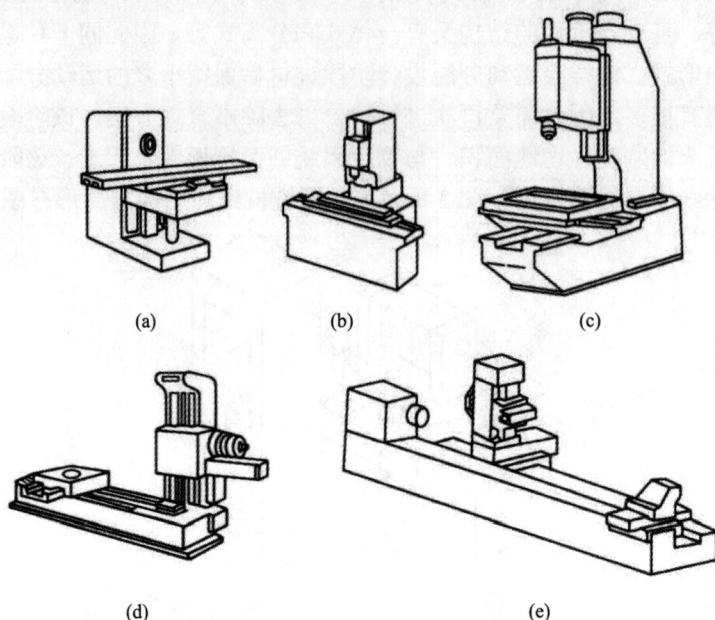

图 3-9   机床总体结构方案图

课点 26   主参数和尺寸参数

机床主参数是代表机床规格大小及反映机床最大工作能力的一种参数，为了更完整地表示出机床的工作能力和工作范围，有些机床还规定有第二主参数，参见国家标准《金属切削机床型号编制方法》(GB/T 15375—2008)。

通用机床的主参数和主参数系列国家已制定标准，设计时可根据市场的需求在主参数系列标准中选用相近的数值。专用机床的主参数是以加工零件或被加工面的尺寸参数来表示，一般也参照类似的通用机床主参数系列来选取。

机床的尺寸参数是指机床的主要结构尺寸参数，通常包括：

(1) 与被加工零件有关的尺寸，如卧式车床最大加工工件长度，摇臂钻床的立柱外径与主轴之间的最大跨距等。

(2) 标准化工具或夹具的安装面尺寸，如卧式车床主轴锥孔及主轴前端尺寸。

课点 27   运动参数

运动参数是指机床执行件如主轴、工件安装部件(工作台)的运动速度。

一、主运动参数

主运动为回转运功的机床，如车床、铣床等，其主运动参数为主轴转速。主轴的转速

可由下式计算

$$n = \frac{1000v}{\pi d} \tag{3-1}$$

式中：n 为主轴转速(r/min)；v 为切削速度(m/min)；d 为工件或刀具直径(mm)。

对于通用机床，由于完成工序较多，又要适应一定范围的不同尺寸和不同材质零件的加工需要，要求主轴具有不同的转速(即应实现变速)，故需确定主轴的变速范围。主运动可采用无级变速，也可采用有级变速。若采用有级变速，还应确定变速级数。

主运动为直线运动的机床，如插、刨机床，其主运动参数可以是插刀或刨刀每分钟往复次数(次/min)，或称为双行程数，也可以是夹装工件的工作台的移动速度。

1. 最低(n_{min})和最高(n_{max})转速的确定

对所设计的机床上可能进行的工序进行分析，从中选择要求最高、最低转速的典型工序。按照典型工序的切削速度和刀具(或工件)直径，由式(3-1)可计算出 n_{min}、n_{max} 及变速范围 R_n。

$$n_{max} = \frac{1000v_{max}}{\pi d_{min}}, \quad n_{min} = \frac{1000v_{min}}{\pi d_{max}}, \quad R_n = \frac{n_{max}}{n_{min}}$$

其中，v_{max}、v_{min} 可根据切削用量手册、现有机床使用情况调查或者切削试验确定，通用机床的 d_{max} 和 d_{min} 并不是指机床上可能加工的最大和最小直径，而是指实际使用情况下，采用 v_{max}(或 v_{min})时常用的经济加工直径，对于通用机床，一般取

$$d_{max} = K_1 D, \quad d_{min} = K_2 d_{max} \tag{3-2}$$

式中：D 为机床能加工的最大直径(mm)；K_1 为系数；K_2 为计算直径范围。

根据对现有同类型机床使用情况的调查，可知卧式车床 $K_1 = 0.5$，摇臂钻床 $K_1 = 1.0$，通常 $K_2 = 0.2 \sim 0.25$。

确定机床主轴的最高转速主要考虑以下两个因素：

(1) 机床主传动的类型。

主运动的传动系包括变速部分和传动部分，按照传动方式，主运动的传动系可分为机械传动、机电结合传动和零传动三种形式。

机械传动形式：主传动的变速部分和传动部分均采用机械方式。主电动机速度一定时(或结合双速或三速电动机变速，但仍以机械变速为主)，传统的普通机床主运动的传动系采用这种形式。随着主电动机变速和控制技术的发展，这种传动系在新产品设计中已较少使用，但目前普通机床在企业中还有不少应用。普通机械传动的机床，由于噪声和磨损等原因，一般主轴最高转速在 2000 r/min 左右。

机电结合传动形式：主传动的变速部分采用主电动机变速(或结合少量机械变速，但仍以主电动机变速为主)，传动部分采用机械方式。主电动机采用交流伺服主电动机或交流变频主电动机。通过定比传动的带传动将主电动机运动传给主轴。这种传动系在数控机床中用得比较多，已有机械主轴功能部件商品出售，主轴最高转速可达到 5000～9000 r/min。

零传动形式：主传动的变速部分采用主电动机变速，没有传动部分，故称为主传动的零传动。主运动零传动采用的是电主轴，电主轴是将主电动机与主轴集成为一体，已有电主轴功能部件商品出售。这种传动系在高速、精密数控机床中用得比较多，主轴最高转速

可达到 $10\,000\sim150\,000\,\mathrm{r/min}$。

(2) 采用的刀具类型、材质和切削角度等。

刀具的最大切削速度与其类型、材质和切削角度有直接的关系，如镶片车刀经过镀层后，精加工钢材时最大切削速度可从 $60\sim200\,\mathrm{m/min}$ 提高到 $200\sim520\,\mathrm{m/min}$。

随着主电动机技术、轴承技术及刀具技术的发展，数控机床的主轴转速越来越高，表 3-2 和表 3-3 分别给出了德国瓦尔特公司推荐的高速切削时的主轴最高转速。

表 3-2　扩孔刀、精镗刀推荐的主轴最高转速

直径范围/mm	20~26	26~33	32~41	41~55	55~70	70~90	90~110	110~153	150~220	220~290	290~360	360~430	430~500	500~570
扩孔刀最高转速/r·min⁻¹	16 000	12 000	10 000	7800	5800	4600	3700	2900	2100	1450	1100	900	750	650
精镗刀最高转速/r·min⁻¹	12 000	10 000	8100	6450	4850	3835	3090	2390	1440	1090	880	740	630	550

表 3-3　铣刀推荐的主轴最高转速

直径/mm	25	32	40	50	63	80	100	125	160
最高转速/r·min⁻¹	40 000	39 900	35 700	31 900	28 500	25 200	22 600	20 200	17 000

现以机械传动的 $\phi400\,\mathrm{mm}$ 卧式车床为例，确定主轴的最高转速。根据分析，用硬度合金车刀对小直径钢材半精车外圆时，主轴转速为最高，参考切削用量资料，可取 $v_{\max}=200\,\mathrm{m/min}$，对于通用车床 $K_1=0.5$，$K_2=0.25$，则

$$d_{\max}=K_1D=0.5\times400\,\mathrm{mm}=200\,\mathrm{mm},$$

$$d_{\min}=K_2d_{\max}=0.25\times200\,\mathrm{mm}=50\,\mathrm{mm},$$

$$n_{\max}=\frac{1000v_{\max}}{\pi d_{\min}}=\frac{1000\times200}{\pi\times50}\,\mathrm{r/min}\approx1273\,\mathrm{r/min}$$

通常用高速钢刀具，精车合金钢材料的梯形螺纹时主轴转速较低，取 $v_{\min}=1.5\,\mathrm{m/min}$ 在 $\phi400\,\mathrm{mm}$ 卧式车床上加工丝杠最大直径为 $\phi40\sim\phi50\,\mathrm{mm}$，则对于数控车床，主电动机采用交流伺服主电动机，主轴最高转速可取 $5000\,\mathrm{r/min}$ 左右。

实际使用中可能使用到 $n_{\max}$ 或 $n_{\min}$ 的典型工艺不一定只有一种可能，可以多选几种工艺作为确定最低及最高转速的参考，同时考虑为今后技术发展作储备，适当提高最高转速和降低最低转速。

2. 主轴转速的合理排列

确定了 $n_{\max}$ 或 $n_{\min}$ 之后，如果主传动采用机械有级变速方式，应进行转速分级，即确定变速范围内的各级转速；如果采用无级变速方式，有时也需用分级变速机构来扩大其无级变速范围。目前，多数机床主轴转速是按等比级数排列的，其公比用符号 φ 表示，转速级数用 Z 表示。则转速数列为

$$n_1=n_{\min},\ n_2=n_{\min}\varphi,\ n_3=n_{\min}\varphi^2,\ \cdots,\ n_Z=n_{\min}\varphi^{Z-1}$$

主轴转速数列采用等比级数排列的主要原因如下：如果某一工序要求的合理转速为 n，但在 Z 级转速中没有这个转速，n 处于 n_j 和 n_{j+1} 之间，即 $n_j<n<n_{j+1}$。若采用比转速 n 高的 n_{j+1}，过高的切削速度会使刀具寿命下降。为了不降低刀具寿命，一般选用比转速 n 低

的 n_j。这将造成 $(n-n_j)$ 的转速损失，相对转速损失率为

$$A = \frac{n - n_j}{n}$$

在极端情况下，当 n 趋近于 n_{j+1} 时，若仍选用 n_j 为使用转速，产生的最大相对转速损失率为

$$A_{\max} = \frac{n_{j+1} - n_j}{n_{j+1}} = 1 - \frac{n_j}{n_{j+1}}$$

在其他条件(直径、进给、背吃刀量)不变的情况下，转速的损失就反映了生产率的损失。对于各级转速选用机会基本相等的普通机床，为使总生产率损失最小，应使选择各级转速产生的 $A_{\max}$ 相同，即

$$A_{\max} = 1 - \frac{n_j}{n_{j+1}} = \text{const}$$

或

$$\frac{n_j}{n_{j+1}} = \text{const} = \frac{1}{\varphi}$$

可见任意两级转速之间的关系应为

$$n_{j+1} = n_j \varphi$$

此外，应用等比级数排列的主轴转速，可通过串联若干个滑移齿轮来实现，这使变速传动系简单并且设计计算方便。

在有的机床转速范围内，中间转速选用的机会多，最高和最低转速选用的机会较少，可采用两端公比大，中间公比小的混合公比转速数列。

3. 标准公比值和标准转速数列

标准公比的确定依据为如下原则：因为转速由 $n_{\min}$ 至 $n_{\max}$ 必须递增，所以公比应大于 1；为了限制转速损失的最大值 $A_{\max}$ 不大于 50%，则相应的公比 φ 不得大于 2，故 $1 < \varphi \leqslant 2$；为了使用时方便记忆，转速数列中转速应呈 10 倍比关系，故 φ 应在 $\varphi = \sqrt[E_1]{10}$ (E_1 是正整数)中取数。例如采用多速电动机驱动，通常电动机转速为(3000/1500) r/min 或(3000/1500/750) r/min，故 φ 也应在 $\varphi = \sqrt[E_2]{2}$ (E_2 为正整数)中取数。

根据上述原则，可得标准公比，见表 3-4。其中 1.06、1.12、1.26 同时是 10 和 2 的正整数次方，其余的只是 10 或 2 的正整数次方。

表 3-4　标 准 公 比

φ	1.06	1.12	1.26	1.41	1.58	1.78	2
$\sqrt[E_1]{10}$	$\sqrt[40]{10}$	$\sqrt[20]{10}$	$\sqrt[10]{10}$	$\sqrt[20/3]{10}$	$\sqrt[5]{10}$	$\sqrt[4]{10}$	$\sqrt[20/6]{10}$
$\sqrt[E_2]{2}$	$\sqrt[12]{2}$	$\sqrt[6]{2}$	$\sqrt[3]{2}$	$\sqrt{2}$	$\sqrt[3/2]{2}$	$\sqrt[6/5]{2}$	2
$A_{\max}$	5.7%	11%	21%	29%	37%	44%	50%
与 1.06 关系	1.06^1	1.06^2	1.06^4	1.06^6	1.06^8	1.06^{10}	1.06^{12}

注意：此表不仅可用于转速、双行程数和进给量数列，还可用于机床尺寸和功率参数等数列。对于无级变速系统，机床使用时也可参考上述标准数列，以获得合理的刀具寿命和生产率。

当采用标准公比后，转速数列可从表3-5中直接查出。表中给出了以1.06为公比的从1～15 000的数列。

表 3-5　标 准 数 列

1	2	4	8	16	31.5	63	125	250	500	1000	2000	4000	8000
1.06	2.12	4.25	8.5	17	33.5	67	132	265	530	1060	2120	4250	8500
1.12	2.24	4.5	9.0	18	35.5	71	140	280	560	1120	2240	4500	9000
1.18	2.36	4.75	9.5	19	37.5	75	150	300	600	1180	2360	4750	9500
1.25	2.5	5.0	10	20	40	80	160	315	630	1250	2500	5000	10 000
1.32	2.65	5.3	10.6	21.2	42.5	85	170	335	670	1320	2650	5300	10 600
1.4	2.8	5.6	11.2	22.4	45	90	180	355	710	1400	2800	5600	11 200
1.5	3.0	6.0	11.8	23.6	47.5	95	190	375	750	1500	3000	6000	11 800
1.6	3.15	6.3	12.5	25	50	100	200	400	800	1600	3150	6300	12 500
1.7	3.35	6.7	13.2	26.5	53	106	212	425	850	1700	3350	6700	13 200
1.8	3.55	7.1	14	28	56	112	224	450	900	1800	3550	7100	14 100
1.9	3.75	7.5	15	30	60	118	236	475	950	1900	3750	7500	15 000

4. 公比 φ 的选用

由表 3-4 可见，φ 值小则相对转速损失小，但当变速范围一定时变速级数将增多，变速箱的结构将更复杂。对于通用机床，辅助时间和准备结束时间较长，机动时间在加工周期中占的比重不是很大，转速损失不会引起加工周期过多的延长，为了使机床变速箱结构不过于复杂，一般取 $\varphi = 1.26$ 或 1.41 等较大的公比。对于大批、大量生产用的专用机床、专门化机床及自动机床，情况却相反，通常取 $\varphi = 1.12$ 或 1.26 等较小的公比。由于此类机床不经常变速，可用交换齿轮变速，机床的结构不会因采用小公比而复杂化。对于非自动化小型机床，加工周期内切削时间远小于辅助时间，转速损失大些造成影响不大，常采用 $\varphi = 1.58$、1.78 甚至 2 等更大的公比，以简化机床的结构。

5. 变速范围 R_n，公比 φ 和级数 Z 之间的关系

由等比级数规律可知

$$R_n = \frac{n_{\max}}{n_{\min}} = \varphi^{Z-1}$$

则

$$\varphi = \sqrt[(Z-1)]{R_n}$$

两边取对数，可写成

$$\lg R_n = (Z-1)\lg\varphi$$

故

$$Z = \frac{\lg R_n}{\lg \varphi} + 1 \qquad (3\text{-}3)$$

上式给出了 R_n、φ、Z 三者的关系，已知其中的任意两个，可求出第三个。由公式求出的 φ 和 Z，其值都应圆整为标准数和整数。

二、进给量的确定

数控机床中进给量广泛使用电动机无级变速方式，普通机床则既有机械无级变速方式，又有机械有级变速方式。采用有级变速方式时，进给量一般为等比级数，其确定方法与主轴转速的确定方法相同。首先根据工艺要求，确定最大、最小进给量 f_{max}、f_{min}，然后选择标准公比 φ_f 或进给量级数 Z_f，再由式(3-3)求出其他参数。但是，各种螺纹加工机床如螺纹车床、螺纹锭床等，因为被加工螺纹的导程是分段等差级数，故其进给量也只能按等差级数排列。利用棘轮机构实现进给的机床，如刨床、插床等，每次进给是拨动棘轮上整数个齿，其进给量也是按等差级数排列的。

三、变速形式与驱动方式选择

机床的主运动和进给运动的变速方式有无级和有级两种形式。变速形式的选择主要考虑机床自动化程度和成本两个因素。数控机床一般采用伺服电动机无级变速形式，其他机床多采用机械有级变速形式或无级与有级变速的组合形式。机床运动常用的驱动方式有电动机驱动和液压驱动，驱动方式的选择主要根据机床的变速形式和运动特性要求来确定。

前面已经介绍了主运动传动系的机械传动、机电结合传动和零传动三种形式。进给运动系统也可分为机械传动、机电结合传动和零传动三种形式。三种形式的变速方式、传动方式及结构有很大的差别。

(1) 机械传动形式：变速部分和传动部分均采用机械方式，或用单独电动机驱动，或与主运动合用一个电动机。传统的普通机床进给运动的传动系采用这种形式，随着电动机变速和控制技术的发展，这种传动系在新产品设计中已经很少应用。

(2) 机电结合传动形式：变速部分采用进给电动机变速(或结合少量机械变速，但仍以电动机变速为主)，传动部分采用机械方式。进给电动机采用交流伺服电动机、直流伺服电动机或步进电动机。通过定比传动的同步带传动或齿轮传动将进给运动传给执行件。这种传动系在数控机床中用得比较多，并已有直线运动功能部件(直线运动组件)、回转运动功能部件(单轴回转工作台或主轴头、双轴回摆工作台或主轴头)商品出售。

(3) 零传动形式：变速部分采用直线电动机、直接驱动电动机(简称直驱电动机或盘式电动机、力矩电动机)变速，没有传动部分，故称为进给零传动。直线电动机是将进给电动机与滑台集成为一体，用于直线进给运动系统；直驱电动机是将进给电动机与转台集成为一体，用于回转进给运动系统。这种传动系在高速、精密数控机床中用得比较多。

课点28 动力参数

动力参数包括机床驱动的各种电动机的功率或转矩。因为机床各传动件的结构参数(轴或丝杠直径、齿轮或蜗轮的模数，传动带的类型及根数等)都是根据动力参数设计计算的，如果动力参数取得过大，电动机经常处于低负荷情况，功率因数小，造成电力浪费，同时使传动件及相关零件尺寸设计得过大，浪费材料，且机床笨重；如果动力参数取得过小，机床达不到设计提出的使用性能要求。通常动力参数可通过调查类比法(或经验公式)、试验法或计算方法来确定。下面介绍确定动力参数的计算方法。

一、主电动机功率的确定

机床主运动电动机的功率 $P_主$ 可由下式计算：

$$P_主 = P_切 + P_空 + P_辅 \tag{3-4}$$

式中：$P_切$ 为消耗于切削的功率，又称有效功率(kW)；$P_空$ 为空载功率(kW)；$P_辅$ 为随载荷增加的机械摩擦损耗功率(kW)。

1. $P_切$ 的计算

计算公式如下：

$$P_切 = \frac{F_z v}{60\ 000} \tag{3-5}$$

式中：F_z 为切削力(N)，一般选择机床加工工艺范围内的重负荷时的切削力；v 为切削速度(m/min)，即与所选择的切削力对应的切削速度，可根据刀具材料、工件材料和所选用的切削用量等条件，由切削用量手册查得。

对于专用机床，工况单一，而通用机床工况复杂，切削用量等变化范围大，计算时可根据机床工艺范围内的重切削工况，或参考机床验收时负荷试验规定的切削用量来确定计算工况。

2. $P_空$ 的计算

机床主运动空转时由于传动件摩擦、搅油、空气阻力等原因，电动机要消耗一部分功率，其值随传动件转速增大而增加，与传动件预紧程度及装配质量有关。中型机床主传动系空载功率损失可由下列实验公式估算：

$$P_空 = \frac{K d_{平均}}{955\ 000}\left(\sum n_i + C n_主\right)$$

$$C = C_1 \frac{d_主}{d_{平均}} \tag{3-6}$$

式中：$d_{平均}$ 为主运动系统中除主轴外所有传动轴轴颈的平均直径(cm)，通常可按预计的主电动机功率计算

$$1.5 < P_主 \leqslant 2.5\ \text{kW},\ d_{平均} = 3.0\ \text{cm}$$
$$2.5 < P_主 \leqslant 7.5\ \text{kW},\ d_{平均} = 3.5\ \text{cm}$$
$$7.5 < P_主 \leqslant 14\ \text{kW},\ d_{平均} = 4.0\ \text{cm}$$

$n_主$ 为主轴转速(r/min)；$\sum n_i$ 为当主轴转速为 $n_主$ 时，传动系内除主轴外各传动轴的转速之和 (r/min)；K 为润滑油粘度影响系数，$K = 30 \sim 50$，粘度大时取大值；$d_主$ 为主轴前后轴颈的平均值(cm)；C_1 为主轴轴承系数，两支承主轴 $C_1 = 2.5$，三支承主轴 $C_2 = 3$。

3. $P_辅$的计算

机床切削时，随着切削力的增大，主传动系内各传动副的摩擦损耗功率也将增加，设 $\eta_机 = \eta_1\eta_2\cdots$，其中 η_1，η_2，$\cdots$为主传动系中各传动副的机械效率(详见《机械设计手册》)。可由下式计算：

$$P_辅 = \frac{P_切}{\eta_机} - P_切 \tag{3-7}$$

代入式(3-4)，主运动电动机的功率为

$$P_主 = \frac{P_切}{\eta_机} + P_空 \tag{3-8}$$

当机床结构尚未确定时，应用式(3-8)计算有一定困难，可用下式粗略估算主电动机功率：

$$P_主 = \frac{P_切}{\eta_床} \tag{3-9}$$

其中，$\eta_床$为机床总机械效率。主运动为回转运动时，通常 $\eta_床 = 0.7\sim0.85$；主运动为直线运动时，$\eta_床 = 0.6\sim0.7$。

按式(3-8)、式(3-9)计算的 $P_主$是指电动机在允许的范围内超载时的功率。对于有些间断工作的机床，允许电动机在短时间内有较大的超载工作，电动机的额定功率可按下式进行修正：

$$P_额定 = \frac{P_主}{K} \tag{3-10}$$

式中：$P_额定$为选用电动机的额定功率(kW)；$P_主$为计算出的电动机功率(kW)；K 为电动机的超载系数，对连续工作的机床，$K = 1$；对间断工作的机床，$K = 1.1\sim1.25$，若间断时间长，则取较大值。

二、进给驱动电动机功率或转矩的确定

机床进给运动驱动源可分成如下几种情况：

(1) 进给运动与主运动合用一个电动机，如普通卧式车床、钻床等。进给运动消耗的功率远小于主传动功率。统计结果显示，卧式车床的进给功率 $P_进 = (0.03\sim0.04)P_主$，钻床的 $P_进 = (0.04\sim0.05)P_主$，铣床的 $P_进 = (0.15\sim0.20)P_主$。

(2) 进给运动系内工作进给与快速进给合用一个电动机。由于快速进给所需功率远大于工作进给的功率，且两者不同时工作，所以不必单独考虑工作进给所需功率。

(3) 进给运动采用单独电动机驱动。需要确定进给运动所需功率(或转矩)。对普通交流电动机，进给电动机功率 $P_进$(kW)可由下式计算：

$$P_进 = \frac{Qv_进}{60\,000\eta_进} \tag{3-11}$$

式中：Q 为进给牵引力(N)；$v_进$为进给速度(m/min)；$\eta_进$为进给传动系的机械效率。

对于数控机床的进给运动，伺服电动机根据扭矩来选择。

$$T_进电 = \frac{9550P_进}{n_进电} \tag{3-12}$$

式中：$T_进电$为进给电动机的额定转矩(N·m)；$n_进电$为进给电动机的额定转速(r/min)。

数控机床一般采用滚动导轨或树脂导轨。

三、快速运动电动机功率的确定

快速运动电动机启动时消耗的功率最大，要同时克服移动件的惯性力和摩擦力，可按下式计算：

$$P_{快} = P_{惯} + P_{摩} \tag{3-13}$$

式中：$P_{快}$为快速电动机的功率(kW)；$P_{惯}$为克服惯性力所需的功率(kW)；$P_{摩}$为克服摩擦力所需的功率(kW)。

习题与思考题

3-1   机床设计应满足哪些基本要求？其理由是什么？

3-2   机床设计的主要内容及步骤是什么？

3-3   机床的基本工作原理是什么？

3-4   工件表面的形成原理是什么？

3-5   工件表面发生线的形成方法有哪些？

3-6   机床的主参数和尺寸参数根据什么确定？

3-7   机床的运动参数如何确定？驱动方式如何选择？

3-8   机床的动力参数如何确定？数控机床与普通机床的确定方法有什么不同？

项目四　典型机床主传动系统设计

4.1　主传动系统设计基本理论认知

课点 29　主传动系统分类

一、主传动系统设计应满足的基本要求

机床主传动系统因机床的类型、性能、规格尺寸等因素的不同，应满足的要求也不一样。设计机床主传动系统时最基本的原则就是以最经济、合理的方式满足既定的要求。在设计时应结合具体机床进行具体分析。一般应满足下述基本要求：

(1) 满足机床使用性能要求。首先应满足机床的运动特性，比如机床的主轴应有足够的转速范围和转速级数(对于主传动为直线运动的机床，则应有足够的每分钟双行程数范围及变速级数)。其次传动系统设计应合理，操纵方便灵活、迅速、安全可靠等。

(2) 满足机床传递动力要求。主电动机和传动机构能提供和传递足够的功率和转矩，具有较高的传动效率。

(3) 满足机床工作性能的要求。主传动中所有零部件要有足够的刚度、精度和抗振性，热变形特性稳定。

(4) 满足产品设计经济性的要求。传动链尽可能简短，零件数目要少，以便节省材料，降低成本。

(5) 调整维修方便，结构简单合理，便于加工和装配。防护性能好，使用寿命长。

二、主传动系统分类

主传动系统一般由动力源(如电动机)、变速装置、执行件(如主轴、刀架、工作台)，以及开停、换向和制动机构等部分组成。动力源给执行件提供动力，并使其得到一定的运动速度和方向；变速装置传递动力以及变换运动速度；执行件执行机床所需的运动，完成旋转或直线运动。

主传动系统可按不同的特征来分类：

(1) 按驱动主传动的电动机类型可分为交流电动机驱动和直流电动机驱动。交流电动机驱动中又可分单速交流电动机驱动或调速交流电动机驱动。调速交流电动机驱动又有多速交流电动机驱动和无级调速交流电动机驱动。无级调速交流电动机通常采用变频调速的

原理。

(2) 按传动装置类型可分为机械传动装置、液压传动装置、电气传动装置以及它们的组合。

(3) 按变速的连续性可以分为分级变速传动和无级变速传动。

分级变速传动在一定的变速范围内只能得到某些转速，变速级数一般不超过 20～30级。分级变速传动方式有滑移齿轮变速、交换齿轮变速和离合器(如摩擦、牙嵌、齿轮式离合器)变速。因它传递功率较大，变速范围广，传动比准确，工作可靠，所以广泛地应用于通用机床，尤其是中小型通用机床中。缺点是有速度损失，不能在运转中进行变速。

无级变速传动可以在一定的变速范围内连续改变转速，以便得到最有利的切削速度。另外，它还能在运转中变速，便于实现变速自动化；能在负载下变速，便于车削大端面时保持恒定的切削速度，以提高生产率和加工质量。

无级变速传动可由机械摩擦无级变速器、液压无级变速器和电气无级变速器实现。机械摩擦无级变速器结构简单，使用可靠，常用于中小型车床、铣床等主传动中。液压无级变速器传动平稳，运动换向冲击小，易于实现直线运动，常用于主运动为直线运动的机床，如磨床、拉床、刨床等机床的主传动中。电气无级变速器有直流电动机和交流调速电动机两种，由于其可以大大简化机械结构，便于实现自动变速、连续变速和负载下变速，所以应用越来越广泛，尤其数控机床目前几乎全都采用电气变速。

在数控机床和大型机床中，有时为了在变速范围内，满足一定恒功率和恒转矩的要求，或为了进一步扩大变速范围，常在无级变速器后面串接机械分级变速装置。

课点 30   主传动系统传动方式

主传动系统的传动方式主要有两种：集中传动方式和分离传动方式。

一、集中传动方式

主传动系统的全部传动和变速机构集中装在同一个主轴箱内，称为集中传动方式。通用机床中多数机床的主变速传动系统都采用这种方式，如图 4-1 所示的铣床主变速传动系统。铣床利用立式床身作为变速箱体，所有的传动和变速机构都装在床身中。其特点是结构紧凑，便于实现集中操作，安装调整方便。缺点是这些高速运转的传动件在运转过程中所产生的振动，将直接影响主轴的运转平稳性；传动件所产生的热量，会使主轴产生热变形，使主轴回转轴线偏离正确位置而直接影响加工精度。这种传动方式适用于普通精度的大中型机床。

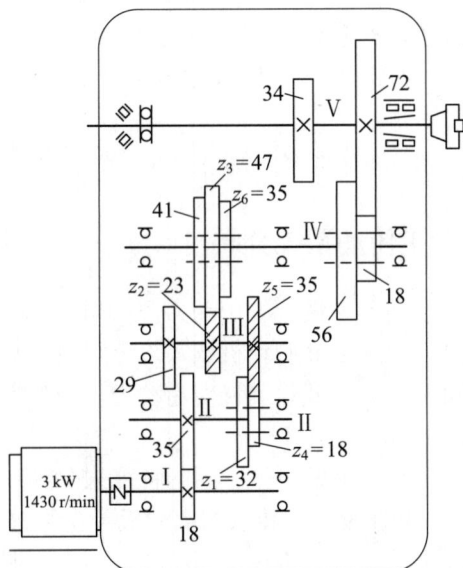

图 4-1   铣床主变速传动系统图

二、分离传动方式

主传动系统中的大部分的传动和变速机构装在远离主轴的单独变速箱中，然后通过带传动将运动传到主轴箱的传动方式，称为分离传动方式。如图 4-2 所示，主轴箱中只装有主轴组件和背轮机构。其特点是变速箱各传动件所产生的振动和热量不能直接传给或较少地传给主轴，从而减少主轴的振动和热变形，有利于提高机床的工作精度。在分离传动式的主轴箱中采用的背轮机构，如图 4-2 中 27/63 × 17/58 齿轮传动的作用是：当主轴高速运转时，运动由传动带经齿轮离合器直接传动，主轴传动链短，使主轴在高速运转时比较平稳，空载损失小；当主轴需低速运转时，运动则由带轮经背轮机构的两对降速齿轮传动，转速显著降低，达到扩大变速范围的目的。

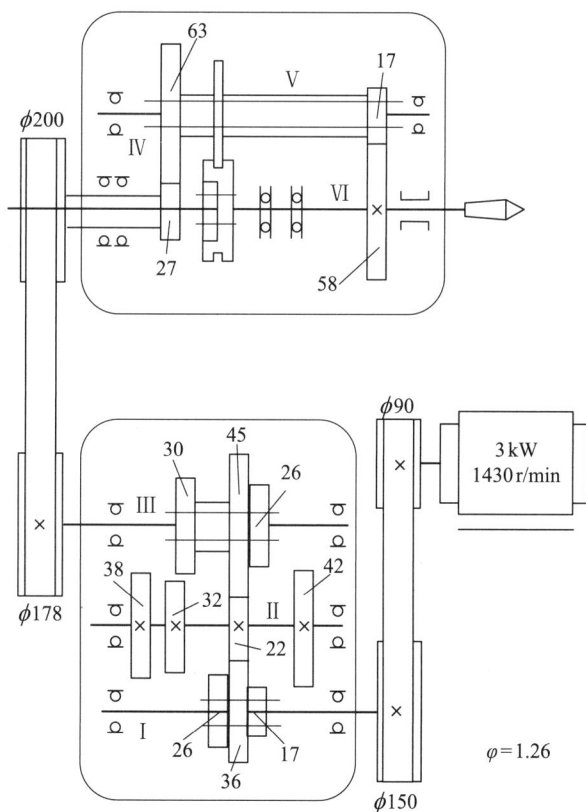

图 4-2　分离传动主变速传动系统图

课点 31　结　构　网

结构网与转速图(下一节进行介绍)的主要区别是，结构网只表示传动比的相对关系，而不表示传动比和传动轴(主轴除外)转速的绝对值。由于不表示转速数值，故结构网常画成对称的形式，如图 4-3 所示。从图中可看出各变速组的传动副数和级比指数，还可以看出其传动顺序和扩大顺序。

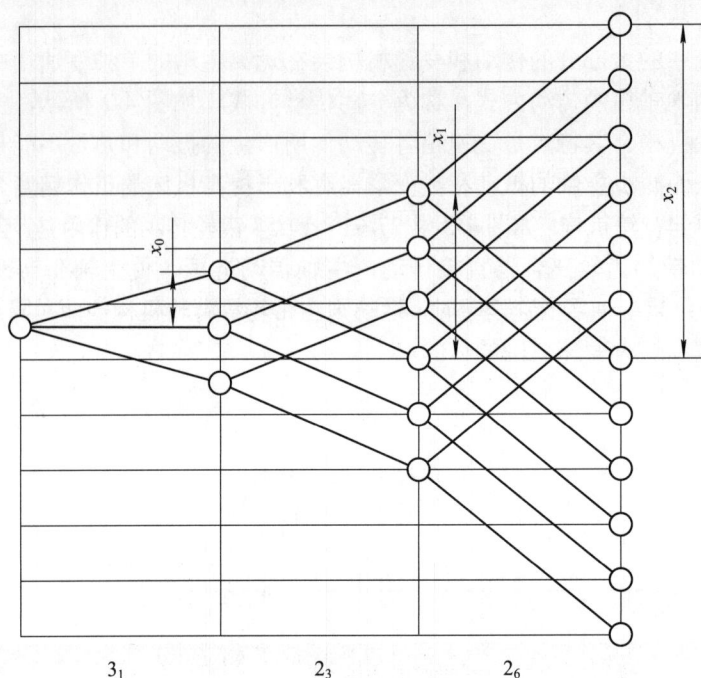

图 4-3   12 级等比传动系统的结构网

课点 32   结构式拟定

设计分级变速主传动系统时，为了便于分析和比较不同传动设计方案，常采用结构式形式。各变速组传动副数的乘积等于主轴转速级数 Z，将这一关系按传动顺序写出数学式，级比指数写在该变速组传动副数的右下角，就形成结构式。图 4-3 所示的结构网对应的结构式为

$$12 = 3_1 \times 2_3 \times 2_6$$

式中，12 表示主轴的转速级数为 12 级；3、2、2 分别表示按传动顺序排列的各变速组的传动副数，即该变速传动系统由三个变速组组成，第一变速组的传动副数为 3，第二变速组的传动副数为 2，第三变速组的传动副数为 2；结构式中的下标 1、3、6 分别表示各变速组的级比指数。

上述结构式中，第一变速组的级比指数为 1，是基本组；第二变速组的级比指数等于基本组的传动副数，是第一扩大组；第三变速组的级比指数等于基本组与第一扩大组传动副数的乘积，是第二扩大组。该关系称为级比规律。

图 4-3 所示方案是传动顺序和扩大顺序一致的情况，若将基本组和各扩大组采取不同的传动顺序，还有许多方案。

例如，12 级等比传动系统中变速组传动副数定为 3、2、2，此时因级比指数变化，使

$12 = 3 \times 2 \times 2$_会写出 6 个结构式，分别为

$$12 = 3_1 \times 2_3 \times 2_6, \quad 12 = 3_1 \times 2_6 \times 2_3, \quad 12 = 3_2 \times 2_1 \times 2_6$$

$$12 = 3_4 \times 2_1 \times 2_2, \quad 12 = 3_2 \times 2_6 \times 2_1, \quad 12 = 3_4 \times 2_2 \times 2_1$$

结构网图如图 4-4 所示。

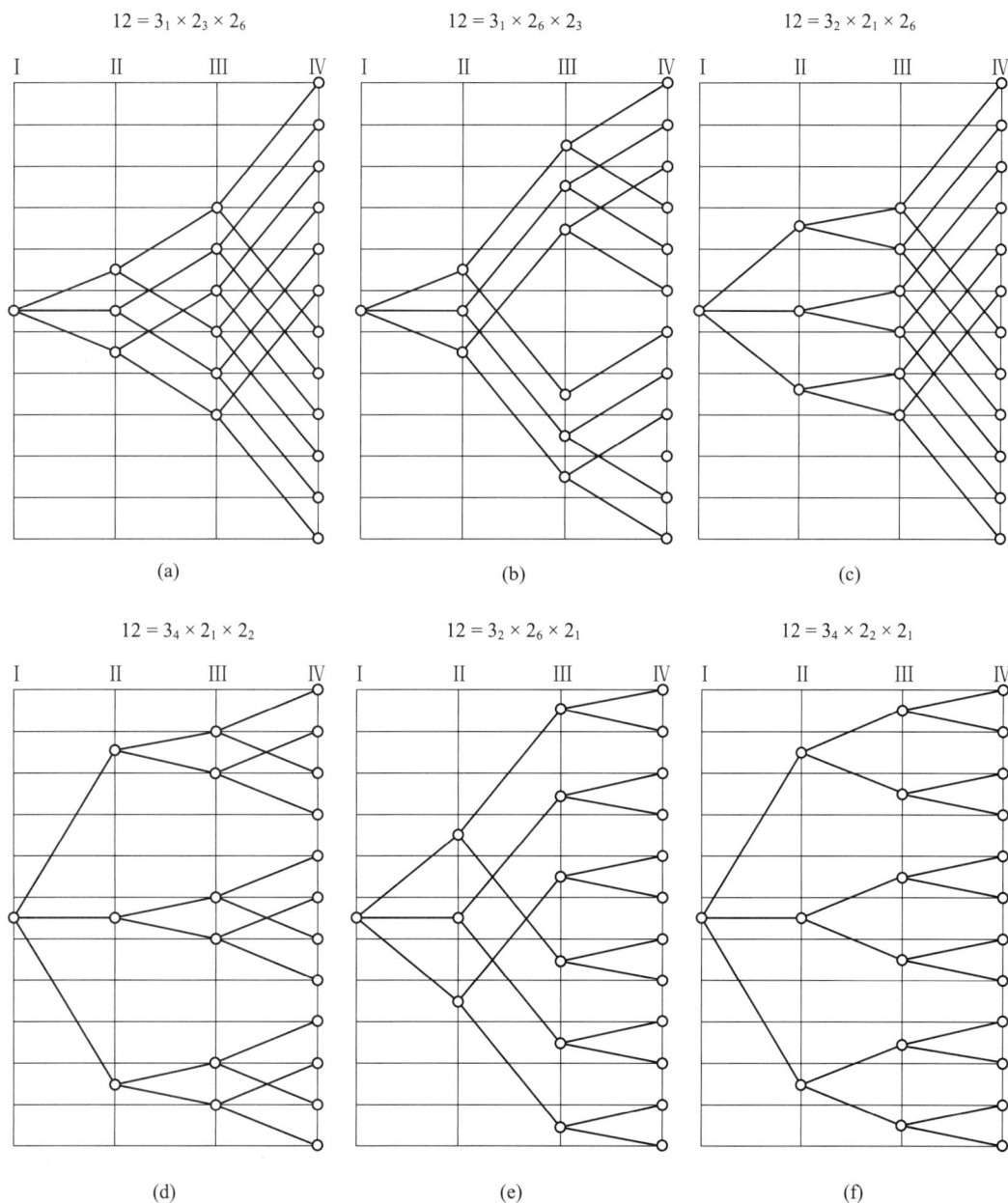

图 4-4　12 转速结构网的各种方案

综上所述，结构式简单、直观，能清楚地显示出变速传动系统中主轴转速级数 Z，各变速组的传动顺序，传动副数 P_i 和各变速组的级比指数 x_i，其一般表达式为 $Z = (P_a)_{x_a} \times (P_b)_{x_b} \times (P_c)_{x_c} \times \cdots \times (P_i)_{x_i}$。

4.2 转速图原理

课点 33 转 速 图

一、转速图的概念

在设计和分析分级变速主传动系统时，要用到的工具是转速图。转速图是表示主轴各转速的传递路线和转速值，各传动轴的转速数列及转速大小，各传动副的传动比的线图。转速图包括一点三线。一点是转速点，三线是主轴转速线、传动轴线、传动线。例如，某中型卧式车床变速传动系统图如图 4-5(a)所示，图 4-5(b)是它的转速图。

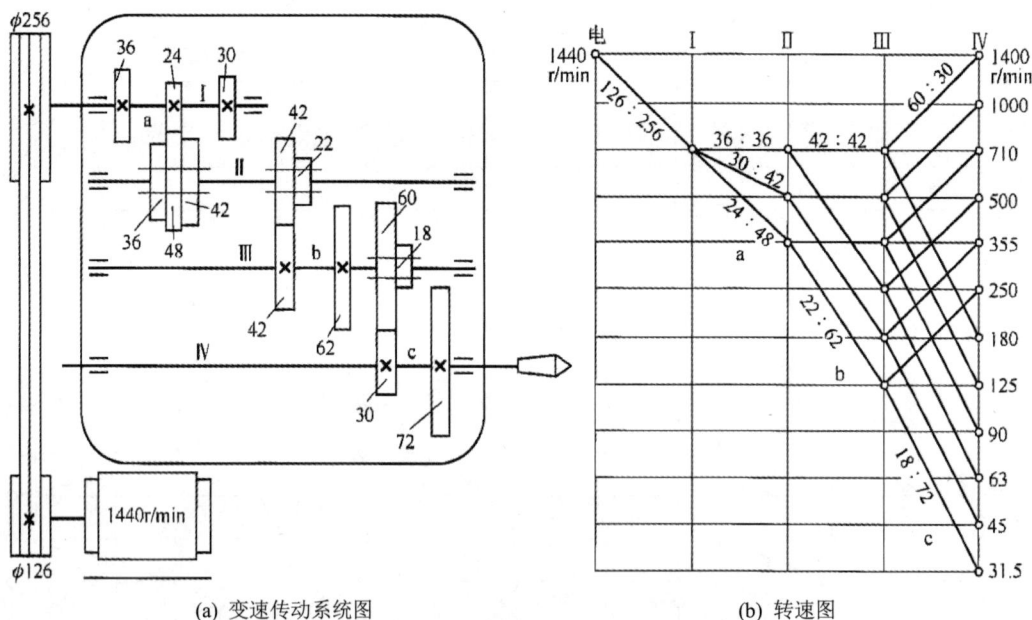

(a) 变速传动系统图　　　　　　　(b) 转速图

图 4-5　卧式车床变速传动系统图和转速图

转速图由一些互相平行和垂直的格线组成。其中，距离相等的一组竖线代表各轴，轴号写在上面。在图 4-5(b)中，从左向右依次标注电、Ⅰ、Ⅱ、Ⅲ、Ⅳ等，分别表示电动机轴、Ⅰ轴、Ⅱ轴、Ⅲ轴、Ⅳ轴，Ⅳ轴为主轴。竖线间的距离不代表各轴间的实际中心距。

距离相等的一组水平线代表各级转速，与各竖线的交点代表各轴的转速。由于分级变速机构的转速是按等比级数排列的，如果纵坐标是对数坐标，则相邻水平线的距离是相等的，表示的转速之比是等比级数的公比 φ，本例 $\varphi = 1.41$。转速图中的小圆圈(或黑点)表示该轴具有的转速，即转速点。如在Ⅳ轴上有 12 个小圆圈，表示主轴具有 12 级转速，从 31.5 r/min 至 1400 r/min，相邻转速的比是 φ，即相邻转速之间有如下关系：

$$\frac{n_2}{n_1} = \varphi, \quad \frac{n_3}{n_2} = \varphi, \quad \cdots, \quad \frac{n_Z}{n_{Z-1}} = \varphi$$

两边取对数，得

$$lg n_2 - lg n_1 = lg\varphi$$
$$lg n_3 - lg n_2 = lg\varphi$$
$$\vdots$$
$$lg n_Z - lg n_{Z-1} = lg\varphi$$

因此，若将转速图上的纵坐标取为对数坐标，则任意相邻两转速相距为一格，即一个 $lg\varphi$，代表各级转速水平线的间距相等。为了便于使用，习惯上在转速图上不写 lg 符号，而直接写出转速值。

两转速点之间的连线称为传动线，表示两轴间一对传动副的传动比，用主动齿轮与从动齿轮的齿数比或主动带轮与从动带轮的轮径比表示。传动比与速比互为倒数关系。传动线的倾斜方式代表传动比的大小，传动比大于 1，其对数值为正，传动线向上倾斜；传动比小于 1，其对数值为负，传动线向下倾斜。倾斜程度表示升降速度的大小。一个主动转速点引出的传动线的数目，代表该变速组的传动副数。平行的传动线代表同一传动比，只是主动转速点不同。

二、转速图原理

通常按照动力传递的顺序(从电动机到执行件的先后顺序)，即传动顺序分析机床的转速图。按传动顺序，变速组依次为第一变速组、第二变速组、第三变速组、…，分别用 a、b、c、…表示。变速组的传动副数用 P 表示，变速范围用 r 表示。

变速组中，主动轴上同一点传往从动轴相邻两传动线的比值称为级比，级比通常写成公比幂的形式，用 φ^{x_i} 表示，其幂指数 x_i 称为级比指数，它相当于上述相邻两传动线与从动轴交点之间相距的格数。

第一变速组 a (轴 I —轴 II)之间的变速组，有三个传动副，$P_a = 3$，传动比分别为

$$i_{a1} = \frac{24}{48} = \frac{1}{2} = \frac{1}{\varphi^2}$$

$$i_{a2} = \frac{30}{42} = \frac{1}{1.41} = \frac{1}{\varphi}$$

$$i_{a3} = \frac{36}{36} = \frac{1}{1} = \frac{1}{\varphi^0}$$

变速组 a 中，$i_{a3}:i_{a2}:i_{a1} = 1:\frac{1}{\varphi}:\frac{1}{\varphi^2} = \varphi^2:\varphi:1$，级比指数 $x_a = 1$。我们把级比等于公比或级比指数等于 1 的变速组称为基本组。基本组的传动副数用 P_0 表示，级比指数用 x_0 表示。在该车床主传动中，第一变速组 a 为基本组，$P_0 = 3$，$x_0 = 1$。

变速组中最大与最小传动比的比值，称为该变速组的变速范围。

在本例中，基本组的变速范围为

$$r_0 = \frac{i_{a3}}{i_{a1}} = \frac{1}{\varphi^{-2}} = \varphi^2 = \varphi^{x_0(P_0-1)}$$

经基本组的变速，使轴 II 得到 P_0 级等比数列转速。

第二变速组 b(轴Ⅱ—轴Ⅲ间的变速组)，有两个传动副，$P_b=2$，传动比分别为

$$i_{b1} = \frac{22}{62} = \frac{1}{2.82} = \frac{1}{\varphi^3},$$

$$i_{b2} = \frac{42}{42} = 1 = \frac{1}{\varphi^0}$$

在转速图上，Ⅱ轴的每一转速都有两条传动线与Ⅲ轴相连，分别为下降 3 格和水平。变速组 b 中，级比为 φ^3，级比指数 $x_b=3$，变速范围为

$$r_b = \frac{i_{b2}}{i_{b1}} = \frac{1}{\varphi^{-3}} = \varphi^3 = \varphi^{x_b(P_b-1)}$$

在转速图中，轴Ⅱ的 P_0 级等比数列转速线相距 P_0-1 格，在变速组 b 中，传动线 i_{b1} 可作 P_0 条平行线，占据 P_0-1 格，传动线 i_{b2} 产生的最低转速点必须与 i_{b1} 产生的最低转速点相距 P_0-1+1 格，才能使轴Ⅲ得到连续而不重复的等比数列转速，即 $x_b=3=P_0$。我们把级比指数等于基本组传动副数的变速组称为第一扩大组。其传动副数、级比指数、变速范围分别用 P_1、x_1、r_1 表示。在该车床主传动中，$P_1=2$，$x_1=3$，变速范围表示为

$$r_1 = \varphi^{x_1(P_1-1)} = \varphi^{P_0(P_1-1)}$$

经第一扩大组后，机床得到 $P_0 P_1$ 级连续而不重复的等比数列转速。

第三变速组 c(轴Ⅲ—轴Ⅳ之间的变速组)，有两个传动副，$P_c=2$，传动比分别为

$$i_{c1} = \frac{18}{72} = \frac{1}{4} = \frac{1}{\varphi^4}, \quad i_{c2} = \frac{60}{30} = \frac{2}{1} = \frac{\varphi^2}{1}$$

在转速图上，Ⅲ轴的每一转速都有两条传动线与Ⅳ轴相连，分别为下降 4 格和上升 2 格。

变速组 c 中，级比为 φ^6，级比指数 $x_c=6$，变速范围为

$$r_c = \frac{i_{c2}}{i_{c1}} = \frac{\varphi^2}{\varphi^{-4}} = \varphi^6 = \varphi^{x_c(P_c-1)}$$

在转速图中，轴Ⅲ的 $P_0 P_1$ 个转速点占据 $P_0 P_1-1$ 格，变速组 c 中，传动线 i_{c1} 可作 $P_0 P_1$ 条平行线，占据 $P_0 P_1-1$ 格，传动线 i_{c2} 产生的最低转速点必须与 i_{c1} 产生的最低转速点相距 $P_0 P_1-1+1$ 格，才能使轴Ⅳ得到连续而不重复的等比数列转速，即 $x_c=P_0 P_1=3\times 2=6$。我们把级比指数等于 $P_0 P_1$ 的变速组称为第二扩大组。第二扩大组的传动副数、级比指数、变速范围分别用 P_2、x_2、r_2 表示。在该机床的主传动中，第二扩大组的传动副数 $P_2=2$，级比指数 $x_2=P_0 P_1=x_1 P_1=6$，变速范围表示为

$$r_2 = \varphi^{x_2(P_2-1)} = \varphi^{P_0 P_1(P_2-1)}$$

经第二扩大组的进一步扩大，使主轴(轴Ⅳ)得到 $Z=3\times 2\times 2=12$ 级连续等比的转速。变速范围是

$$R_n = r_0 r_1 r_2 = \varphi^{x_0(P_0-1)+x_0(P_1-1)+P_0 P_1(P_2-1)} = \varphi^{Z-1} = \varphi^{12-1} = 45$$

变速组按级比指数由小到大的排列顺序称为扩大顺序，本例中扩大顺序和传动顺序一致。一般说来，扩大顺序并不一定与传动顺序相同。综上所述，一个等比数列变速系统中，必须有基本组、第一扩大组、第二扩大组、第三扩大组等。

在研究机床传动系统内部规律，分析和设计各种传动方案时，除利用转速图外，还需利用结构网或结构式。

课点 34 变 速 范 围

变速组中最大与最小传动比的比值，称为该变速组的变速范围。

设计机床主传动变速传动系统时，为避免从动齿轮尺寸过大而增加箱体的径向尺寸，一般限制最小传动比 $i_{min} \geqslant 1/4$；为避免扩大传动误差，减少振动噪声，一般限制直齿圆柱齿轮的最大传动比 $i_{max} \leqslant 2$，斜齿圆柱齿轮传动较平稳，可取 $i_{max} \leqslant 2.5$。因此各变速组的变速范围相应受到限制，直齿圆柱齿轮变速组的极限变速范围为 $r_{max} = 2 \times 4 = 8$，斜齿圆柱齿轮变速组的极限变速范围为 $r_{max} = 2.5 \times 4 = 10$。

检查变速组的变速范围是否超过极限值时，只需检查最后一个扩大组。由于第 j 扩大组的变速范围为 $r_j = \varphi^{P_0 P_1 P_2 \cdots P_{(j-1)}(P_j-1)}$，$j$ 越大，变速范围越大，其他变速组的变速范围都比最后扩大组的小，只要最后扩大组的变速范围不超过极限值，其他变速组就不会超过极限值。例如，结构式 $12 = 3_1 \times 2_3 \times 2_6$，$\varphi = 1.41$，第二扩大组 2_6 为最后扩大组，其变速范围为

$$r_2 = \varphi^{x_2(P_2-1)} = \varphi^{6(2-1)} = \varphi^6 = 8$$

等于 r_{max} 值，符合要求，其他变速组的变速范围肯定也符合要求。

又如，$12 = 3_4 \times 2_1 \times 2_2$，第二变速组的级比指数为 1，是基本组，$P_0 = 2$；第三变速组级比指数为 2，是第一扩大组，$P_1 = 2$；第一变速组级比指数为 $x_a = 4 = P_0 P_1$，是第二扩大组，其变速范围为

$$r_2 = \varphi^{x_2(P_2-1)} = \varphi^{4(3-1)} = \varphi^8 = 16$$

超出 r_{max} 值，是不允许的。

再以变速组和传动副数的组合方案 $12 = 4 \times 3$ 和 $12 = 3 \times 4$ 为例，从极限传动比、极限变速范围考虑，若传动副数为 4 的变速组是扩大组，则变速范围为

$$r_1 = \varphi^{x_1(P_1-1)} = \varphi^{3(4-1)} = \varphi^9 = 22.6$$

若传动副数为 3 的变速组是扩大组，则变速范围为

$$r_1 = \varphi^{x_1(P_1-1)} = \varphi^{4(3-1)} = \varphi^8 = 16$$

均超出极限变速范围，所以这两个方案不合理。

通过上面的分析可以看出，从不同的原则出发，有时可以得到相同的选择结果。从 r_j 的计算公式可知，为使最后扩大组的变速范围不超过允许值，最后扩大组的传动副一般取 $P_j = 2$ 较合适。

4.3 主变速传动系统设计的一般原则

课点 35 主变速传动系统设计的一般原则

一、传动副前多后少原则

主变速传动系统从电动机到主轴，通常为降速传动，接近电动机的传动件转速较高，传

递的转矩较小，尺寸小一些；反之，靠近主轴的传动件转速较低，传递的转矩较大，尺寸就较大。因此在拟定主变速传动系统时，应尽可能将传动副较多的变速组安排在前面，传动副数少的变速组放在后面，即 $P_a > P_b > P_c > \cdots > P_j$，使主变速传动系统中更多的传动件在高速范围内工作，尺寸小一些，以便节省变速箱的造价，减小变速箱的外形尺寸。

二、传动顺序与扩大顺序相一致的原则

当变速传动系统中各变速组顺序确定之后，还有多种不同的扩大顺序方案。例如，$12 = 3 \times 2 \times 2$ 方案，有下列 6 种扩大顺序方案：

$$12 = 3_1 \times 2_3 \times 2_6, \quad 12 = 3_2 \times 2_1 \times 2_6, \quad 12 = 3_4 \times 2_1 \times 2_2$$

$$12 = 3_1 \times 2_6 \times 2_3, \quad 12 = 3_2 \times 2_6 \times 2_1, \quad 12 = 3_4 \times 2_2 \times 2_1$$

在上述 6 种方案中，比较 $12 = 3_1 \times 2_3 \times 2_6$ (如图 4-6(a)所示)和 $12 = 3_2 \times 2_1 \times 2_6$ (如图 4-6(b)所示)两种扩大顺序方案。

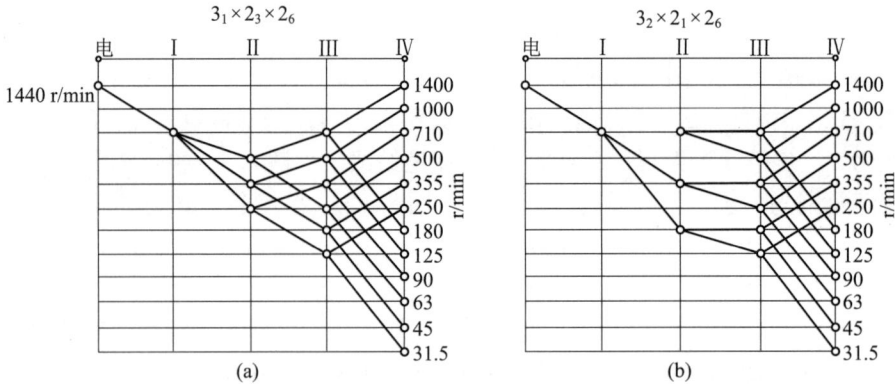

图 4-6　两种 12 级转速的转速图

图 4-6(a)所示的方案中，变速组的扩大顺序与传动顺序一致，即基本组在最前面，然后依次为第一扩大组，第二扩大组(即最后扩大组)，各变速组变速范围逐渐扩大。图 4-6(b)所示方案则不同，第一扩大组在最前面，然后依次为基本组、第二扩大组。

将图 4-6(a)、(b)两方案相比较，后一种方案因第一扩大组在最前面，Ⅱ轴的转速范围比前一种方案大。如果两种方案Ⅱ轴的最高转速一样，后一种方案Ⅱ轴的最低转速较低，在传递相等功率的情况下，后一种方案受的转矩较大，传动件的尺寸也就比前一种方案大。将图 4-6(a)所示方案与其他多种扩大顺序方案相比，可以得出同样的结论。

因此在设计主变速传动系统时，要尽可能做到变速组的传动顺序与扩大顺序相一致。由转速图可发现，当变速组的扩大顺序与传动顺序相一致时，前面变速组的传动线分布紧密，而后面变速组的传动线分布较疏松，所以"变速组的扩大顺序与传动顺序相一致"原则可简称为"前密后疏"原则。

三、变速组的降速前慢后快

如前所述，从电动机到主轴之间的总趋势是降速传动，在分配各变速组传动比时，为

使中间传动轴具有较高的转速，以减小传动件的尺寸，前面的变速组降速要慢些，后面的变速组降速要快些，也就是 $i_{amin} \geqslant i_{bmin} \geqslant i_{cmin} \geqslant \cdots$，但是，中间轴的转速不应过高，以免产生振动、发热和噪声。通常，中间轴的最高转速不超过电动机的转速。

在设计主变速传动系统时一般应该遵循上述原则，但有时还需根据具体情况加以灵活运用。例如，图 4-7 所示的一台卧式车床主变速传动系统，因为 I 轴上装有双向摩擦片式离合器 M，轴向尺寸较长，为使结构紧凑，第一变速组采用了双联齿轮，而不是按照前多后少的原则采用三个传动副。又如，当主传动采用双速电动机时，它成为第一扩大组，也不符合传动顺序与扩大顺序相一致的原则，但是却使结构大为简化，减少了变速组和传动件数目。

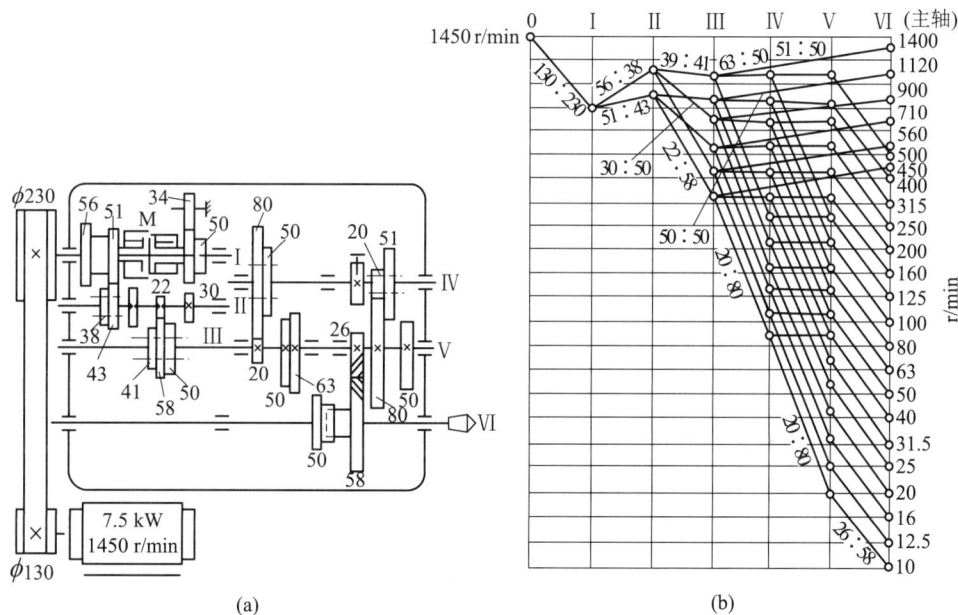

图 4-7 卧式车床主变速传动系统图及转速图

课点 36 齿轮齿数的确定

一、齿轮齿数的确定

当各变速组的传动比确定之后，可确定齿轮齿数、带轮直径。对于定比传动的齿轮齿数和带轮直径，可依据《机械设计手册》推荐的计算方法确定。对于变速组内齿轮的齿数，如果传动比是标准公比的整数次方时，变速组内每对齿轮的齿数和 S_z 及小齿轮的齿数可从表 4-1 中选取。在表中，横排数值是齿数和 S_z，纵列数值是传动副的传动比 u；表中所列值是传动副的从动齿轮齿数，齿数和 S_z 减去从动齿轮齿数就是主动齿轮齿数。表中所列的 i 值全大于 1，即全是升速传动。对于降速传动副，可取其倒数查表，查出的齿数则是主动齿轮齿数。

表 4-1　各种常用传动比的适用齿数

S_z

u	40	41	42	43	44	45	46	47	48	49	50	51	52	53	54	55	56	57	58	59	60	61	62	63	64	65	66
1.00	20		21		22		23		24		25		26		27		28		29		30		31		32		33
1.06		20		21		22		23									27		28		29		30		31		32
1.12	19							22		23		24		25		26		27		28			29		30		31
1.19					20		21		22		23					25		26		27		28		29	29		30
1.26		19		19		20					22		23		24		25			26		27		28		29	29
1.33	17		18		19			20		21		22			23		24				25	26		27		28	
1.41		17					19		20			21		22		23			24		24			26		27	
1.50	16					18		19		19	20		21			22		23		23	23					26	
1.60	15	16			17								20		21			22		22			24			25	
1.68				16					18			19			20		21						23		24		
1.78			15					17			18			19			20		21		21	22		22	23		23
1.88	14						16			17			18			19			20			21			22		
2.00			14	15		15			16			17			18			19			20			21			22
2.11					14			15			16			17			18			19		19	20			21	21
2.24			13			14				15			16			17			18				19			20	
2.37					13			14				15			16			17				16			19		
2.51			12				13			14				15			16				17			18			19
2.66					12						14	14				15			16	16			17				
2.82																			16	16		16				17	
2.99									12				13				14				15				16		16
3.16																											
3.35																											
3.55																											
3.76																											
3.98																											
4.22																											
4.47																											
4.73																											

续表

S_z

u	80	81	82	83	84	85	86	87	88	89	90	91	92	93	94	95	96	97	98	99	100	101	102	103	104	105	106	107	108	109	110	111	112	113	114	115	116	117	118	119	120
1.00	40		41		42		43		44		45		46		47		48	49	49	50	50	51	51	52	52	53	53	54	54	55	55	56	56	57	57	58	58	59	59	60	60
1.06	39	39	40	40	41	41	42	42	43	43	44	44	45	45	46	46	47	47	48	48	49	49	50	50	50	51	51	52	52	53	53	54	54	55	55	56	56	57	57	58	58
1.12	38	38	39	39	40	40	41	41	42	42	42	43	43	44	44	45	45	46	46	47	47	48	48	49	49	50	50	50	51	51	52	52	53	53	54	54	55	55	56	56	57
1.19	37	37	37	38	38	39	39	40	40	41	41	42	42	42	43	43	44	44	45	45	46	46	47	47	47	48	48	49	49	50	50	51	51	52	52	53	53	53	54	54	55
1.25	36	36	36	37	37	38	38	39	39	40	40	40	41	41	42	42	43	43	44	44	44	45	45	46	46	47	47	48	48	48	49	49	50	50	51	51	52	52	52	53	53
1.33	34	35	35	36	36	36	37	37	38	38	39	39	39	40	40	41	41	42	42	42	43	43	44	44	45	45	45	46	46	47	47	48	48	48	49	49	50	50	51	51	51
1.41	33	34	34	34	35	35	36	36	37	37	37	38	38	39	39	39	40	40	41	41	41	42	42	43	43	44	44	44	45	45	46	46	46	47	47	48	48	49	49	49	50
1.50	32	32	33	33	34	34	34	35	35	36	36	36	37	37	38	38	38	39	39	40	40	40	41	41	42	42	42	43	43	44	44	44	45	45	46	46	46	47	47	48	48
1.60	31	31	32	32	32	33	33	33	34	34	35	35	35	36	36	37	37	37	38	38	38	39	39	40	40	40	41	41	42	42	42	43	43	43	44	44	45	45	45	46	46
1.68	30	30	31	31	31	32	32	32	33	33	34	34	34	35	35	35	36	36	37	37	37	38	38	38	39	39	40	40	40	41	41	41	42	42	43	43	43	44	44	44	45
1.78	29	29	30	30	30	31	31	31	32	32	32	33	33	33	34	34	35	35	35	36	36	36	37	37	37	38	38	38	39	39	40	40	40	41	41	41	42	42	42	43	43
1.88	28	28	28	29	29	30	30	30	31	31	31	32	32	32	33	33	33	34	34	34	35	35	35	36	36	36	37	37	38	38	38	39	39	39	40	40	40	41	41	41	42
2.00	27	27	27	28	28	28	29	29	29	30	30	30	31	31	31	32	32	32	33	33	33	34	34	34	35	35	35	36	36	36	37	37	37	38	38	38	39	39	39	40	40
2.11	26	26	26	27	27	27	28	28	28	29	29	29	30	30	30	31	31	31	32	32	32	32	33	33	33	34	34	34	35	35	35	36	36	36	37	37	37	38	38	38	39
2.24	25	25	25	26	26	26	27	27	27	27	28	28	28	29	29	29	30	30	30	31	31	31	31	32	32	32	33	33	33	34	34	34	35	35	35	35	36	36	36	37	37
2.37	24	24	24	25	25	25	26	26	26	26	27	27	27	28	28	28	28	29	29	29	30	30	30	31	31	31	31	32	32	32	33	33	33	34	34	34	34	35	35	35	36
2.51	23	23	23	24	24	24		25	25	25	26	26	26		27	27	27	28	28	28	28	29	29	29	30	30	30	30	31	31	31	32	32	32	32	33	33	33	34	34	34
2.66	22	22	22	23	23	23		24	24	24	25	25	25	25	26	26	26		27	27	27	28	28	28	28	29	29	29	30	30	30	30	31	31	31	31	32	32	32	33	33
2.82	21	21	21	22	22	22	23	23	23	23	24	24	24	24	25	25	25	25	26	26	26	26	27	27	27	27	28	28	28	29	29	29	29	30	30	30	30	31	31	31	31
2.99	20	20	21	21	21	21	22	22	22	22	23	23	23	23	24	24	24	24	25	25	25	25	26	26	26	26	27	27	27	27	28	28	28	28	29	29	29	29	30	30	30
3.16	19	19	20	20	20	20	21	21	21	21	22	22	22	22	23	23	23	23	24	24	24	24	25	25	25	25	25	26	26	26	26	27	27	27	27	28	28	28	28	29	29
3.35	18	19	19	19	19	20	20	20	20	20	21	21	21	21	22	22	22	22	23	23	23	23	23	24	24	24	24	25	25	25	25	26	26	26	26	26	27	27	27	27	28
3.55	18	18	18	18	18	19	19	19	19	20	20	20	20	20	21	21	21	21	22	22	22	22	22	23	23	23	23	24	24	24	24	24	25	25	25	25	25	26	26	26	26
3.76	17	17	17	17	18	18	18	18	18	19	19	19	19	20	20	20	20	20	21	21	21	21	21	22	22	22	22	22	23	23	23	23	24	24	24	24	24	25	25	25	25
3.98	16	16	16	17	17	17	17	17	18	18	18	18	18	19	19	19	19	19	20	20	20	20	20	21	21	21	21	21	22	22	22	22	22	23	23	23	23	23	24	24	24
4.22	15	16	16	16	16	16	16	17	17	17	17	17	18	18	18	18	18	19	19	19	19	19	20	20	20	20	20		21	21	21	21	21	22	22	22	22	22	23	23	23
4.47	15	15	15	15	15	16	16	16	16	16	16	17	17	17	17	17	18	18	18	18	18	18	19	19	19	19	19	20	20	20	20	20	20	21	21	21	21	21	22	22	22
4.73	14	14	14	14	15	15	15	15	15	16	16	16	16	16	16	17	17	17	17	17	17	18	18	18	18	18		19	19	19	19	19	20	20	20	20	20	20	21	21	21

现举例说明表 4-1 的用法。图 4-7(b)中的变速组 a 有三个传动副，其传动比分别是：$i_{a1} = 1$，$i_{a2} = 1/1.41$，$i_{a3} = 1/2$。后两个传动比小于 1，取其倒数，即按 $i = 1, 1.41$ 和 2 查表。在合适的齿数和 S_z 范围内，查出存在上述三个传动比的 S_z 分别有

$i_{a1} = 1$，$S_z = \cdots$，60，62，64，66，68，70，72，74，$\cdots$

$i_{a2} = 1/1.41$，$S_z = \cdots$，60，63，65，67，68，70，72，73，75，$\cdots$

$i_{a3} = 1/2$，$S_z = \cdots$，60，63，66，69，72，75，$\cdots$

如果变速组内所有齿轮的模数相同，并且是标准齿轮，则三对传动副的齿数和 S_z 应该是相同的。符合上述条件的有 $S_z = 60$ 或 72。如果取 $S_z = 72$，从表中可查出三个传动副的主动齿轮齿数分别为 36、30 和 24，则可算出三个传动副的齿轮齿数为 $i_{a1} = 36/36$，$i_{a2} = 30/42$，$i_{a3} = 24/48$。

确定齿轮齿数时，选取合理的齿数和是很关键的。齿轮的中心距取决于传递的转矩。一般来说，主变速传动系统是降速传动系统，越后面的变速组传递的转矩越大，中心距也越大。为简化工艺，变速传动系统内各变速组的齿轮模数最好一样，通常不超过 2～3 种模数。因此越后面的变速组的齿数和选择较大值，有助于实现上述要求。

变速传动组齿数和的确定有时需经过多次反复，即初选齿数和，确定主、从动齿轮齿数，计算齿轮模数，如果模数过大应增大齿数和，反之则减少齿数和。为减少反复次数，按传递转矩要求可先初选中心距，设定齿轮模数，再算出齿数和。齿轮模数的设定应参考同类型机床的设计经验，如果齿轮模数设定得过小，齿轮经不起冲击，易磨损；如果设定得过大，齿数和将会较少，使变速组内的最小齿轮齿数小于 17，产生根切现象，最小齿轮也有可能无法套装到轴上。齿轮可套装在轴上的条件为齿轮的齿槽到孔壁或键槽底部的壁厚 a 应大于或等于 $2m$（m 为齿轮模数)，以保证齿轮具有足够强度。齿数过小的齿轮传递平稳性也差。一般在主传动中，最小齿轮齿数 $z_{min} \geqslant 18 \sim 20$。

采用三联滑移齿轮时，应检查滑移齿轮之间的齿数关系：三联滑移齿轮的最大和次大齿轮之间的齿数差应大于或等于 4，以保证滑移时齿轮外圆不相碰。例如，图 4-8(a)的变速组 a，三联齿轮左移时，齿轮 42 将从轴 I 上齿轮 24 旁滑移过去。要使 42 与 24 齿轮外圆不碰，这两个齿轮的齿顶圆半径之和应等于或小于中心距。本例滑移齿轮最大和次大齿轮的齿数差为 48 − 42 = 6，故不会碰；如果小于 4，将无法实现变速。

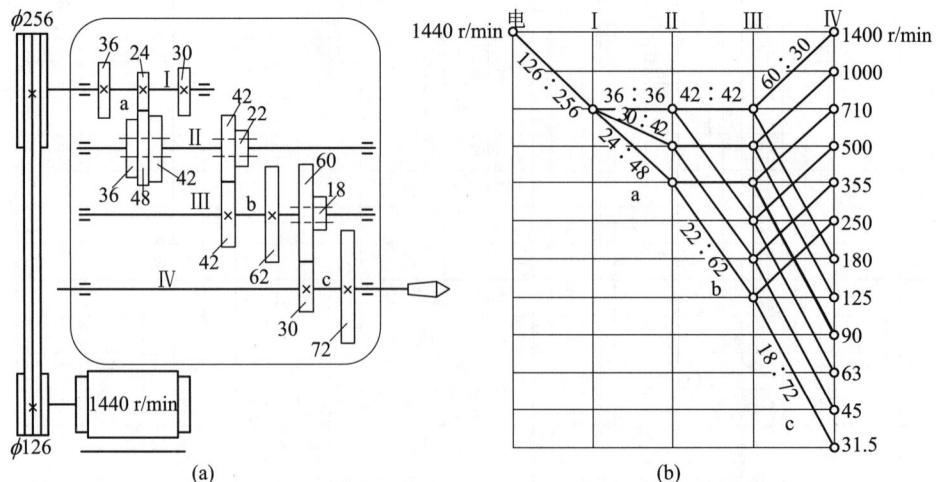

图 4-8 卧式车床主变速传动系统图和转速图

齿轮齿数确定后，还应验算一下实际传动比(齿轮齿数之比)与理论传动比(转速图上给定的传动比)之间的转速误差是否在允许范围之内。一般应满足

$$\frac{n'-n}{n} \leqslant \pm 10(\varphi-1)\%$$

式中：n' 为主轴实际转速；n 为主轴的标准转速；φ 为公比。

有时在希望的齿数和范围内，找不到变速组各传动副相同的齿数和，可选择齿数和不等，但差数一般小于 1～3 的方案，然后采用齿轮变位的方法使各传动副的中心距相等。在上例中，如果认为齿数和 60 太小，72 又太大，第 1、3 传动副可选 66，第 2 传动副选 67，将第 2 传动副的齿轮进行负变位，使其同第 1、3 传动副的中心距相同。

二、计算转速

1. 机床的功率转矩特性

由切削理论得知，在背吃刀量和进给量不变的情况下，切削速度对切削力的影响较小。因此，主运动是直线运动的机床，如刨床的工作台，在背吃刀量和进给量不变的情况下，不论切削速度多大，所承受的切削力基本是相同的，驱动直线运动工作台的传动件在所有转速下承受的转矩当然也基本是相同的，这类机床的主传动属恒转矩传动。

主运动是旋转运动的机床，如车床、铣床等的主轴，在背吃刀量和进给量不变的情况下，主轴在所有转速下承受的转矩与工件或铣刀的直径基本上成正比，但主轴的转速与工件或铣刀的直径基本上成反比。可见，主运动是旋转运动的机床基本上是恒功率传动。

通用机床的工艺范围广，变速范围大，使用条件也复杂，主轴实际的转速和传递的功率，也就是承受的转矩是经常变化的。例如，通用车床主轴转速范围的低速段，常用来切削螺纹、铰孔或精车等，消耗的功率较小，计算时如按传递全部功率计算，将会使传动件的尺寸不必要地增大，造成浪费；在主轴转速的高速段，由于受电动机功率的限制，背吃刀量和进给量不能太大，传动件所受的转矩随转速的增高而减小。

从主变速传动系中各传动件究竟按多大的转矩进行计算，可以导出计算转速的概念。主轴或各传动件传递全部功率的最低转速为它们的计算转速 n_j。如图 4-9 所示的主轴的功率转矩特性图中，主轴从最高转速到计算转速之间应传递全部功率，而其输出转矩随转速的降低而增大，称之为恒功率区；从计算转速到最低转速之间，主轴不必传递全部功率，输出的转矩不再随转速的降低而增大，保持计算转速时的转矩不变，传递的功率则随转速的降低而降低，称之为恒转矩区。

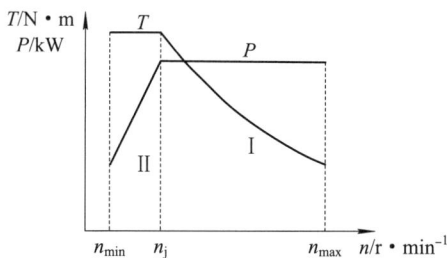

图 4-9　主轴的功率转矩特性图

不同类型机床主轴计算转速的选取是不同的，对于大型机床，由于其应用范围很广，调速范围很宽，计算转速可取得高些。对于精密机床、滚齿机，由于其应用范围较窄，调速范围小，计算转速可取得低一些。对于数控机床，其调速范围比普通机床宽，计算转速可比表中推荐的高些。

2. 变速传动系中传动件计算转速的确定

变速传动系中的传动件包括轴和齿轮，它们的计算转速可根据主轴的计算转速和转速图确定。确定的顺序通常是先定出主轴的计算转速，再顺次由后往前，定出各传动轴的计算转速，然后再确定齿轮的计算转速。

4.4   主变速传动系统的特殊设计

课点 37   多速电动机的主变速传动系统设计

多速电动机一般与其他变速方式联合使用，可以简化机床的机械结构，并可以在运转中变速，适用于半自动、自动机床及普通机床。机床上常用的双速或三速电动机，其同步转速为 750/1500 r/min、1500/3000 r/min、750/1500/3000 r/min，电动机的变速范围为 2~4，级比为 2。也有采用同步转速为 1000/1500 r/min、750/1000/1500 r/min 的双速和三速电动机，此时，双速电动机的变速范围为 1.5，三速电动机的变速范围是 2，级比为 1.33~1.5。由于多速电动机参加变速，本身具有二级或三级转速，因此在传动系统中，多速电动机就相当于具有两个或三个传动副的变速组，故又称为电变速组。

当电变速组的级比为 2 时，传动系统的公比只能是 φ=1.06、1.12、1.26、1.41、2。因为这些公比的整数次方等于 2，可以保证转速数列为等比数列。其中，常用的公比是 φ=1.26 和 1.41。

当采用级比为 2 的双速电动机时，双速电动机是动力源，必须为第一变速组(电变速组)；但级比是 2，除可为混合公比传动系统中的变型基本组外，不可能是常规传动系统的基本组，所以只能作为第一扩大组。由于第一扩大组的级比指数等于基本组的传动副数，故双速电动机对基本组的传动副数有严格要求。由于 $2 \approx 1.26^3 \approx 1.41^2$，所以，传动系统的公比采用 1.26 时，基本组的传动副数为 3；传动系统的公比为 1.41 时，基本组的传动副数为 2。

多速电动机总是在变速传动系统的最前面，按传动顺序来说，这个电变速组是第一个变速组，基本组在它的后面，因此其扩大顺序不可能与传动顺序一致。

当电变速组的级比为 1.5 时，不可能得到标准公比的等比数列，但可用于实现非标准公比以及混合公比的转速数列。

图 4-10 是多刀半自动车床的主变速传动系统图和转速图。采用双速电动机，电动机变速范围为 2，转速级数共 8 级。公比 φ=1.41，其结构式为 $8 = 2_2 \times 2_1 \times 2_4$，电变速组作为第

一扩大组，Ⅰ～Ⅱ轴间的变速组为基本组，传动副数为 2，Ⅱ～Ⅲ 轴间的变速组为第二扩大组，传动副数为 2。

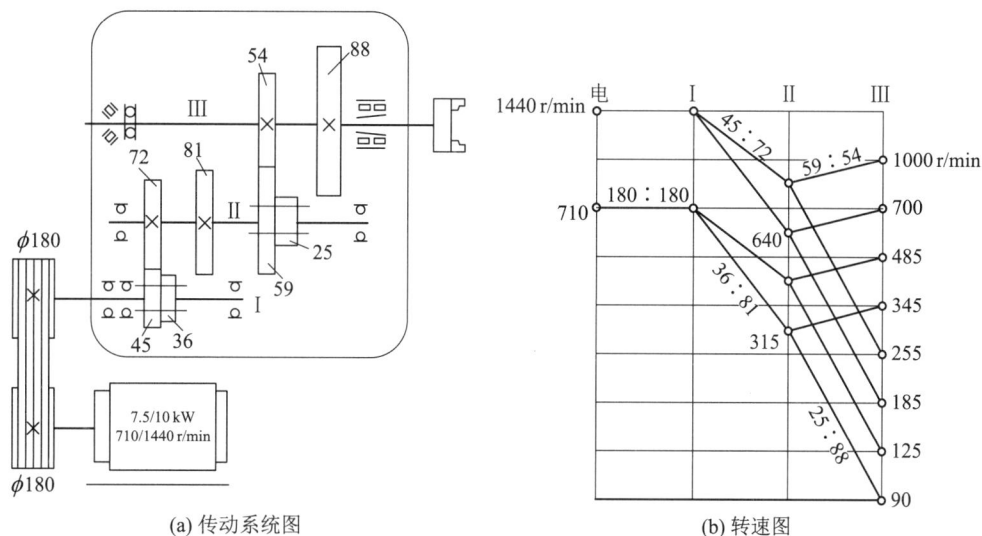

(a) 传动系统图　　　　　　(b) 转速图

图 4-10　多刀半自动车床主变速传动系统图和转速图

多速电动机的最大输出功率与转速有关，即电动机在低速和高速时输出的功率不同。在本例中，当电动机转速为 710 r/min 时，即主轴转速为 90 r/min、125 r/min、345 r/min、485 r/min 时，最大输出功率为 7.5 kW；当电动机转速为 1440 r/min 时，即主轴转速为 185 r/min、255 r/min、700 r/min、1000 r/min 时，最大输出功率为 10 kW。为使用方便，主轴在一切转速下，电动机功率都定为 7.5 kW。所以，采用多速电动机的缺点之一是，电动机在高速时没有完全发挥其能力。

课点 38　具有交换齿轮的变速传动系统设计

对于批量生产的机床，例如自动或半自动车床、专业车床、齿轮加工机床等，在加工过程中通常不需要进行变速或仅在较小范围内变速，但若需要更换一批工件进行加工，则可能需要进行转速变换或在一定范围内进行加工。为了简化结构，通常会采用交换齿轮变速技术，或者将其与其他变速方式(如滑移齿轮、多速电动机)相结合，以达到更高效的效果。在每一批工件加工前，会使用交换齿轮进行变速调整，而在加工过程中则采用其他变速方式。

为了减少交换齿轮的数量，相啮合的两齿轮可互换位置安装，即互为主、从动齿轮。反映在转速图上，交换齿轮的变速组应设计成对称分布的。如图 4-11 所示的液压多刀半自动车床主变速传动系统，Ⅱ～Ⅲ 轴间的双联滑移齿轮变速组是基本组，用于加工过程中的变速；Ⅰ～Ⅱ 轴间的一对交换齿轮变速组是第一扩大组，用于每批工件在加工前的变速调整。一对交换齿轮互换位置安装，在 Ⅱ 轴上可得到两级转速，在转速图上是对称分布的。

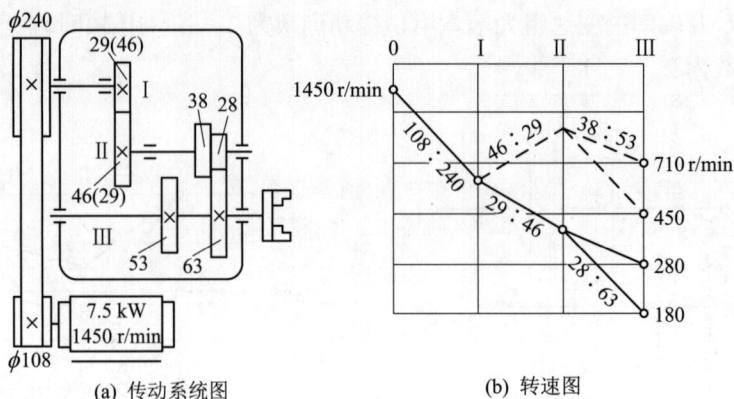

(a) 传动系统图 (b) 转速图

图 4-11 液压多刀半自动车床主变速传动系统

要注意一点：在使用交换齿轮变速时，要受到升速极限值的限制，即在降速时，i_{min} 可达 1/4，但一互换后就为升速，$i_升 = 4 > 2$。因此，$i_{max} \leqslant 2 \sim 2.5$，交换齿轮完全对换时，它的变速范围 $r \leqslant 4 \sim 6.25$。如果采用交换齿轮完全对换，升速时超出了极限值，可将交换齿轮部分对调，即将超出者不对换。

交换齿轮变速可以用少量齿轮得到多级转速，不需要操纵机构，使变速箱结构大大简化。缺点是更换交换齿轮较费时费力，如果装在变速箱外，润滑密封较困难；如果装在变速箱内，则更换较麻烦。

课点 39 扩大传动系统变速范围的方法

根据传动顺序前多后少的原则，最后扩大组通常由两个传动副组成。由于极限传动比的限制，最后扩大组的极限变速范围为 $8(\approx 1.26^9 \approx 1.41^6)$。所以当公比为 1.41 时，最后扩大组的级比指数为 6，传动系统的结构式为 $12 = 3_1 \times 2_3 \times 2_6$。变速范围是 $R_n = \varphi^{Z-1} = \varphi^{17} \approx 45$；当公比为 1.26 时，最后扩大组的级比指数为 9，传动系统的结构式为 $18 = 3_1 \times 3_3 \times 2_9$，变速范围是 $R_n = \varphi^{Z-1} = \varphi^{11} \approx 50$。一般来说，这样的变速范围不能满足通用机床的要求。一些通用性较高的车床和镗床的变速范围一般为 $140 \sim 200$，甚至超过 200。如车床 CA6140 的主轴最低转速为 10 r/min，最高转速为 1400 r/min，变速范围 $R_n = 140$；数控铣床 XK5040-1 的主轴最低转速为 12 r/min，最高转速为 1500 r/min，变速范围 $R_n = 125$；摇臂钻床 Z3040 的变速范围是 80。因此，必须采取相应的措施来扩大机床传动系统的变速范围。

一、增加变速组的传动系统

由变速范围 $R_n = \varphi^{Z-1} = \varphi^{P_0 P_1 P_2 \cdots (P_j - 1)}$ 可知，增加公比、增加某一变速组中的传动副数量或增加变速组可以扩大变速范围。但增加公比会导致相对转速损失率增大，影响机床的劳动生产率。各类机床已规定了相应的公比，机床类型一定时，公比是固定的，因此，通过增大公比来扩大变速范围是不可行的。同样，根据传动顺序前多后少的原则，为方便操作控制，变速组内传动副数一般不大于 3，因而通过增加某一变速组中传动副数的方法来扩大变速范围也是不可行的。因此，在原有的变速传动系统中再增加一个变速组，是扩大变速范围最简便的方法。但由于受变速组极限传动比的限制，增加变速组的级比指数往往不得不小于理论值，导致部分转速重复。

例如，公比为 $\varphi=1.41$，结构式为 $12=3_1\times2_3\times2_6$ 的常规变速传动系统，其最后扩大组的级比指数为 6，变速范围已达到极限值 8。如果再增加一个变速组作为最后扩大组，理论上其结构式应为 $24=3_1\times2_3\times2_6\times2_{12}$，最后扩大组的变速范围将等于 $r_3=\varphi^{12(2-1)}=\varphi^{12}=64$，大大超出极限值，是不允许的。需将新增加的最后扩大组的变速范围限制在极限值内，即 $r_3=\varphi^{x_3(2-1)}=\varphi^{x_3}\leqslant8=\varphi^{x_6}$，$x_3=6$，比理论值小 6；增加第三扩大组后，主轴转速级数理论值为 24 级，实际只获得 $24-6=18$ 级，主轴转速重复 6 级；变速范围为

$$R_n=r_0r_1r_2=\varphi^{18-1}=\varphi^{12-1}\times\varphi^{6(2-1)}\approx45\times8=360$$

变速范围扩大了 8 倍，主轴转速级数增加了 6 级。若再增加第四扩大组，则变速范围将再扩大 8 倍，主轴变速级数再增加 6 级。

再如，公比 $\varphi=1.26$，结构式为 $18=3_1\times3_3\times2_9$ 的常规变速传动系统，第二扩大组的级比指数为 9，变速范围已达到极限值 8；增加第三扩大组后，级比指数应为 18，受极限变速范围限制，$x_3=9$，比理论值小 9，主轴转速级数理论值是 36 级，实际为 27 级，重复转速 9 级。增加扩大组后，结构式为 $27=3_1\times3_3\times2_9\times2_9$，变速范围为

$$R_n=(r_0r_1r_2)r_3=\varphi^{18-1}\times\varphi^{9(2-1)}\approx50\times8=400$$

同样变速范围扩大了 8 倍，主轴转速级数增加了 9 级。若再增加第四扩大组，则变速范围将再扩大 8 倍，主轴变速级数再增加 9 级。

二、采用背轮机构的传动系统

背轮机构又称单回曲机构，其传动原理如图 4-12 所示。轴 I 和轴 III 同轴线，运动由轴 I 传入。当离合器处于脱开位置时，运动经齿轮 z_1、z_2、z_3、z_4 传动轴 III，此时传动比 $i=\dfrac{z_1}{z_2}\times\dfrac{z_3}{z_4}$，若两传动比皆为最小极限值 1/4，则 $i=\dfrac{1}{4}\times\dfrac{1}{4}=\dfrac{1}{16}$；若离合器接合，则运动经离合器直接传动轴 III（即半离合器和滑移齿轮 z_4 向左移），此时传动比 $i_2=1$。因此，背轮机构的极限变速范围是 $r'=\dfrac{i_2}{i_1}=16$，达到了扩大变速范围的目的。

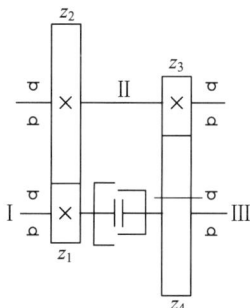

图 4-12　背轮机构

公比 $\varphi=1.41$ 时，采用背轮机构的结构式为 $16=2_1\times2_2\times2_4\times2_8$，变速范围为 $R_n=\varphi^{16-1}\approx180$，为常规传动的 4 倍。

公比 $\varphi = 1.26$ 时，采用背轮机构的结构式为 $24 = 3_1 \times 2_3 \times 2_6 \times 2_{12}$，变速范围为 $R_n = \varphi^{24-1} \approx$ 203，也是常规传动的 4 倍。若增加的变速组为背轮机构，则结构式为 $30 = 3_1 \times 2_3 \times 2_9 \times 2_{12}$，变速范围可扩大 16 倍。

设计背轮时要注意"倒转"问题。在图 4-12 中，z_4 为滑移齿轮。当合上离合器时，z_3 和 z_4 脱离啮合，轴 Ⅱ 虽也转动，但齿轮副 z_1/z_2 是降速，轴 Ⅱ 转速将低于轴 Ⅰ。如果使 z_1 为滑移齿轮，则合上离合器时，经齿轮 z_4/z_3 传动轴 Ⅱ，使其以更高的速度转动(4 倍于轴 Ⅰ 转速)，这种现象称为倒转。倒转会增加机床的空载功率损耗及齿轮噪声，磨损也加剧。因此，在设计背轮机构时必须避免该问题出现。

三、采用分支传动的传动系统

分支传动是指由若干变速组串联，再增加并联分支的传动形式，也是一种扩大变速范围的常见方法。图 4-13 是 CA6140 普通车床的主传动系统图和转速图，采用了低速分支和高速分支传动，在轴 Ⅲ 之前的传动是二者共用部分。由轴 Ⅲ 开始，低速分支的传动路线为 Ⅲ—Ⅳ—Ⅴ—Ⅵ(主轴)，轴 Ⅴ 之前为变速传动系统，轴 Ⅴ 到轴 Ⅵ 为定比传动，通过一对斜齿轮 26/58，使主轴得到 10～500 r/min 的 18 级低转速，$\varphi = 1.26$。低速分支变速传动系统的结构式为 $18 = 2_1 \times 3_2 \times 2_6 \times 2_6$，理论上最后扩大组的级比指数应是 12，但对应变速范围为 16，超过了变速组的极限变速范围 8；最后扩大组的级比指数若取 9，则正好达到极限变速范围。为了减小齿轮尺寸，本例取 6，出现了 6 级重复转速。高速分支传动是由轴 Ⅲ 通过一对定比传动齿轮 63/50，直接传动主轴 Ⅵ，使主轴得到 450～1400 r/min 的 6 级高转速，结构式为 $6 = 2_1 \times 3_2$。所以，CA6140 普通车床的主轴转速级数 $Z = 24$，其变速范围扩大到 $R_n = 1400/10 = 140$。

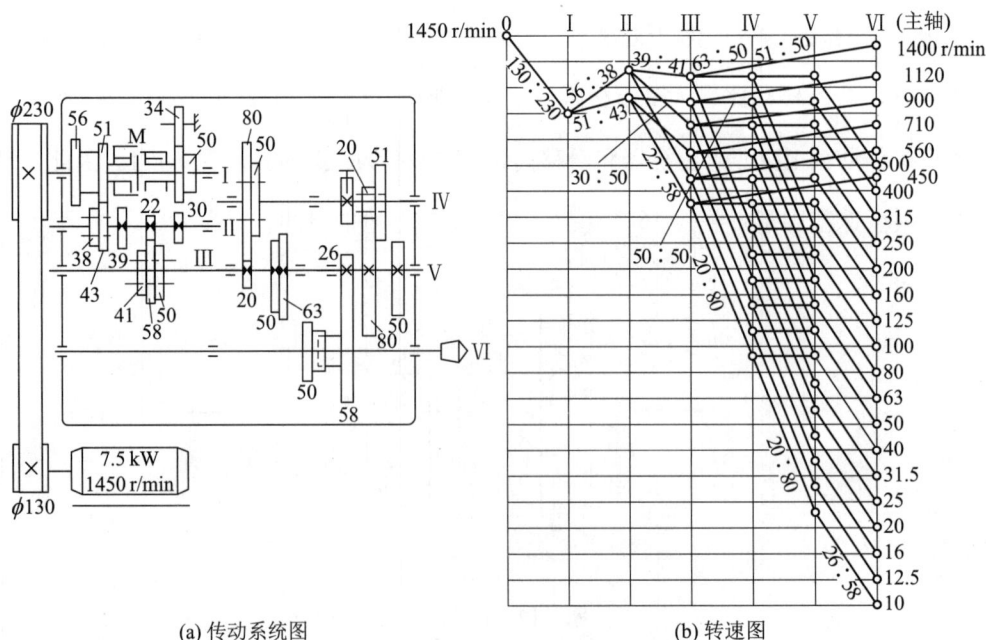

(a) 传动系统图   (b) 转速图

图 4-13   CA6140 普通车床的主传动系统图和转速图

采用分支传动方式除了能较大地扩大变速范围，还能缩短高速传动路线、提高传动效率、减少噪声。

四、采用对称双公比的传动系统

前面讲述的机床传动系统中，主轴转速都是具有一个公比的等比数列，但是，有些机床的主轴转速数列并不希望按照一个公比均匀分布，而是有些转速排列得密一些，公比较小，有些转速排列得疏一些，公比较大。这种整个主轴转速数列采用几个公比的传动系统，称为混合公比或多公比的传动系统。机床上使用的一般是对称双公比传动系统(也称为对称混合公比传动系统)。

在机床主轴的转速数列中，每级转速的使用概率是不相等的。使用最频繁、使用时间最长的往往是转速数列的中段，转速数列中较高或较低的几级转速是为特殊工艺设计的，使用概率较低。如果保持常用的主轴转速数列中段的公比不变，增大不常用的转速公比，就可在不增加主轴转速级数的前提下扩大变速范围。为了设计和使用方便，大公比是小公比的平方，高速端大公比转速级数与低速端相等。在转速图上，上下两端为大公比，且大公比转速级数上下对称，从而形成对称双公比传动系统。对称双公比传动系统常用的公比为1.26。图 4-14 是具有 12 级转速对称双公比传动系统的结构网和转速图。

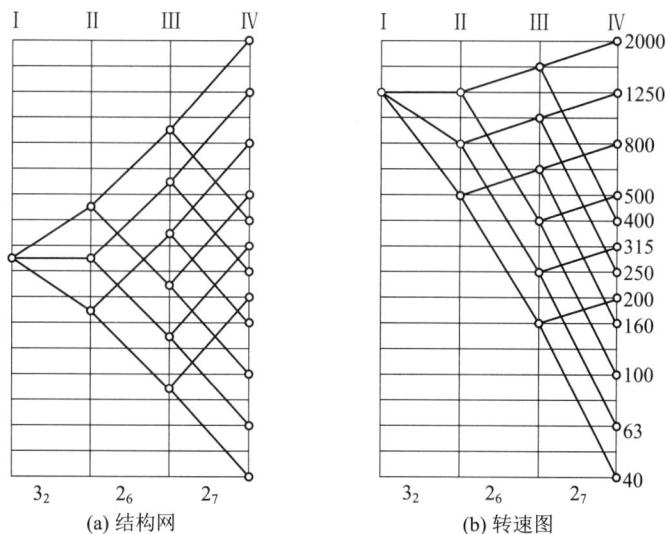

图 4-14 12 级转速对称双公比传动系统的结构网和转速图

对称双公比传动系统，可借助改变常规传动系统基本组的级比指数 x_0 来实现。一般来说，基本组传动副数为 2，首先按级比规律写出常规传动系统的结构式，再把其基本组的级比指数变成 $1 + x_0'$，则可获得对称双公比传动系统，其基本组为变型基本组。

系数 x_0' 为转速图上高低速端大公比的总格数。大公比 $\varphi_2 = \varphi_1^2$，φ 为小公比。在选择 x_0' 时应注意以下几点。

(1) x_0' 应为偶数。因为只有 x_0' 为偶数，才能使主轴高、低速端按大公比的格数各为 $x_0'/2$。

(2) x_0' 取值范围应为 $2 \leqslant x_0' < Z - 1$。

(3) 原常规传动系统基本组的级比指数变成 $1 + x_0'$ 后，应检查该组的变速范围是否仍

在允许范围内，即应满足

$$\varphi_1^{(1+x_0')(P_0-1)} \leqslant 8$$

对于 $P_0 = 2$，$\varphi_1^{1+x_0'} \leqslant 8$。当 $\varphi_1 = 1.26$ 时，由于 $1.26^9 \approx 8$，所以 $x_0' \leqslant 8$。若变型基本组是单回曲机构，由于 $1.26^{12} \approx 16$，则 $x_0' \leqslant 10$。

(4) 原基本组级比指数变成 $1 + x_0'$ 后，主轴变速范围应为

$$R_n = \varphi^{(Z-1)+x_0'}$$

【例】 某摇臂钻床的主轴转速范围为 $n = 25 \sim 2000$ r/min，公比 $\varphi = 1.26$，主轴转速级数 $Z = 16$，试确定该传动系统的结构式。

解 该钻床的变速范围是

$$R_n = \frac{2000}{25} = 80$$

需要的理论转速级数为

$$Z' = \frac{\lg 80}{\lg \varphi} + 1 = 20 > 16$$

采用对称双公比传动，大公比格数为 $x_0' = 20 - 16 = 4$，为偶数，且小于 8。确定基本组的传动副数，一般取 $P_0 = 2$。常规传动系统的结构式应为

$$16 = 2_1 \times 2_2 \times 2_4 \times 2_8$$

变形传动系统的结构式，应在原结构式基础上，将原基本组级比指数加 x_0' 而成，即

$$16 = 2_{1+4} \times 2_2 \times 2_4 \times 2_8$$

按前密后疏的原则，该对称双公比传动系统的结构式应为

$$16 = 2_2 \times 2_4 \times 2_5 \times 2_8$$

课点 40　无级变速主传动系统设计

一、无级变速装置的分类

无级变速是指在一定范围内，转速(或速度)能连续地变换，从而获取最合适的切削速度。机床主传动中常采用的无级变速装置有三大类：变速电动机、机械无级变速装置和液压无级变速装置。

1. 变速电动机

机床上常用的变速电动机有直流复激电动机和交流变频电动机，在额定转速以上为恒功率变速，通常调速范围仅为 $2 \sim 3$，较小；额定转速以下为恒转矩变速，调速范围很大，可达 30 甚至更大。上述功率和转矩特性一般不能满足机床的使用要求。为了扩大恒功率调速范围，可以在变速电动机和主轴之间串联一个分级变速箱，这种方法广泛用于数控机床、大型机床中。

2. 机械无级变速装置

机械无级变速装置有柯普(Koop)型、行星锥轮型、分离锥轮钢环型、宽带型等多种结构，它们都是利用摩擦力来传递转矩的，通过连续地改变摩擦传动副工作半径来实现无级变速。由于它的变速范围小，多数是恒转矩传动，通常较少单独使用，而是与分级变速机构串联使用，以扩大变速范围。机械无级变速装置应用于要求功率和变速范围较小的中小型车床、铣床等机床的主传动中，更多地是用于进给变速传动中。

3. 液压无级变速装置

液压无级变速装置通过改变单位时间内输入液压缸或液动机中的液压油量来实现无级变速。它的特点是变速范围较大、变速方便、传动平稳、运动换向时冲击小、易于实现直线运动和自动化，常用在主运动为直线运动的机床中，如刨床、拉床等。

二、无级变速主传动系统设计原则

无级变速主传动系设计原则如下：

(1) 尽量选择功率和转矩特性符合传动系统要求的无级变速装置。若执行件作直线主运动的主传动系统，对变速装置的要求是恒转矩传动，如龙门刨床的工作台，就应该选择恒转矩传动为主的无级变速装置，如直流电动机；若主传动系统要求恒功率传动，如车床或铣床的主轴，就应选择恒功率无级变速装置，如柯普(Koop)B 型和 K 型机械无级变速装置、变速电动机串联机械分级变速箱等。

(2) 无级变速系统装置单独使用时，其调速范围较小，满足不了要求，尤其是恒功率调速范围往往远小于机床实际需要的恒功率变速范围。为此，常把无级变速装置与机械分级变速箱串联在一起使用，以扩大恒功率变速范围和整个变速范围。

如果机床主轴要求的变速范围为 R_n，选取的无级变速装置的变速范围为 R_d，则串联的机械分级变速箱的变速范围 R_f 应为

$$R_f = \frac{R_n}{R_d} = \varphi_f^{Z-1}$$

式中：Z 为机械分级变速箱的变速级数；φ_f 为机械分级变速箱的公比。

通常，无级变速装置作为传动系统中的基本组，而分级变速作为扩大组，其公比 φ_f 理论上应等于无级变速装置的变速范围 R_d。实际上，由于机械无级变速装置属于摩擦传动，有相对滑动现象，所以可能得不到理论上的转速。为了得到连续的无级变速，设计时应该使分级变速箱的公比 φ_f 略小于无级变速装置的变速范围，即取 $\varphi_f = (0.9 \sim 0.97)R_d$，使转速之间有一小段重叠，保证转速连续。将 φ_f 值代入上式，可算出机械分级变速箱的变速级数 Z。

【例】　设机床主轴的变速范围 $R_n = 60$，无级变速箱的变速范围 $R_d = 8$，请设计机械分级变速箱，求出其级数。

解　机械分级变速箱的变速范围为

$$R_f = \frac{R_n}{R_d} = \frac{60}{8} = 7.5$$

机械分级变速箱的公比为

$$\varphi_f = (0.9\sim0.97)R_d = 0.94 \times 8 = 7.52$$

分级变速箱的级数为

$$Z = 1 + \frac{\lg 7.5}{\lg 7.52} = 2$$

课点 41 　数控机床主传动系统设计特点

现代切削加工正朝着高速、高效和高精度方向发展，对机床的性能提出越来越高的要求，这些需求包括：转速高；调速范围大，恒转矩调速范围达 1∶100～1∶1000，恒功率调速范围达 1∶10 以上，更大的功率范围达 2.2～250 kW；能在切削加工中自动变换速度；机床结构简单；噪声要小；动态性能要好；可靠性要高等。数控机床主传动设计应满足上述要求，并具有如下特点。

一、主传动采用直流或交流电动机无级调速

1. 直流电动机无级调速

直流电动机是采用调压和调磁方式来得到主轴所需的转速的，其调速范围与功率特性如图 4-15(a)所示。从最低转速至电动机额定转速，是通过调节电枢电压，保持励磁电流恒定的方法进行调速的，属于恒转矩调速，启动力矩大，响应快，能满足低速切削需要。从额定转速至最高转速，是通过改变励磁电流，从而改变励磁磁通，保持电枢电压恒定的方法进行调速的，属于恒功率调速。

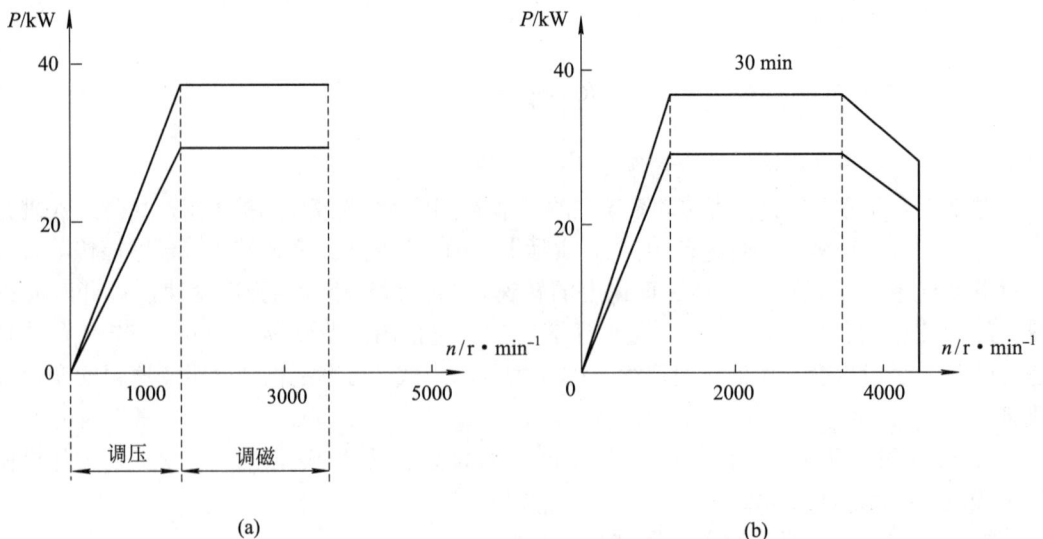

(a)　　　　　　　　　　　　　　　(b)

图 4-15　直流、交流调速电动机功率特性图

一般直流电动机恒转矩调速范围较大，达 30，甚至更大；而恒功率调速范围较小，仅

能达到 2～3，满足不了机床的要求；在高转速范围内要进一步提高转速，必须加大励磁电流，而这将引起电刷产生火花，限制了电动机的最高转速和调速范围。因此，直流电动机仅在早期的数控机床上应用较多。

2. 交流电动机无级调速

交流调速电动机通常是通过调频进行变速的，其调速范围和功率特性如图 4-15(b) 所示。

交流调速电动机一般为鼠笼式感应电动机结构，体积小，转动惯性小，动态响应快；无电刷，因而最高转速不受火花限制；采用全封闭结构，空气强冷，能保证高转速和较强的超载能力，具有很宽的调速范围。如兰州电机厂生产的额定转速为 1500 r/min 或 2000 r/min 的交流调速电动机，恒定功率调速范围可达 1：5 或 1：4；额定转速为 750 r/min 或 500 r/min 的交流调速电动机，恒功率调速范围可达 1：12 以上。对于某些应用场合，使用这些电动机可以取消机械变速箱，能较好地适应现代数控机床主传动的要求，因此，交流电动机应用越来越广泛。

二、数控机床驱动电动机和主轴功率特性的匹配设计

在设计数控机床主传动时，必须要考虑电动机与机床主轴功率特性匹配问题。由于主轴要求的恒功率变速范围 R_{nN} 远大于电动机的恒功率变速范围 R_{dN}，所以在电动机与主轴之间要串联一个分级变速箱，以扩大其恒功率变速范围，满足低速大功率切削时对电动机的输出功率的要求。

在设计分级变速箱时，考虑机床结构复杂程度、运转平稳性要求等因素，变速箱公比的选取有下列三种情况：

(1) 取变速箱的公比 φ_f 等于电动机的恒功率变速范围 R_{dN}，即 $\varphi_f = R_{dN}$，功率特性图是连续的，无缺口也无重合。如果变速箱的变速级数为 Z，则主轴的恒功率变速范围 R_{nN} 为

$$R_{nN} = \varphi_f^{Z-1} R_{dN} = \varphi_f^{Z}$$

变速箱的变速级数 Z 可由下式算出

$$Z = \frac{\lg R_{nN}}{\lg \varphi_f}$$

(2) 若要简化变速箱结构，变速级数应少些，变速箱公比 φ_f 可取大于电动机的恒功率变速范围 R_{dN}，即 $\varphi_f > R_{dN}$。这时，变速箱每档内有部分低转速只能恒转矩变速，主传动系统功率特性图中出现"缺口"，称为功率降低区。使用"缺口"范围内的转速时，为限制转矩过大，得不到电动机输出的全部功率。为保证缺口处的输出功率，电动机的功率应相应增大。主轴的恒功率变速范围 R_{nN} 为

$$R_{nN} = \varphi_f^{Z-1} R_{dN}$$

变速箱的变速级数 Z 可由下式算出：

$$Z = 1 + \frac{\lg R_{nN} - \lg R_{dN}}{\lg \varphi_f} \tag{4-1}$$

图 4-16 是一台加工中心的主轴箱展开图，图 4-17 所示为它的主传动系统图。

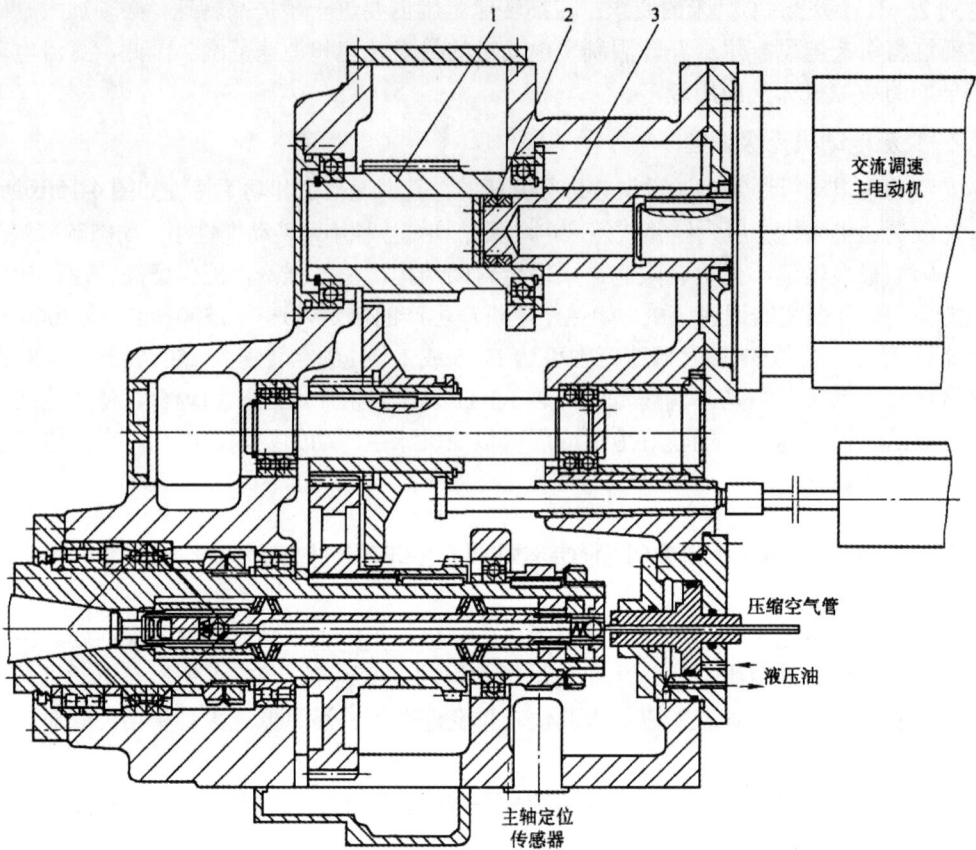

1—齿轮；2—锥环；3—中间轴。

图 4-16   主轴箱展开图

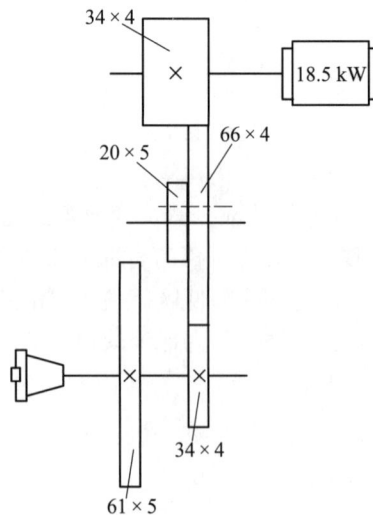

图 4-17   主传动系统图

机床主电动机采用交流调速电动机，连续工作的额定功率为 18.5 kW，30 min 工作最大输出功率为 22 kW。电动机经中间轴 3，锥环 2 无键连接驱动齿轮 1，经两级滑移齿轮变速传至主轴。滑移齿轮中的大齿轮套在小齿轮上，大齿轮的左侧是齿数和模数与小齿轮相同的内齿轮，两者组成齿轮离合器，将大小齿轮联成一体。

交流调速主电动机的额定转速为 1500 r/min，最高转速为 4000 r/min。电动机恒功率变速范围 $R_{dN}=4000/1500=2.67$，主轴恒功率变速范围 $R_{nN}=4000/254=15.7$。变速箱的变速级数 $Z=2$，可算出变速箱的公比 $\varphi_f=5.95$，大于 R_{dN} 值许多，在主轴的功率特性图中将出现较大的"缺口"。在缺口处的功率仅为

$$P_{实}=\frac{R_{dN}P_{电机}}{\varphi_f}=\frac{2.67\times18.5 \text{ kW}}{5.95}=8.3 \text{ kW}$$

(3) 如果数控机床为了满足恒线速切削需在运转中变速的情况时，取变速箱公比 φ_f 小于电动机的恒功率变速范围，即 $\varphi_f<R_{dN}$。

【例】 某数控机床，主轴最高转速 $n_{max}=3550$ r/min，最低转速 $n_{min}=14$ r/min，计算转速 $n_j=180$ r/min，采用直流电动机，电动机功率为 28 kW，电动机的最高转速为 4400 r/min，额定转速为 1750 r/min，最低转速为 140 r/min，设计分级变速箱的主传动系统。

解 主轴要求的恒功率变速范围为

$$R_{nN}=\frac{3550}{180}=19.72$$

电动机可达到的恒功率变速范围为

$$R_{dN}=\frac{4400}{1750}=2.5$$

取 $\varphi_f=2<R_{dN}$，由式(4.1)可以计算出变速箱的变速级数 $Z=3.98$，取 $Z=4$。

分级变速箱的转速图和功率特性图如图 4-18 所示。由于变速箱公比小于电动机的恒功率变速范围，因此在主轴的功率特性图上出现小段重合。图 4-19 所示为设计的主传动系统图。

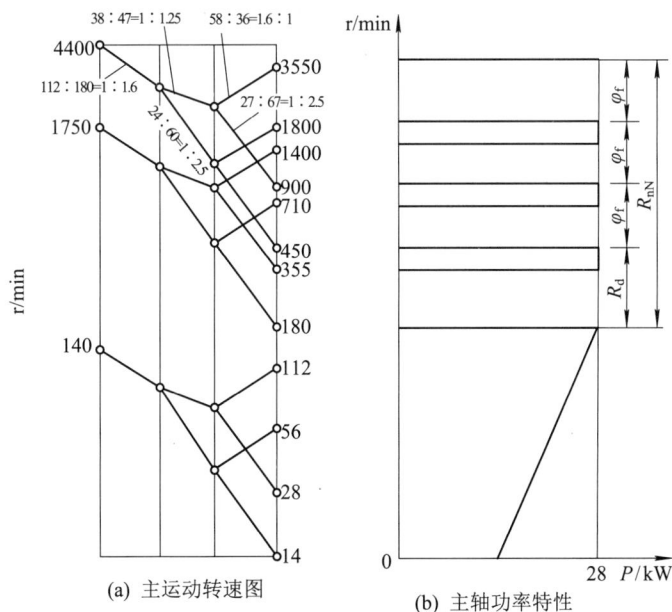

图 4-18 转速图和功率特性图

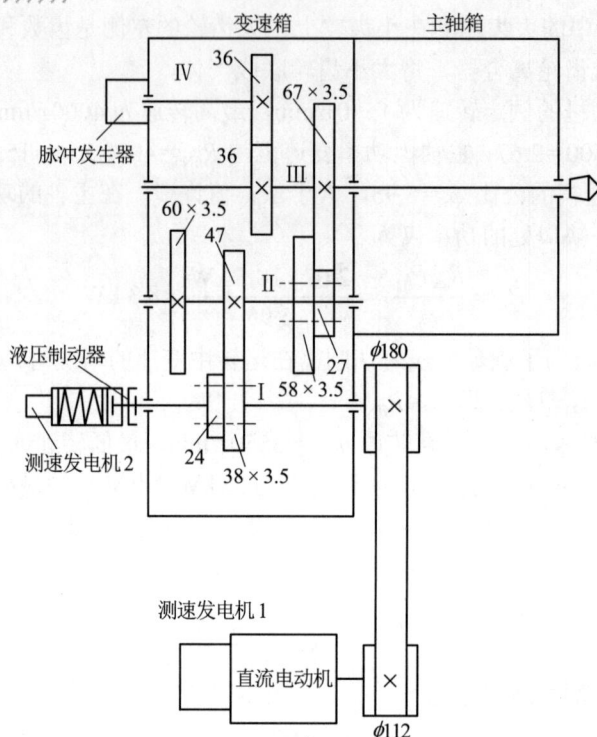

图 4-19 主传动系统图

三、数控机床高速主传动设计

提高主传动系统中主轴转速是提高切削速度最直接最有效的方法。数控车床的主轴转速目前已从十几年前的 1000~2000 r/min 提高到 5000~7000 r/min。数控高速磨削的砂轮线速度从 50~60 m/s 提高到 100~200 m/s。为达到如此高的主轴转速，要求主轴系统的结构必须简化，减小惯性，主轴旋转精度要高，动态响应要好，振动和噪声要小。对于高速和超高速数控机床主传动，一般采用两种设计方式：一种是采用联轴器将机床主轴和电动机轴串接成一体，将中间传动环节减少到仅剩联轴器；另一种是将电动机与主轴合为一体，制成内装式电主轴，实现无任何中间环节的直接驱动，并通过冷却液循环冷却方式减少发热，如图 4-20 所示。

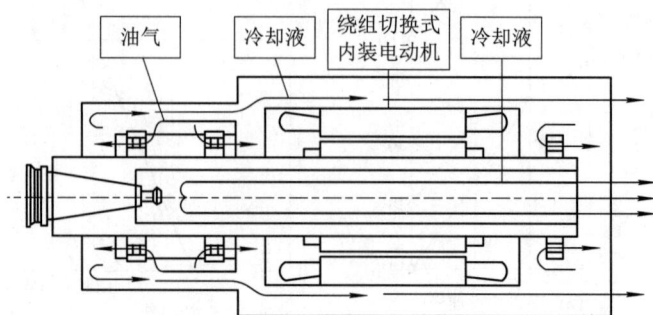

图 4-20 内装式电主轴

四、数控机床采用部件标准化、模块化结构设计

中小型数控车床主传动系统设计中,广泛采用模块化的变速箱和主轴单元形式。再如,整机数控车床的模块化设计是指在几个基础模块部件(床身、底座等)的基础上,按加工要求灵活配置若干功能部件(如主轴、刀架、尾座等)和附加模块化装置(各式机械手、检测装置等)。

五、数控机床的柔性化、复合化

数控机床对加工对象的变换有很强的适应能力,即柔性,因此发展很快。目前,数控机床在提高单机柔性化的同时,正努力向单元柔性化和系统柔性化方向发展。如数控车床由单主轴发展到具有两根主轴,又在此基础上增设附加控制轴——C 轴控制功能,即主轴的回转可控制,成为车削中心;再配备后备刀库和其他辅助功能,如刀具检测装置、补偿装置、加工监控等;再增加自动装卸工件的工业机械手和更换卡盘装置等,成为适用于中小批量生产、自动化的车削柔性制造单元。

车削中心有两根主轴,都采用电主轴结构,都具有 C 轴功能和相同加工能力。第 2 主轴还可沿 Z 轴横向移动。如果工件长度较大,可用两个主轴同时夹住进行加工,以增强工件的刚性;如果是长度较短的盘套类工件,两主轴可交替夹住工件,以便从工件的两端进行加工。

数控机床的发展已经模糊了粗、精加工的工序概念,车削中心又把车、铣、钻等工序集中到同一机床上来完成,完全打破了传统的机床分类,机床由单一化走向多元化、复合化(工序复合化和功能复合化)。因此,现代数控机床和加工中心的设计,已不仅仅考虑单台机床本身,还要综合考虑工序集中、制造控制、过程控制以及物料的传输,以缩短产品加工时间和制造周期,最大限度地提高生产率。

六、并联(虚拟轴)机床设计

传统的机床由床身、立柱、主轴箱、刀架或工作台等部件串联成非对称的布局形式。工件和刀具的各个运动是串联关系的机床,称为串联机床,这种机床布局作业范围大,灵活性好。

近年来,随着机械制造工业的发展,机床面临着进一步高速化、高效化和高精度化的严重挑战,于是在机床设计中开始应用并联运动的原理。如在 20 世纪 90 年代问世的虚拟轴机床(Virtual Aixs Machine)是一种六个运动并联的设计。基于让轻者运动,重者不动或少动的原则,虚拟轴机床取消了工作台、夹具、工件这类最重部件的运动,而将运动置于最轻部件——切削头上。

例如,美国 G&L 公司研制生产的"VARIAX"虚拟轴机床,它取消了传统的床身、立柱、导轨等部件,只有上、下两个平台。下平台固定不动,用于安装工件;上平台装有机床主轴和刀具,由可伸缩的六根轴与下平台联接。通过数控指令,由伺服电动机和滚珠丝杠副驱动六根轴的伸缩来控制上平台的运动,使主轴能运动到任意切削位置,对安装在平台上的工件进行加工。这类虚拟轴机床采用平台闭环并联结构,具有刚度高、运动部件重量轻、机械结构简单和制造成本低等优点,而且在改善速度、加速度、精度、刚度等性能

方面具有极大的潜力，但运动轨迹计算较复杂。

六轴完全并联机构的优点是：各个杆不承受弯曲载荷，受力情况好；运动件质量小、速度高；比刚度高；各个分支运动误差不累加，精度高。缺点是：作业空间小(尤其是回转运动范围小)，运动算法复杂。完全串联原理机构与完全并联原理机构的优缺点恰恰相反，因此将串联和并联原理结合起来，兼具两者优点的混联原理机床是非常具有实用价值的数控机床。

4.5 绘制转速图

课点 42 转速图拟定

电动机和主轴的转速是已定的，当选定了结构网或结构式后，就可以分配各传动组的传动比并确定中间轴的转速，再加上定比传动，就可画出转速图了。

仍以图 4-5 12 级转速的中型机床为例。本例所选定的结构式共有 3 个传动组，变速机构共需 4 根轴，加上电动机轴共 5 根轴，故转速图需 5 条竖线。主轴共 12 级转速，电动机轴转速与主轴最高转速相近，故需 12 条横线。须注明主轴的各级转速，电动机轴转速也应在电动机轴上注明，如图 4-21 所示。

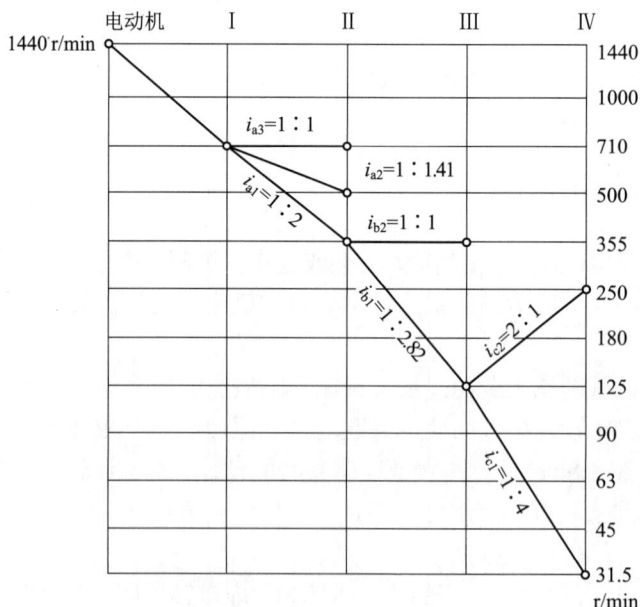

图 4-21   转速图的拟定

中间各轴的转速可以从电动机轴开始往后推，也可以从主轴开始往前推。通常，往前推比较方便，即先决定轴Ⅲ的转速。

变速组 c 的变速范围为 $\varphi^6 = 8 = r_{max}$，可知两个传动副的传动比必然是最大和最小两个极限值：

$$i_{c1} = \frac{1}{4} = \frac{1}{\varphi^4}$$

$$i_{c2} = \frac{2}{1} = \frac{\varphi^2}{1}$$

这样就确定了轴III的六种转速只有一种可能，即 125 r/min、180 r/min、250 r/min、355 r/min、500 r/min、710 r/min。

随后确定轴II的转速。变速组 b 的级比指数为 3，在传动比极限值的范围内，轴II的转速最高可为 500 r/min、710 r/min、1000 r/min，最低可为 180 r/min、250 r/min、355 r/min。按照最小传动比前缓后急的原则，该变速组的两个传动副的传动比可取为

$$i_{b1} = \frac{1}{\varphi^3} = \frac{1}{2.8}$$

$$i_{b2} = \frac{1}{1}$$

轴II的转速确定为 355 r/min、500 r/min、710 r/min。

同理，对于变速组 a，三个传动副的传动比可取为

$$i_{a1} = \frac{1}{\varphi^2} = \frac{1}{2}$$

$$i_{a2} = \frac{1}{\varphi} = \frac{1}{1.41}$$

$$i_{a3} = \frac{1}{1}$$

这样就确定了轴 I 的转速为 710 r/min。

电动机轴与轴 I 之间为带传动，传动比接近 $1/2 = 1/\varphi^2$。最后，在图 4-5(b)上补足各连线，就可以得到转速图。

习题与思考题

4-1　设计机床主传动系统应满足的基本要求有哪些？

4-2　简述转速图的概念以及包含的内容。

4-3　简述主传动链转速图的拟定原则。

4-4　某机床主轴转速 n 要求为 100、140、200、280、400、560、800、1120，电动机转速为 1440 r/min，试设计该机床传动系统的结构图、转速图，并设计给出各传动比中具体齿轮齿数或带轮直径。

4-5　提高传动精度的途径有哪些？

4-6　机床主传动的布局有几种？各有哪些优缺点？

4-7　什么是传动组的变速范围？各传动组的变速范围之间有什么关系？

项目五　典型机床进给传动系统设计

5.1　进给传动系统设计

课点 43　进给传动系统类型

机床进给传动系统用来实现机床的进给运动和有关辅助运动(如快进、快退等调节运动)。根据机床的类型、传动精度、运动平稳性和生产率等要求，可采用机械、液压和电气等不同的传动方式。

一、机械进给传动

机械进给传动系统结构复杂、制造工作量大，但因其具有工作可靠、维修方便等优点，仍广泛应用于中、小型普通机床。机械进给传动系统主要由动力源、变速机构、换向机构、运动分配机构、过载保险机构、运动转换机构、执行件以及快速传动机构等部分组成。

(1) 动力源。进给传动可以采用单独电动机作为动力源，这样便于缩短传动链，实现几个方向的进给运动和机床自动化；也可以与主传动共用一个动力源，便于保证主传动和进给运动之间的严格传动比关系，适用于有内联系传动链的机床，如车床、齿轮加工机床等。

(2) 变速机构。进给传动系统的变速机构用来改变进给量的大小。常用的变速机构有交换齿轮变速、滑移齿轮变速、齿轮离合器变速、机械无级变速和伺服电动机变速等。设计时，若几个进给运动共用一个变速机构，应将变速机构置于运动分配机构前面。由于机床进给运动的功率较小、速度较低，有时也采用棘轮机构、曲回机构等。在自动或半自动机床以及专用机床上，还比较广泛地应用凸轮机构来实现执行件的工作进给和快速运动。

(3) 换向机构。该机构用来改变进给运动的方向，一般有两种方式：一种是用进给电动机换向，这种方式换向方便，但换向次数不能太频繁；另一种是用齿轮换向(圆柱齿轮或锥齿轮)，这种方式换向可靠，广泛应用在各种机床中。

(4) 运动分配机构。该机构用来实现纵向、横向或垂直方向不同传动路线的转换，常采用各种离合器机构。

(5) 过载保险机构。其作用是在过载时自动断开进给运动，过载排除后自动接通。常用的有牙嵌离合器、摩擦片式离合器、脱落蜗杆等。

(6) 运动转换机构。该机构用来变换运动的类型，一般是将回转运动转换为直线运动，常采用齿轮齿条、蜗杆齿条、丝杠螺母机构来进行运动转换。

(7) 快速传动机构。该机构是为了便于调整机床、节省辅助时间和改善工作条件而设立的。快速传动可与进给传动共用一个进给电动机，可采用离合器等进给传动链转换；大多数快速传动采用单独电动机驱动，通过超越离合器、差动轮系机构或差动螺母机构等，将快速运动合成到进给传动中。

二、液压进给传动

液压进给传动通过动力液压缸等传递动力和运动，并通过液压控制技术实现无级调速、换向、运动分配、过载保护和快速运动。油缸本身作直线运动，一般不需要运动转换。液压传动工作平稳、动作灵敏，便于实现无级调速和自动控制，而且在同等功率情况下体积小、重量轻、结构紧凑，因此广泛应用于磨床、组合机床和自动车床的进给传动中。

三、电气进给传动

电气进给传动是指采用无级调速电动机，直接或经过简单的齿轮变速或同步齿形带变速，驱动齿轮齿条或丝杠螺母机构等传递动力和运动，若采用直线电动机可直接实现直线运动驱动。电气传动的机械结构简单，可在工作中实现无级调速，便于实现自动化控制，因此，其应用越来越广泛。

数控机床的进给传动系统称为伺服进给传动系统，由伺服驱动系统、伺服进给电动机和高性能传动元件(如滚珠丝杠、滚动导轨)组成，在计算机(即数控装置)的控制下，可实现多坐标联动下的高效、高速和高精度进给运动。

课点 44 进给传动系统设计的基本要求及特点

一、进给传动系统应满足的基本要求

进给传动系统应满足如下基本要求：

(1) 具有足够的静刚度和动刚度。

(2) 具有良好的快速响应性，有良好的防爬行性能，运动平稳，灵敏度高。

(3) 抗振性好，不会因摩擦自振而引起传动件的抖动或产生齿轮传动的冲击噪声。

(4) 具有较高的传动精度和定位精度。

(5) 具有足够的变速范围，保证实现所要求的进给量，以适应不同的加工材料；能使用不同的刀具，满足不同的零件加工要求，能传动较大的转矩。

(6) 结构简单，加工和装配工艺性好，调整维修方便，操作轻便灵活。

二、进给传动系统的设计特点

进给传动系统具备如下特点：

(1) 进给传动是恒转矩传动。切削加工中，当进给量较大时，一般采用较小的背吃刀量；当背吃刀量较大时，多采用较小的进给量。所以，在各种不同进给量的情况下，产生

的切削力大致相同，而进给力是切削力在进给方向的分力，也大致相同，所以驱动进给运动的传动件是恒转矩传动。

(2) 进给传动系统中各传动件的计算转速是其最高转速。因为进给传动系统是恒转矩传动，在各种进给速度下，末端输出轴上受的转矩是相同的，设为 $T_末$。进给传动系统中各传动件(包括轴和齿轮)所受的转矩可由下式计算：

$$T_k = \frac{T_末 n_末}{n_k} = T_末 i_k$$

式中，T_k 为第 k 个传动件承受的转矩；$n_末$、n_k 为末端输出轴和第 k 轴的转速；i_k 为第 k 个传动件至末端输出轴的传动比，如果有多条传动路线，取其中最大的传动比。

由上式可知，i_k 越大，传动件承受的转矩越大。在进给传动系统的最大升速链中，各传动件至末端输出轴的传动比最大，承受的转矩也最大，故各传动件的计算转速是其最高转速。

(3) 进给传动系统具有极限传动比和极限变速范围。进给传动系统速度低，负荷小，消耗的功率小，齿轮薄、模数小，因此，进给传动系统变速组的变速范围可取比主传动变速组较大的值，即极限传动比为 $i_{min} \geq 1/5$，$i_{max} \leq 2.8$，极限变速范围为 $r = 2.8 \times 5 = 14$。为了缩短进给传动链，减小进给箱的受力，提高进给传动的稳定性，进给传动系统的末端常采用降速很大的传动机构，如蜗杆蜗轮、丝杠螺母、行星机构等。

(4) 进给传动遵循最小传动比的原则和扩大顺序的原则。根据误差传递规律，最小传动比应采用前缓后急的原则，以提高进给传动系统的传动精度。如前所述，传动件至末端输出轴的传动比越大，传动件承受的转矩越大。进给传动系统扩大顺序与主传动系统相反，是前疏后密，即采用扩大顺序与传动顺序不一致的结构式，这样可使进给系统内更多的传动件至末端输出轴的传动比较小，承受的转矩也较小，从而减小各中间轴和传动件的尺寸。

(5) 进给传动系统采用传动间隙消除机构。对于精密机床、数控机床的进给传动系统，为保证传动精度和定位精度，尤其是换向精度，要有传动间隙消除机构，如齿轮传动间隙消除机构和丝杠螺母传动间隙消除机构等。

(6) 进给传动系统采用微量进给机构。有时进给运动极为微量，如每次进给量小于 $2\,\mu m$，需采用微量进给机构。微量进给机构有自动和手动两类。自动微量进给机构采用各种驱动元件使进给自动地进行；手动微量进给机构主要用于微量调整精密机床的一些部件，如坐标镗床的工作台和主轴箱、数控机床的刀具尺寸补偿等。

常用的微量进给机构中，最小进给量大于 $1\,\mu m$ 的机构有蜗杆传动、丝杠螺母、齿轮齿条传动等，适用于进给行程大、进给量和进给速度变化范围宽的机床；小于 $1\,\mu m$ 的进给机构有弹性力传动、磁致伸缩传动、电致伸缩传动、热应力传动等。以上都是利用材料的物理性能实现微量进给，特点是结构简单、位移量小、行程短。

弹性力传动是利用弹性元件(如弹簧片、弹性膜片等)的弯曲变形或弹性杆件的拉压变形实现微量进给，适用于作补偿机构和小行程的微量进给。

磁致伸缩传动是靠改变软磁材料(如铁钴合金、铁铝合金等)的磁化状态，使其尺寸和形状产生变化，以实现步进或微量进给，适用于小行程微量进给。

电致伸缩是压电效应的逆效应。当晶体带电或处于电场中时，其尺寸发生变化，将电能转换为机械能来实现微量进给。其进给量小于 $0.5\,\mu m$，适用于小行程微量进给。

热应力传动是利用金属杆件的热伸长驱使执行部件运动，来实现步进式微量进给，进给量小于 0.5μm，其重复定位精度不太稳定。

对微量进给机构的基本要求是：灵敏度高，刚度好，平稳性好，低速进给时速度均匀，无爬行，精度高，重复定位精度好，结构简单，调整方便，操作方便灵活等。

课点 45　滚珠丝杠螺母副传动

数控机床为了提高进给传动系统的灵敏度、定位精度，防止爬行，必须降低摩擦并减少静、动摩擦系数之差。因此，行程不太长的直线运动机构常使用滚珠丝杠螺母副。

一、滚珠丝杠螺母副的工作原理及特点

滚珠丝杠螺母副是直线运动与回转运动能相互转换的传动装置，靠滚珠传递和转换运动。其丝杠和螺母上分别加工有半圆弧形沟槽(其半径略大于滚珠半径)，合在一起形成滚珠的圆形滚道，并在螺母上加工有使滚珠形成循环的回珠通道，当丝杠和螺母相对转动时，滚珠可在滚道内循环滚动，因而迫使丝杠和螺母产生轴向相对移动。丝杠、螺母和滚珠都由轴承钢制成，经淬硬、磨削等加工过程。由于丝杠和螺母之间是滚动摩擦，因而滚珠丝杠具有以下特点。

(1) 摩擦损失小，传动效率高。一般情况下，传动效率可达 90%以上，比普通滑动丝杠副的效率提高 3～4 倍。因此，在同样载荷下，滚珠丝杠驱动转矩较滑动丝杠大为减少。

(2) 动作灵敏，低速时无爬行现象。由于是滚动摩擦，动、静摩擦系数相差很小，所以启动力矩小，动作灵敏，而且在速度很低的情况下，不易出现爬行现象。

(3) 磨损小，精度保持性好。滚动摩擦比滑动摩擦的磨损小得多，而且滚珠丝杠和螺母的螺旋槽都是淬硬的，故使用寿命长，精度保持性好。

(4) 可消除轴向间隙，轴向刚度高。滚珠丝杠通过预紧，可完全消除轴向间隙，使反向无空行程，反向定位精度高。

(5) 摩擦系数小，无自锁现象。滚珠丝杠螺母副的摩擦角小于 1°，因此不能自锁。该机构不仅能把旋转运动变为直线运动，还可将直线运动变为旋转运动，即有运动的可逆性。因此，当用于垂直传动时，需有制动装置或自锁机构。

(6) 工艺复杂，成本高。滚珠丝杠、螺母等零件的形状复杂，加工精度和表面质量要求高。滚珠丝杠螺母副按其用途可分为定位滚珠丝杠副(P 类)和传动滚珠丝杠副(T 类)。精度有 1、2、3、4、5、7 和 10 级七个精度，1 级最高，依次降低。用于数控机床进给传动系统的是 P 类，精度主要为 1、2 两级，分别以 P1、P2 表示。丝杠精度可按"任意 300mm 内行程变动量 V_{300}"选择，该项误差 1 级精度为 6μm，2 级精度为 8μm，3 级精度为 12μm。

滚珠丝杠的长度是受到精度限制的。例如，有的工厂规定，直径在 30mm 及以上的 1 级丝杠，螺纹部分的长度不得超过 1m。因此选择丝杠时应注意。

二、滚珠丝杠螺母副的循环方式

滚珠丝杠螺母副常用的循环方式有两种：滚珠在循环过程中有时与丝杠脱离接触的循

环方式称为外循环，始终与丝杠保持接触的循环方式称为内循环。

(1) 内循环。图 5-1 所示为内循环滚珠丝杠螺母副，滚珠从 A 点走向 B 点、C 点、D 点，然后经反向回珠器从螺纹的顶上回到 A 点，实现循环。螺纹每一圈形成一个滚珠的循环回路。通常，在一个螺母上装有三个反向器(即采用三列的结构)，三个反向器彼此沿螺母圆周相互错开 120°，轴向间隔为(4/3～7/3)P_h(P_h 为螺距)。这种结构由于一个循环只有一圈滚珠，因而回路短，工作滚珠数目少，流畅性好，摩擦损失小，效率高，径向尺寸紧凑，承载能力较大，刚度也高。缺点是反向器的结构复杂，制造较困难，且不能用于多头螺纹传动。

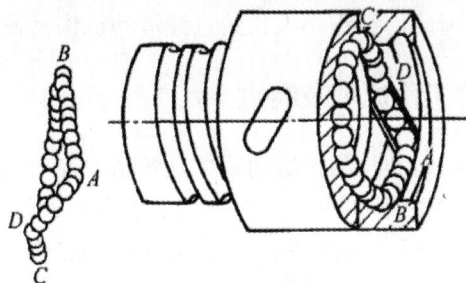

图 5-1　内循环滚珠丝杠螺母副

(2) 外循环。常用的外循环滚珠丝杠螺母副可分为盖板式、螺旋槽式、插管式三种。图 5-2 所示为插管式外循环滚珠丝杠螺母副，每一列滚珠转几圈后经插管式回珠器返回，插管式回珠器位于螺母之外。外循环结构制造工艺简单，使用较广泛。其缺点是滚道接缝处很难做得平滑，影响滚珠滚动的平稳性，甚至发生卡珠现象，噪声也较大。

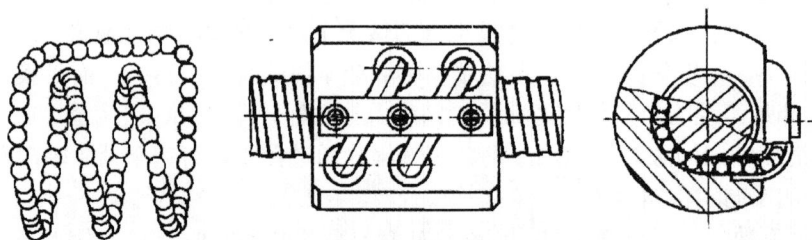

图 5-2　外循环滚珠丝杠螺母副

内、外循环的差别在于螺母，丝杠是相同的。滚珠每一个循环称为一列。每一列内每个导程称为一圈。内循环每列只有一圈，外循环则每列有 1.5 圈、2.5 圈、3.5 圈等几种，剩下的半圈用作回珠。通常，内循环每个螺母有 3 列、4 列、5 列等几种。外循环则种类较多，如有 1 列 2.5 圈、1 列 3.5 圈、2 列 1.5 圈、2 列 2.5 圈等。

三、滚珠丝杠螺母副轴向间隙的调整和预加载荷

在一般情况下，滚珠与丝杠和螺母的滚道之间存在一定间隙。当滚珠丝杠开始运转时，总要先运转一个微小角度，以使滚珠与丝杠和螺母的圆弧形滚道的两侧发生接触，然后才真正开始推动螺母作轴向移动，进入真正的工作状态。当滚珠丝杠反向运转时，也会先空运转一个微小角度。滚珠丝杠螺母副的这种轴向间隙会引起轴向定位误差，严重时还会导致系统控制的"失步"。在载荷作用下滚珠与丝杠和螺母两滚道侧面的接触点处还会发生

微小接触变形，因此，当丝杠转向发生改变时，滚珠同丝杠和螺母两滚道面一侧弹性接触变形的恢复和另一侧接触变形的形成，还会进一步增加滚珠的轴向位移量，导致丝杠空运转量的进一步增加。根据接触变形理论，滚珠同滚道面的接触变形会随载荷的增加而急剧下降，因此，为了提高滚珠丝杠螺母副的定位精度和刚度，应对其进行预紧，即施加一定的预加载荷，使滚珠同两滚道侧面始终保持接触(即消除间隙状态)并产生一定的接触变形(即预紧状态)。

滚珠丝杠螺母副通常采用双螺母结构，调整两个螺母之间的轴向位置，使两螺母的滚珠在承受工作载荷前分别与丝杠两个不同的侧面接触，以消除间隙并产生一定的预紧力。滚珠丝杠螺母副消除轴向间隙和预紧的方法有很多，采用较多的有双螺母垫片式、双螺母螺纹式和双螺母齿差式。

(1) 双螺母垫片式。如图 5-3 所示，通常用螺钉连接滚珠丝杠两个螺母的凸缘，并在凸缘间加垫片。修磨垫片的厚度使螺母产生轴向位移。这种方式结构简单、刚度高、可靠性好、装卸方便，但精确调整较困难，当滚道和滚珠有磨损时不能随时进行调整。

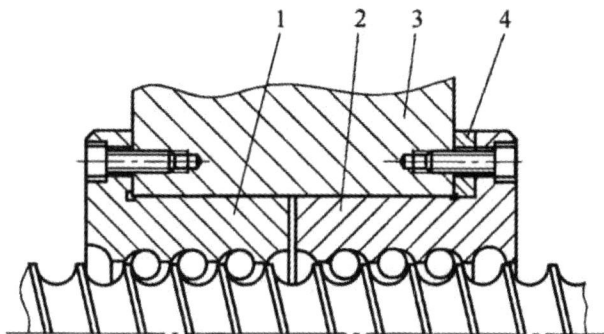

1、2—单螺母；3—螺母丝；4—调整垫片。

图 5-3 双螺母垫片式

(2) 双螺母螺纹式。如图 5-4 所示，双螺母用平键与螺母座相连，螺母 1 的外端有凸缘，螺母 2 的外端有螺纹，它伸出套筒外，并用双圆螺母固定。旋转螺母即可产生轴向位移，调整好后再用另一个螺母把它锁紧。这种方式结构紧凑、调整方便，可随时进行调整，但调整间隙不是很精确。

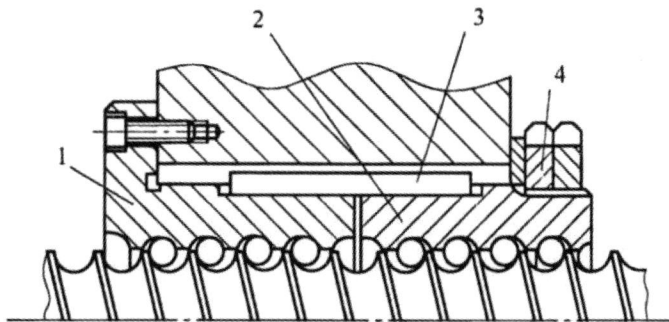

1、2—单螺母；3—平键；4—调整螺母。

图 5-4 双螺母螺纹式

(3) 双螺母齿差式。如图 5-5 所示，左右螺母的凸缘都加工成外齿轮，齿数相差一个齿，工作中这两个外齿轮分别与固定在螺母座上的两个内齿圈相啮合。调整时，将两个内齿圈卸下，同向转动外齿轮相同齿数，则两螺母产生轴向相对位移。每转过一个齿，调整的轴向位移量为 $e = P_h/(z_1 z_2)$。齿差式调整间隙的方式精确，但结构尺寸大，调整装配比较复杂，适用于高精度的传动机构。

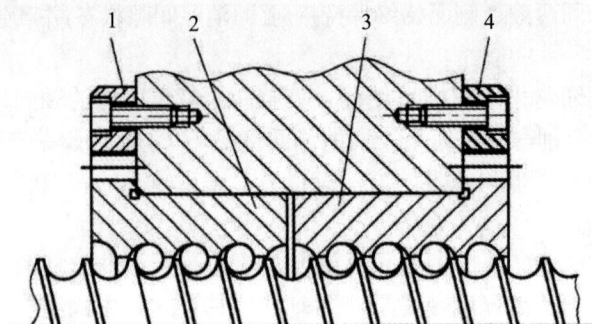

1、4—内齿圈；2、3—单螺母。

图 5-5   双螺母齿差式

滚珠丝杠螺母副的预加载荷需合理确定，若预加载荷过大，会加剧磨损；若太小，会使处于非工作状态的螺母仍然出现轴向间隙，影响定位精度。理论计算证明，预加载荷应是工作载荷的三分之一(准确值为 2.83)。通常滚珠丝杠出厂时，已由制造厂进行了预先调整，通常取预加载荷为额定动载荷的 1/10～1/9。

四、滚珠丝杠补偿热变形的预拉伸

滚珠丝杠在工作时难免要发热，使其温度高于床身温度，此时丝杠的热膨胀会使其导程加大，影响定位精度。对于高精密丝杠，为了补偿热膨胀的影响，可将丝杠预拉伸，并使其预拉伸量略大于丝杠的热膨胀量，丝杠热膨胀的大小可由下式计算：

$$\Delta l = \alpha l \Delta t$$

式中，Δl 为丝杠热膨胀量，单位为 mm；α 为丝杠的线膨胀系数，单位为 mm/℃；l 为丝杠螺纹部分的长度，单位为 mm；Δt 为丝杠比床身高出的温度，单位为 ℃。

当丝杠温度升高发生热膨胀时，由于丝杠有预拉伸，热膨胀的结构只会减少丝杠内部的拉应力，但长度不会变化。为了保证定位精度，要进行预拉伸的丝杠在常温下的导程应该是其公称导程 S 减去预拉伸引起的导程变化量 ΔS，其中

$$\Delta S = \Delta l \cdot \frac{S}{l}$$

【例】 某一丝杠，导程为 10 mm，直径 $d = 40$ mm，全长上共有 110 圈螺纹，跨距(两端轴承间的距离)$L = 1300$ mm，工作时丝杠温度预计比床身高 $\Delta t = 2$℃，求预拉伸量。

解 螺纹段长度为

$$L_1 = 10 \times 110 \text{ mm} = 1100 \text{ mm}$$

螺纹段热伸长量为

$$\Delta L_1 = \alpha_1 L_1 \Delta t = 11 \times 10^{-6} \times 1100 \times 2 \text{ mm} = 0.0242 \text{ mm}$$

预伸长量应略大于 ΔL_1, 取螺纹段预拉伸量 $\Delta L = 0.04\,\mathrm{mm}$。当温升 2℃后, 还有 $\Delta L - \Delta L_1 = 0.0158\,\mathrm{mm}$ 的剩余拉伸量, 预拉伸力有所下降, 但还未完全消失, 补偿了热膨胀引起的热变形。在向丝杠厂订货时, 应说明丝杠预拉伸的有关技术参数, 以便特制丝杠的螺距比设计值小一些, 在装配预拉伸后达到设计精度。

装配时, 丝杠的预拉伸量通常用测量丝杠伸长量来控制, 丝杠全长上的预拉伸量为

$$\frac{\Delta L \times L}{L_1} = \frac{0.04 \times 1300}{1100}\,\mathrm{mm} = 0.0473\,\mathrm{mm}$$

课点46 控制系统功能及分类

一、概述

在机床设计中, 控制系统的设计是其重要的组成部分。机床为了完成复杂的加工任务, 需要保证各种运动协调有序地进行, 因此必须设计一套完善可靠的控制系统, 它的性能直接影响着机床的性能和加工精度。

1. 机床控制系统的功能

由于机床的种类和功能不同, 其控制系统所具有的功能也不同。对于自动化程度不高的机床, 很多控制作业是由操作人员手动完成的, 而对于自动化程度较高的机床, 大部分甚至全部控制是由机床的控制系统来完成的。随着生产力的不断发展和机床自动化程度的不断提高, 机床的控制系统也日趋完善, 并对机床工作性能的提高发挥着越来越重要的作用。

机床控制系统的功能归纳起来主要有以下几个方面: 在自动化机床上能够自动进行工件的装卸; 自动进行工件的定位、夹紧和松开; 控制切削液、排屑等辅助装置的工作; 实现刀具的自动安装、调整、夹紧和更换; 控制主运动和各进给运动的速度和方向; 实现刀架或工作台的路径控制; 对被加工零件的尺寸进行在线或离线测量, 进行误差自动补偿, 从而保证加工精度等。

2. 机床控制系统应满足的要求

(1) 迅速、准确、可靠。采用自动控制可以提高操作的准确性, 加速辅助操作的速度, 从而节省辅助时间。

(2) 缩短加工时间。采用自动控制系统有可能对一个工件实现多刀、多面加工, 对多个工件实现并行加工, 可以大大缩短单件的加工时间。

(3) 提高劳动生产率。采用自动控制系统后, 一个工人可以同时照看几台机床, 可明显地提高劳动生产率, 并提高了机床的使用率。

(4) 改善加工质量。由自动机床生产出来的零件质量一般比较稳定, 公差带较小, 废品率较低。如果采用主动测量和加工误差反馈控制技术, 加工质量改善的效果更加明显。

3. 机床控制系统的分类

1) 按自动化程度分类

机床控制系统可分为手动、机动、半自动和自动控制系统。

(1) 手动控制系统。该系统由人来操纵手柄、手轮等，通过机械传动来实现控制。其优点是结构简单、成本低；缺点是操作费时费力，控制速度和精确度不高。仅用于一般的机床控制。

(2) 机动控制系统。该系统由人来发出指令，靠电气、液压或气压传动来实现控制。其优点是操作方便、省时和省力，但是成本较高。用于操作较费力的场合。

(3) 半自动控制系统。该系统除了工件的装卸由人工完成外，机床的其余操作都实现了自动化。用于被加工工件的形状比较复杂，或尺寸和质量较大，实现自动装卸比较困难的场合。

(4) 自动控制系统。该系统中包括工件的装卸在内的全部操作都实现了自动化。工人的任务是不断地往料仓或料斗里装载毛坯，工人可以同时监视几台机床的工作。一般自动控制系统由三部分组成：

① 发令器官。其用于发出自动控制指令，发令器官包括分配轴上的凸轮和挡块、挡铁、行程开关、插销板、仿形机床的靠模、自动测量仪、压力继电器、速度继电器、穿孔带、磁带和磁盘及各类传感器等。

② 执行器官。其用于最终实现控制操作的环节，执行器官包括滑块、拨叉、电磁铁、伺服电动机或液压马达、机械手等。

③ 转换器官。其用于将发令器官发出的指令传送到执行器官，并在传送过程中将指令信号的能量放大，或将电指令转换为液压或气压指令，或反之。

2) 按控制系统是否有反馈进行分类

机床控制系统可分为开环、半闭环和闭环控制系统。

3) 按控制方式和内容进行分类

机床控制系统可分为时间控制、程序控制、数字控制、误差补偿控制和自适应控制。

二、机床传动链的传动精度

1. 传动精度概述

机床传动链通常是由齿轮、蜗杆蜗轮、丝杠螺母等传动件组成的。这些传动件都不可避免地存在着制造和装配误差，在传递运动过程中，这些误差就会直接反映到传动链的末端件上，导致执行件产生运动误差，从而影响机床的加工精度。

机床的传动精度就是指机床传动链始末端执行件之间运动的协调性和均匀性。例如，车削螺纹时，机床传动链应该保证当主轴转一周时，刀架移动一个螺纹导程，这就是主轴和刀架运动的协调性。这种定比关系应该贯穿加工过程中的始终，这就是运动的均匀性。如果协调性和均匀性差，则机床的传动精度低。

机床的传动精度是评价机床，尤其是具有内联系传动链的机床质量的重要指标之一。研究传动精度的目的，就是在于分析传动链中误差产生的原因及其传递规律，以便找出提高传动精度的途径，减少这些误差对加工精度的影响，确保机床的加工精度。

2. 误差的来源

机床的内联系传动链中各传动件存在一定的误差，包括传动件的制造和装配误差、因受力和温度变化而产生的误差等，要完全消除这些误差是不经济的，也是不可能的。但可以根据误差的来源和传递规律，有效地、经济地控制其对加工精度的影响。在机床传动链中，传动误差主要来自齿轮、蜗杆蜗轮及丝杠螺母等传动件的制造和装配误差。在传动件的制造误差中，传动件的端面跳动和径向跳动，齿轮和蜗轮的齿形误差、周节误差和周节累积误差，丝杠、螺母和蜗杆的半角误差、导程误差和导程累积误差等，是传动误差的主要来源。

3. 误差的传递规律

在传动链中，各传动件的误差不仅在一对传动副中互相传递，而且在整个传动链中按传动比依次传递，最后反映到末端件上，使工件或刀具产生传动误差。其传动规律可用下式表示：

$$\begin{cases} \Delta\varphi_n = \Delta\varphi_k i_k \\ \Delta l_n = r_n \Delta\varphi_n = r_n \Delta\varphi_k i_k \end{cases}$$

式中，$\Delta\varphi_k$ 为传动件 k 的角度误差；i_k 为传动件 k 到末端件 n 之间的传动比；$\Delta\varphi_n$、Δl_n 分别为由 $\Delta\varphi_k$ 引起的末端件 n 的角度误差和线值误差；r_n 为在末端件 n 上与加工精度有关的半径。

由于传动链是由若干传动件组成的，所以每一个传动件的误差都将传递到末端件上。转角误差都是向量，总转角误差应为各误差的向量和，在向量方向未知的情况下，可用均方根误差来表示末端件的总误差 $\Delta\varphi_\Sigma$、Δl_Σ：

$$\begin{cases} \Delta\varphi_\Sigma = \sqrt{(\Delta\varphi_1 i_1)^2 + (\Delta\varphi_2 i_2)^2 + \cdots + (\Delta\varphi_n i_n)^2} = \sqrt{\sum_{k=1}^{n}(\Delta\varphi_k i_k)^2} \\ \Delta l_\Sigma = r_n \Delta\varphi_\Sigma \end{cases}$$

由上式可见，如果传动比大于 1，则转角误差将被扩大；如果传动比小于 1，则转角误差将在传动中被缩小。

在传动链中，后面传动副的传动比，将对前面各传动件的误差传递起作用。把越靠近末端件的传动副的传动比安排得越小，减小其前面各传动件误差影响的效果越显著，这样，就可以有效地减小传递到末端件的总误差。由此可见，应用传动比递降原则，甚至在结构可能的情况下，把全部降速比集中在最后一个或几个传动副，这对于提高传动精度是非常有效的。

4. 提高传动精度的途径

综上所述，减少传动误差、提高传动精度的途径主要有以下几个方面。

(1) 缩短传动链。设计传动链时应尽量减少串联传动件的数目，以减少误差的来源。

(2) 合理选择传动件。在内联系传动链中，不可采用传动比不准确的传动副，如摩擦传动等。另外，斜齿圆柱齿轮的轴向窜动会使从动齿轮产生附加角度误差；梯形螺纹的径向跳动会使螺母产生附加的线值误差；正变位齿轮的大压力角对齿圈径向跳动敏感；圆锥齿轮、多头蜗杆和多头丝杠的制造精度较低。因此，在对传动精度要求高的传动链中，应尽量不用或少用这些传动件。

如果为了传动平稳必须采用斜齿圆柱齿轮，则应把螺旋角取得小一些；如果采用梯形螺纹的丝杠，则应把螺纹半角取得小一些；为了减少由蜗轮的齿圈径向跳动引起的节圆上的线值误差，在齿轮精加工机床上，常采用较小压力角的分度蜗轮副。分度蜗轮的直径应尽可能做得大一些，这样，相对于蜗轮来说工件直径较小，所以从蜗轮反映到工件上的线值误差也就缩小了。

(3) 合理分配传动副的传动比及其精度。传动链中的传动比分配，应采用先缓后急的递降原则。因为根据误差的传递规律，如果降速比大，则传动件误差反映到末端件上的误差就小些，因此，可以有效地提高传动精度。在内联系传动链中，运动通常由某一中间传动件传入，因此，传动比应从中间传动件向两头的末端件递降。根据误差传递规律和传动比安排原则，对传动链中前面转速较高的传动件，可适当降低其精度要求；而在越靠近末端件的地方，对传动件的制造和装配精度要求越高。特别是末端传动件，如螺纹加工机床的丝杠螺母和齿轮加工机床的分度蜗轮，其误差将直接反映到工件上，因此，它们的制造和装配精度都应严格要求。必要时可以采用误差校正装置，这样可以缩小前面传动件的传动误差，且使得末端组件不产生或少产生传动误差。校正装置中的校正元件，是根据特定机床传动误差的实际分布情况设计的，因此不能与其他机床互换使用。要掌握特定机床误差的实际分布情况，必须对该机床的传动精度进行现场测量。

(4) 提高传动件的制造和装配精度。这是减少误差来源、提高传动精度的一个重要方面，实际上就是通过减少 $\Delta\varphi_k$ 来减少 $\Delta\varphi_\Sigma$ 或 Δl_Σ。

传动链应有较高的刚度。可以通过提高刚度，来减少传动链受载后的变形。主轴及较大传动件应作动平衡，或采用阻尼减振结构，以提高抗振能力。

课点 47 　机床的数字控制系统

数字控制系统简称数控系统，是数控机床采用的一种控制系统，它自动阅读输入载体上事先给定的数字，并将其译码，使机床运动部件运动，由刀具加工出零件。从 1952 年美国麻省理工学院研制出第一台试验性数控系统到现在已走过了七十多年，数控系统由当初的电子管式起步，经历了分离式晶体管式、小规模集成电路式、大规模集成电路式、小型计算机式、超大规模集成电路式和微型工业计算机式数控系统等六代的演变。

到 20 世纪 80 年代，数控系统的总体发展趋势是：数控装置由 NC(数控)向 CNC(计算机数控)发展；广泛采用 32 位 CPU 组成多微处理器系统；系统的集成度提高，体积缩小，采用模块化结构，便于裁剪、扩展和功能升级，满足不同类型数控机床的需要；驱动装置向交流、数字化方向发展；CNC 装置向人工智能化方向发展；采用新型的自动编程系统；增强通信功能；数控系统的可靠性不断提高。

在 21 世纪，随着人工智能、大数据、云计算等技术的快速发展，数控系统正朝着智能化的方向迈进，具备更高的自适应能力，能够根据不同零件的特点和加工需求，自动调整工艺参数，提高生产效率和产品质量。同时，数控系统的联网通信功能越来越重要，实现了双向、高速的联网通信，实现网络资源共享。此外，数控系统的加工精度和效率继续提升，满足制造业对高精度、高效率加工的需求，通过采用先进的传感器、控制系统和执行机构等技术手段，实现了对加工过程的精确控制，提高了加工精度和稳定性。

一、机床数字控制系统的基本原理

机床数控系统需要控制的内容包括：刀架或/和工作台的运动轨迹以及工作指令。前者根据刀架或工作台运动轨迹上的一系列点的坐标值，经过插补运算进行控制；后者包括主轴变速、刀具更换、切削液开闭等。机床数控系统的基本原理如图5-6所示，数控系统需要控制铣刀沿图左上方用双点划线表示的封闭轨迹移动，并在移动到不同线段时采用不同的切削用量。首先进行数控编程，将运动轨迹分解成三段直线$\overline{12}$、$\overline{34}$、$\overline{56}$和三段圆弧$\overset{\frown}{23}$、$\overset{\frown}{45}$、$\overset{\frown}{61}$。将各线段的类型、起始和终点坐标值按轨迹走向顺序，用专用的编程语言写成轨迹控制程序。此外，将使用的刀具号、切削速度和进给速度等工作指令插写到轨迹控制程序的相应位置。数控程序可以制成穿孔纸带或磁带，也可以通过网络从中央计算机传输到机床数控系统的程序存储器内。

数控系统逐行读出数控程序上的指令，如果是工作指令，则通过指令输出装置输出控制信号，实现相应的控制操作，如变速或更换刀具等。如果是轨迹指令，则通过插补运算分别向X和Y等坐标的进给伺服系统发出一连串的步进信号。进给伺服系统每接到一个步进信号，就驱动运动部件往规定方向移动一个步距。一般来说，步距长度为$0.01\sim0.001\,\text{mm}$。刀具与工件之间的相对运动就是各个坐标方向运动的合成。

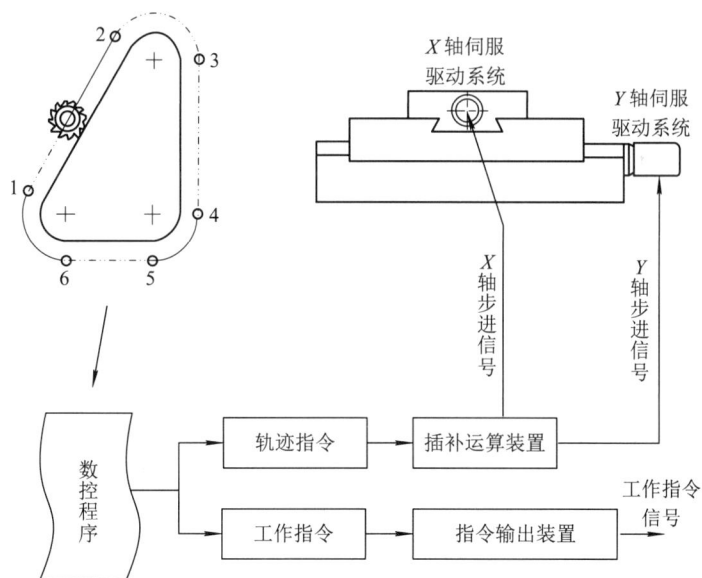

图5-6 机床数控系统的基本原理

设直线运动轨迹如图5-7所示，起始点和终点坐标分别为S和E。从起始点S开始，系统向默认的坐标方向，如X方向发出一个步进信号，运动部件沿X方向移动一个步距到达点1。数控系统判别出点1的位置处于沿运动方向直线的右方。为使下一个步进信号使运动部件往靠近直线的方向运动，应向Y方向发出，运动部件沿Y方向移动一个步距到达点2。数控系统判别出点2的位置仍处于直线的右方，下一个步进信号还是应继续向Y方向发出，运动部件又沿Y方向移动一个步距到达点3。数控系统判别出点3的位置已移到直线的左方。为使运动部件往靠近直线的方向运动，下一个步进信号应向X方向发出，运

动部件沿 X 方向移动一个步距到达点 4。如此每走一步，判断一下所在位置处于直线的哪一边，发出下一个往靠近理论轨迹方向移动的步进信号，保证运动部件实际的运动轨迹与理论轨迹之间的误差不超过一个步距的大小。由于数控系统的步距长度很小，两端点之间的坐标距离 L_x 和 L_y 必是它的整倍数，因此从起始点 S 出发，必会准确地走到终点 E。

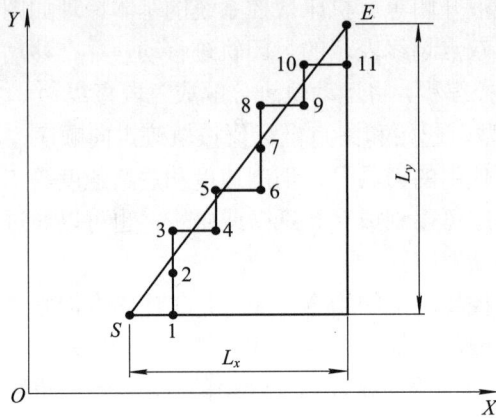

图 5-7   直线运动轨迹插值原理

二、数控机床运动部件的伺服驱动系统

数控机床伺服驱动系统接收数控装置插值运算生成的步进信号，经过功率放大，驱动机床的运动部件向规定方向移动。伺服驱动系统用于控制主轴的转角(数控车床)、进给部件的移动距离，还用于位置控制(数控坐标镗床)或轨迹控制(数控铣床)。

按是否有位置测量反馈装置和位置测量反馈装置安装的不同位置，伺服驱动系统分为开环、闭环和半闭环三类。

位置测量反馈装置是指通过一些传感器，如脉冲编码器、旋转变压器、感应同步器、光栅尺、磁栅尺和激光测量仪等，将执行部件或工作台等的速度和位移检测出来，并将这些非电参量转化为电参量，再经过相应的电路将所测得的电信号反馈回数控装置，构成半闭环或闭环系统，补偿执行机构的运动误差，以达到提高运动精度的目的。下面对三类伺服驱动系统分别进行介绍。

1. 开环伺服驱动系统

开环伺服驱动系统发出指令后，不检查执行部件是否完成相应的操作，继续发出下一个指令。其工作原理如图 5-8 所示，数控系统发出的一个步进信号，通过环形分配器和步进电动机驱动电路，控制步进电动机向设定方向转动一定的角度，这个角度称为步距角，是步进电动机的一个重要技术参数。减速器带动丝杠转动，从而使工作台移动一个步距长度，步距长度用符号 Q 表示：

$$Q = \frac{\alpha}{360°}Lu$$

式中：Q 为步距长度(mm)，一般精确到 0.01 mm；α 为步进电动机的步距角(°)；L 为滚珠丝杠的导程(mm)；u 为步进电动机至传动丝杠之间的传动比。

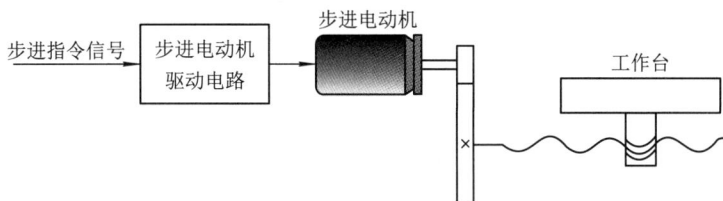

图 5-8　开环伺服驱动系统的原理

工作台的移动距离取决于数控装置发出的步进信号数。位移的精度取决于三方面的因素：步进电动机至工作台间传动系统的传动精度、步距长度和步进电动机的工作精度。步进电动机的工作精度与步进电动机的转动精度和可能产生的丢步现象有关。这类系统的定位精度较低，一般为 $\pm 0.01 \sim \pm 0.02\,\mathrm{mm}$；但系统简单，调试方便，成本低，适用于对精度要求不高的数控机床。

2. 闭环伺服驱动系统

闭环伺服驱动系统中，位置检测传感器直接安装在机床的最终执行部件上，如图 5-9 所示，直接测量出执行部件的实际位移，与输入的指令位移进行比较，比较后的差值反馈给伺服驱动系统，对执行部件的移(转)动进行补偿，使机床向减小差值的方向运行，最终使差值等于零或接近于零。为提高系统的稳定性，闭环伺服驱动系统除了检测执行部件的位移量外，还需检测其速度。检测反馈装置有两类：用旋转变压器作为位置反馈，测速发电机作为速度反馈；用脉冲编码器兼作位置和速度反馈。后者用得较多。

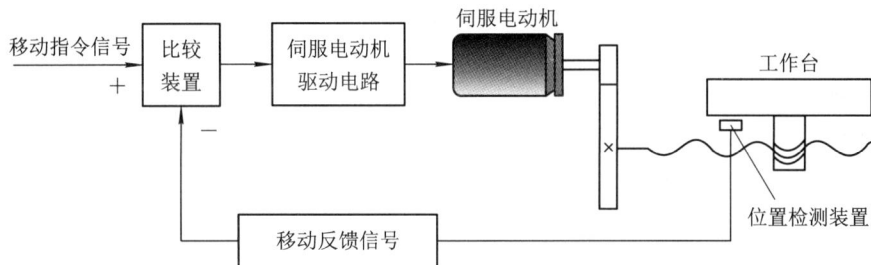

图 5-9　闭环伺服驱动系统的原理

从理论上讲，闭环伺服驱动系统的运动精度主要取决于检测装置的精度，机床采用闭环伺服驱动可以消除整个系统的传动误差和失动。但是闭环伺服驱动系统对机床结构的刚性、传动部件的回程间隙以及工作台低速运动的稳定性提出了严格的要求，因为这些条件影响着机床伺服驱动系统的稳定性。

闭环伺服驱动系统所用的电动机有直流伺服电动机或交流伺服电动机。闭环伺服驱动系统的特点是运行精度高，但调试维修都较困难，成本也较高，适用于精密型数控机床。

3. 半闭环伺服驱动系统

半闭环伺服驱动系统的原理如图 5-10 所示，其位置反馈装置采用角位移传感器，如圆光栅、光电编码器、旋转式感应同步器等，安装在电动机的转子轴或丝杠上。该系统不直接测量工作台的位移，而是通过检测电动机或丝杠的转角，间接测量工作台的位移。由于工作台位移和丝杠传动机构等没有包含在反馈回路中，故称为半闭环伺服驱动系统。如果伺服电动机采用宽调速直流力矩电动机，则不需要通过齿轮传动机构，可以直接与丝杠联接。若将角位移传感器与伺服电动机制成一个部件，可使系统结构简单，价格低，安装调试都很方便，因此得到了较多应用。由于机械传动环节和惯性较大的工作台没有包括在系统反馈回路内，半闭环伺服驱动系统可以获得比较稳定的控制特性，但丝杠等机械传动部件的传动误差不能通过反馈得以校正。

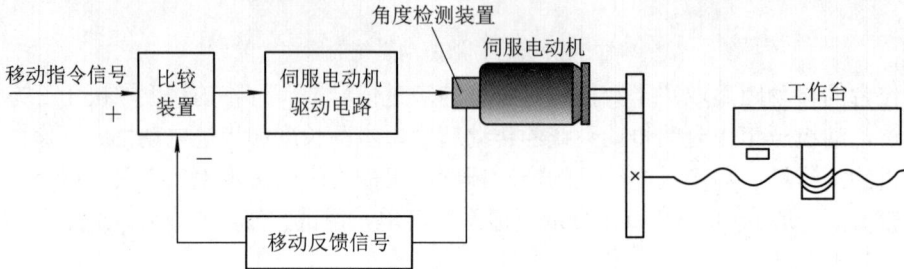

图 5-10   半闭环伺服驱动系统的原理

三、计算机数控(CNC)机床

早期的数控系统是用固定接线的电子线路来完成机床控制所需要的各种逻辑和运算的，一般是针对某种机床的控制要求进行专门设计，一旦制成，较难更改，故称为硬连接数控。硬连接数控的专用性强，体积大，成本高，可靠性也差。从 1970 年开始，通用小型计算机业已出现并成批生产，其运算速度有了大幅度的提高，而且它成本低、可靠性高。将它作为数控系统的核心部件，主要的控制功能由软件来实现，从此进入了 CNC 阶段。到 1974 年，微处理器被应用于数控系统。由于微处理器是通用计算机的核心部件，故仍将数控系统称为仿计算机数控。到了 1990 年，微型计算机(Per-sonal Computer，PC)的性能已发展到很高的阶段，可满足其作为数控系统核心部件的要求，而且 PC 生产批量很大，价格便宜，可靠性高。数控系统从此进入了基于 PC 的阶段。CNC 的出现从根本上解决了传统数控机床可靠性低、价格极为昂贵、应用很不方便等极为关键的问题。因此即使在工业发达国家，也是在 20 世纪 70 年代末 80 年代初，CNC 出现以后，数控机床才大规模得到应用和普及。

进入 21 世纪，CNC 机床的发展呈现出智能化、高精度化、高速化和绿色化的趋势。智能化技术的应用使得 CNC 机床能够实现自适应加工、智能诊断与维护等功能，显著提高了生产效率，并降低了人力成本。同时，高精度化和高速化的发展使得 CNC 机床能够满足更精细、更严格的加工要求，提高了产品质量和生产效率。

CNC 系统是为了克服硬连接数控的缺点而发展起来的。由于采用了计算机作为核心部件，数控系统通过软件实现控制，属于软连接数控，具有较大的灵活性。一方面可以通过软件的改进不断地提高数控的功能，另一方面也可以方便地通过总线或网络，与其他计算机系统集成为功能更加强大的控制系统。如果与中央计算机连接，零件加工程序可直接由中央计算机传到机床 CNC 系统的程序存储器内。如果中央计算机具有自动编程功能，零件加工程序可由计算机自动进行编制，并在计算机屏幕上进行加工仿真。计算机可以方便地与 PLC 连接，用来控制机床各工作部件的工作顺序和互锁，工作可靠，便于维护。

现代 CNC 系统通常由基于计算机的数控装置和 PLC 组成，其基本原理如图 5-11 所示。

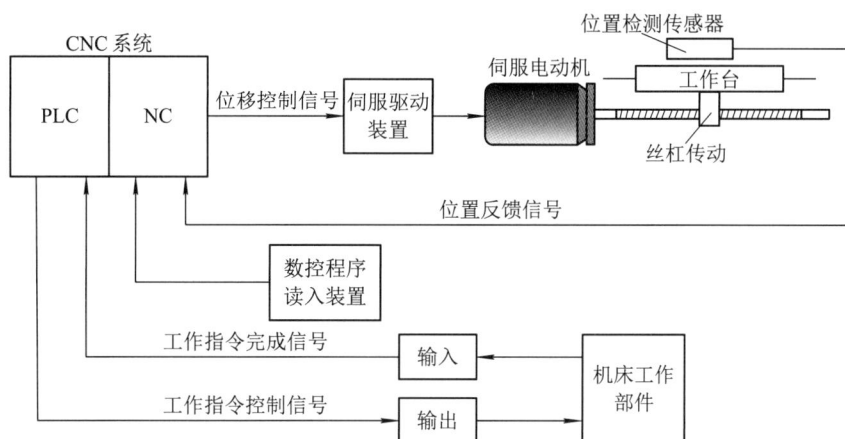

图 5-11 CNC 机床的基本原理

1. 数控装置

数控装置的核心是微处理器(CPU)或一台计算机，用来完成信息处理、数据运算和逻辑运算，控制系统的运行以及管理定时信号与中断信号等。数控程序由读入装置读入，或从中央计算机传入后，存储在系统内的程序存储器内。数控装置从程序存储器中逐条地取出程序的指令。取出的如果是运动指令，则进行插补运算，计算出各坐标的位移控制信号，送至各坐标的伺服驱动装置，驱动工作台和主轴按规定的要求运动。位置检测装置测出运动部件实际的运动数据，反馈到数控装置，与要求的运动指令进行比较，发出误差补偿信号，使运动部件的运动与指令要求的运动之间的误差在允许范围内。取出的如果是工作指令，则送往 PLC 系统。

2. 可编程序控制器(PLC)

在 CNC 系统内，PLC 用于控制机床各工作部件协调地工作，也控制它们之间的互锁和关联等。简单的工作程序如开启或切断切削液，只需 PLC 给电磁阀发出开启或切断切削液的一个指令即可。复杂的工作程序，以加工中心的换刀为例，需要控制刀库、换刀机械手、主轴箱和主轴等多个运动部件严格地按如下次序动作：

(1) 主轴箱和主轴回到其装卸刀位置。

(2) 主轴将刀具松开。

(3) 换刀机械手摆到主轴前端，将主轴上的刀具取出并运送到刀库的装卸刀具的位置，与此同时刀库已将空闲的存刀位移动到其装卸刀具的位置。

(4) 机械手将取出的刀具插进该存刀位。

(5) 刀库将装有待换刀具的刀位移动到其装卸刀具的位置。

(6) 机械手将待换刀具取出运送到主轴前端并将其插入主轴。

(7) 主轴将刀具夹紧。

上述一系列动作可编写成参数化的工作程序，存放在 PLC 内。读入的数控程序内关于换刀的工作指令中，除了换刀指令外，还应包括待换刀具的刀号。在第 5 步中，PLC 根据该刀号控制刀库将装有待换刀具的刀位移到刀库的装卸刀具的位置。

四、误差自动补偿系统

机床加工产生的误差来自多方面，如由于主轴的旋转而产生的误差；刀架和工作台导轨的制造装配中产生的误差或因磨损引起的运动误差；由齿轮和丝杠等传动系统产生的传动误差和反向间隙误差；由于在切削力或自重的作用下，机床主轴、刀架和床身等产生的变形；电动机、油箱和切屑等散发的热量，使机床的温度场发生变化，导致机床的热变形等。

由于不同原因产生的加工误差可采用不同的措施进行补偿。上述导致加工误差的原因中，大部分在一段较长的时间内保持稳定的规律，可以将其规律精确地测量出来，利用机械(硬件)或数字(软件)方式进行补偿。例如，对于精密丝杠车床上主轴至丝杠内传动系统的传动误差，可以根据测出的传动误差制成误差校正样板，采用机械方式对螺距误差进行补偿。对于数控丝杠车床，可以将测出的传动误差和反向间隙编成误差补偿程序。数控系统根据工作台的当前位置，从误差补偿程序中调出传动误差值，对丝杠的转数指令进行修正，使丝杠多转或少转一些，实现传动误差的补偿。如果丝杠换向传动时，数控系统根据从误差补偿程序中调出的反向间隙值，使丝杠往反方向多转一些，实现传动间隙的补偿。

对于因受力或受热而产生的加工误差，应首先找出这些因素导致加工误差的规律。在机床上设置一些传感器，测量力场或温度场的变化，将测得的数据输入计算机，根据找出的规律计算出补偿值，采用相应的措施进行误差补偿。

图 5-12(a)所示为能提高磨削圆度的误差自动补偿系统的基本原理。在磨头主轴 2 的前端装有高精密圆盘 3 和电容测微仪 5。主轴的旋转误差可以用电容测微仪 5 测出的间隙值表示。主轴后端装有脉冲发生器 4，在主轴转一圈过程中，脉冲发生器发出一定数量且时间间隔非常精确的脉冲。每发出一个脉冲，电容测微仪 5 测量一次主轴旋转误差，形成如图 5-12(b)所示的主轴旋转一圈时间内主轴旋转误差的校正模型。按这个校正模型控制砂轮切入进给系统的精密补偿装置，驱动砂轮 1 随主轴的旋转摆动作校正运动，以提高磨削圆度。

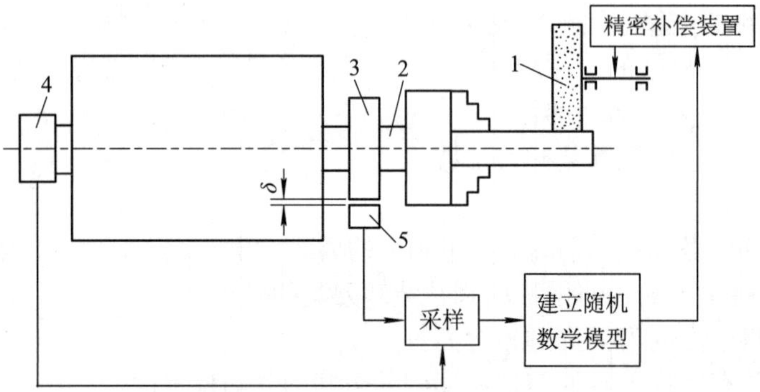

(a)

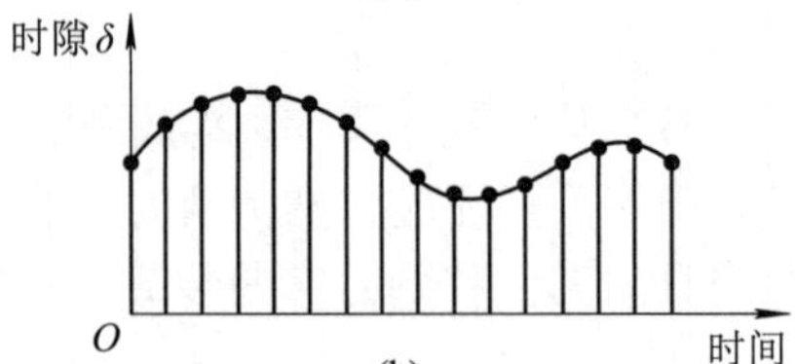

(b)

1—砂轮；2—磨头主轴；3—高精密圆盘；4—脉冲发生器；5—电容测微仪。

图 5-12　误差自动补偿系统的基本原理

五、自适应控制系统

传统的数控机床只能够按照设定的程序对工件进行切削加工。但是在实际制造过程中，常常会出现一些在编制程序时没有或无法考虑到的情况，如毛坯的形状和余量误差、材料硬度的误差、刀具在加工过程中磨损、切削时产生振颤等。由于这些情况是随机发生的，在编制数控程序时无法考虑进去，所以导致制造过程有时不在最佳状态下进行。

以图 5-13 所示的立铣加工为例，说明机床自适应控制系统的基本原理。铣削过程中，传感器将切削转矩、切削力、振颤和刀具磨损等参数测量出来，传送到 CNC 的计算机中，按控制目标函数和约束条件进行优化，得出应如何进行校正的决策，控制伺服电动机改变主轴转速、背吃刀量和进给量等，使铣削始终在最佳状态中进行。目标函数是指希望通过控制达到的最佳切削状态的数学模型，如最大生产率、最低成本或最佳的加工质量等。

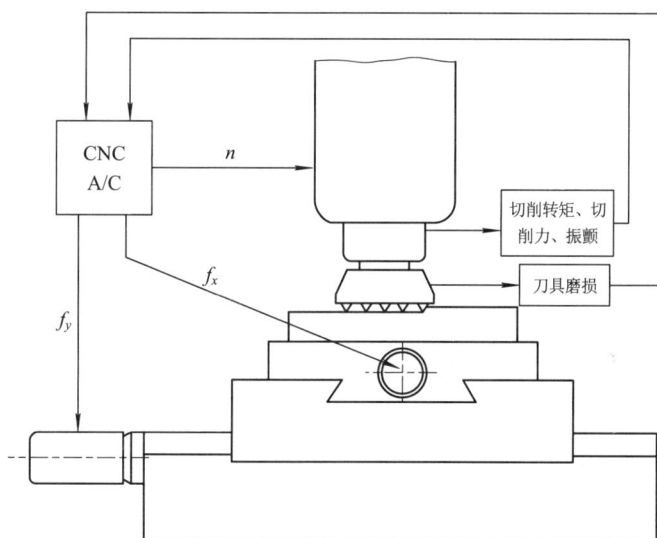

图 5-13　自适应控制系统的基本原理

5.2　传动件结构设计

课点 48　变速箱内各传动轴的空间布置与轴向固定

一、变速箱内各传动轴的空间布置

为了满足机床总体布局对变速箱形状和尺寸的要求，以及考虑各轴受力情况、装配调整和操纵维修的便利性，变速箱内各传动轴的空间布置必须经过精心设计。传动轴空间布置的最重要因素在于变速箱的形状和尺寸限制，这一限制对传动轴的布局产生着深远的影响。变速箱主要采用卧式加工中心进行生产制造，所以，其结构形式也多为卧式车床或立式钻塔等设备的组合型式。铣床的变速箱主要采用立式床身结构，其高度方向和轴向尺寸较大，变速系统可将各传动轴布置在立式床身的铅直对称面上，以实现变速。平台式车床的变速箱则多采用箱式结构，其轴线与工作台垂直或近似平行。当摇臂钻床的变速箱移动到摇臂上时，由于其轴向尺寸要求较短，而横截面尺寸可以较大，因此在布置时，为了缩短轴向尺寸，通常会增加箱体的横截面尺寸，即增加轴的数目。铣刨机用的铣刨工作台的结构类似于卧式机床，其截面与加工工件直径相同。床身上方设有一横截面呈矩形的卧式车床主轴箱，其高度尺寸仅略大于主轴中心高加主轴上大齿轮的半径，而主轴长度则决定了主轴箱的轴向尺寸。为了提高主轴组件的刚度，在主轴较长时，可以设置多个中间墙。

　　图 5-14 是卧式铣床的主变速传动机构，利用立式床身作为变速箱体。床身内部空间较大，所以各传动轴可以排在一个铅直平面内，不必过多考虑空间布置的紧凑性，以方便制造、装配、调整、维修，以及便于布置变速操纵机构。床身较长，为减少传动轴轴承间的跨距，需在中间加一个支承墙。这类机床传动轴的布置方式是先确定出主轴在立式床身中的位置，然后就按传动顺序由上而下地依次确定出各传动轴的位置。

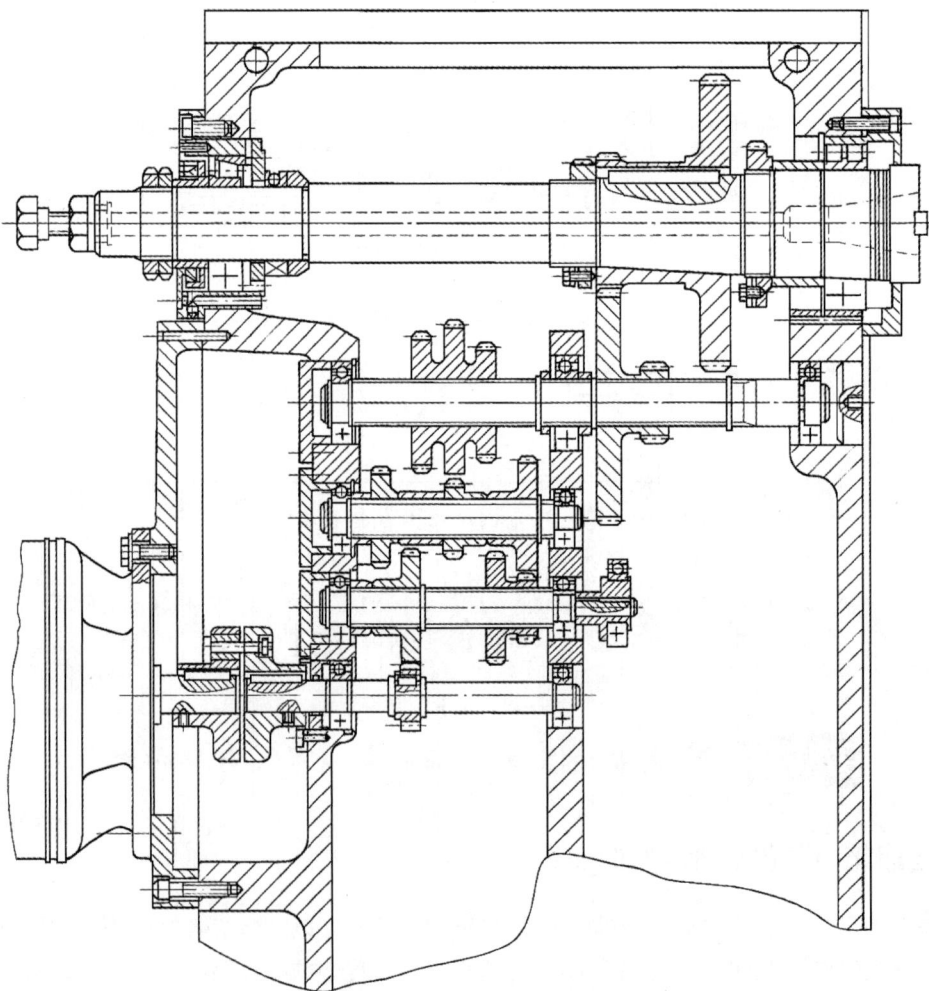

图 5-14　卧式铣床变速箱

二、变速箱内各传动轴的轴向固定

传动轴通过轴承在箱体内轴向固定的方法有一端固定和两端固定两类。采用单列向心球轴承时，可以一端固定，也可以两端固定；采用圆锥滚子轴承时，必须两端固定。一端固定的优点是轴受热后可以向另一端自由伸长，不会产生热应力，适用于长轴。一端固定时，轴固定端的几种形式如图 5-15 所示。图 5-15(a)用衬套和端盖固定，并一起装到箱壁上。它的优点是可在箱壁上通孔，便于加工，但结构复杂，衬套又要加工内外凸肩。图 5-15(b)虽不用衬套，但在箱体上要加工一个有台阶的孔，因而在成批生产中应用较少。图 5-15(c)用弹性挡圈代替台阶，结构简单，工艺性好，图 5-14 中的各传动轴均采用这种形式。图 5-15(d)是两面都用弹性挡圈的结构，构造简单、安装方便，但在孔内挖槽需用专门的工艺装备，所以这种构造适用于生产批量较大的机床。图 5-15(e)的构造是在轴承的外圈上有沟槽，将弹性挡圈卡在箱壁与压盖之间，箱体孔内不用挖槽，构造更加简单，装配更方便，但需轴承厂专门供应这种轴承。一端固定时，另一端的构造见图 5-15(f)，轴承用弹性挡圈固定在轴端，外环在箱体孔内轴向不定位。

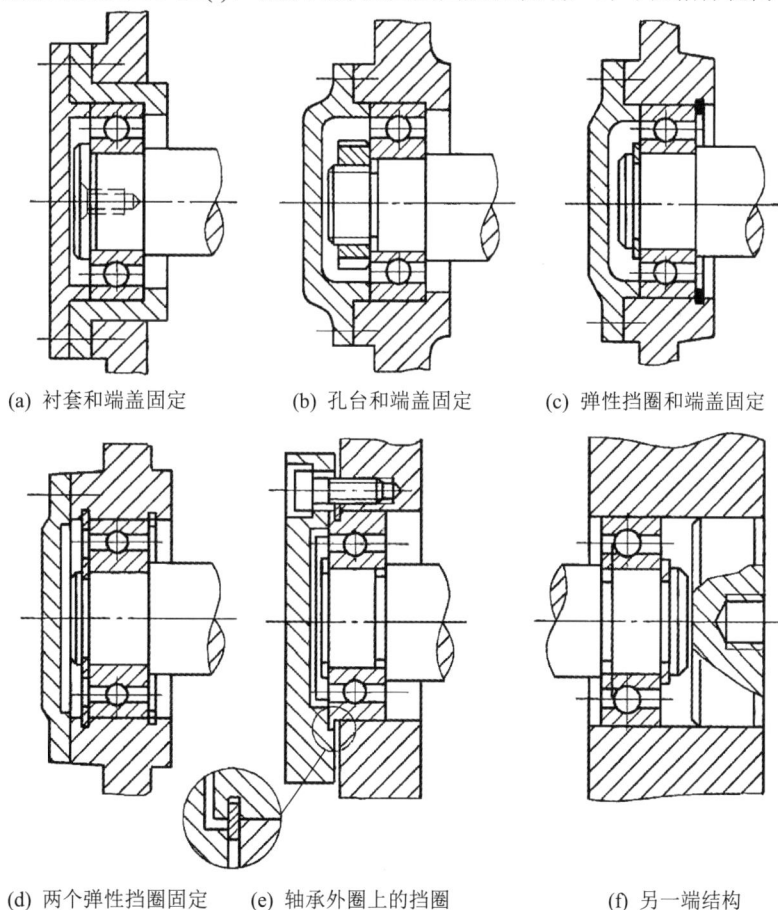

(a) 衬套和端盖固定　　　(b) 孔台和端盖固定　　　(c) 弹性挡圈和端盖固定

(d) 两个弹性挡圈固定　　(e) 轴承外圈上的挡圈　　(f) 另一端结构

图 5-15　传动轴一端固定的几种方式

轴两端固定的例子如图 5-16 所示。图 5-16(a)通过调整螺钉 2、压盖 1 及锁紧螺母 3 来调整圆锥滚子轴承的间隙，调整比较方便。图 5-16(b)和(c)是通过改变调整垫圈 4 的厚度来调整轴承的间隙，结构简单。

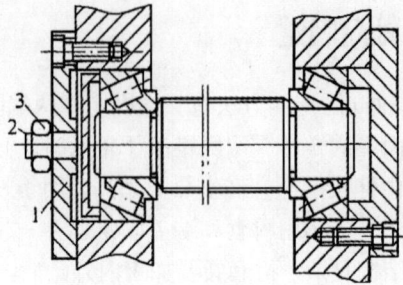

(a) 调整螺钉

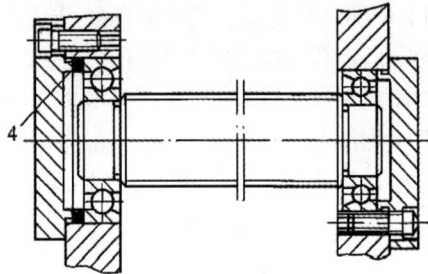

(b) 调整垫圈(1)

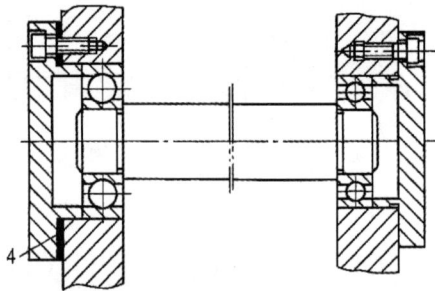

(c) 调整垫圈(2)

1—压盖；2—调整螺钉；3—锁紧螺母；4—调整垫圈。

图 5-16 传动轴两端固定的几种方式

课点 49 齿轮的布置

一、三联滑移齿轮顺利啮合的条件

由图 5-17 可看出，当三联滑移齿轮右移使齿轮 z_1 与 z_4 啮合时，次大齿轮 z_2 越过了固定的小齿轮 z_6，为防止次大齿轮 z_2 与固定的小齿轮 z_6 齿顶相碰，应使次大齿轮 z_2 与齿轮 z_6 齿顶圆半径之和不大于中心距，即

$$\frac{mz_2 + mz_6}{2} + 2m \leqslant \frac{mz_3 + mz_6}{2}$$

由此可得三联滑移齿轮顺利啮合的条件为

$$z_3 - z_2 \geqslant 4$$

即滑移的最大齿轮与次大齿轮的齿数差不小于 4。

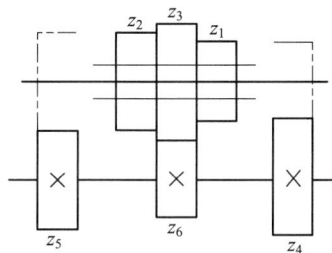

图 5-17　三联滑移齿轮啮合示意图

二、滑移齿轮的轴向布置原则

滑移齿轮的轴向布置应满足以下原则：

(1) 为了避免同一滑移齿轮变速组内的两对齿轮同时啮合，两个固定齿轮的间距应大于滑移齿轮的宽度，一般留有间隙量 Δ 为 $1\sim2\,\text{mm}$。

(2) 为避免滑移齿轮与固定的小齿轮齿顶相碰，三联滑移齿轮的最大齿数和次大齿轮的齿数差应不小于 4，否则应采用变位齿轮，使两齿顶圆直径之差不小于四个模数；或只让滑移的小齿轮越过固定的小齿轮，改变啮合变速条件，使最大齿轮和最小齿轮的齿数差不小于 4；或采用牙嵌式离合器变速，使齿轮不动。

(3) 如果没有特殊情况，应尽量缩短轴向长度。

(4) 变速组中的滑移齿轮一般宜布置在主动轴上，因其转速一般比被动轴的转速高，其上的滑移齿轮的尺寸小，重量轻，操纵省力。

三、一个变速组中齿轮的轴向布置

1. 窄式排列和宽式排列

窄式排列如图 5-18 所示。滑移的齿轮紧靠在一起，大齿轮居中，固定的齿轮分离安装，相隔距离为 $2b+\Delta$(b 为齿轮的齿宽)，相邻变速位置的滑移行程也是 $2b+\Delta$，变速组轴向总长度等于相距最远的两固定齿轮外侧距离。双联齿轮变速组窄式排列的总长度为 $B>4b+\Delta$，三联齿轮变速组窄式排列的总长度为 $B>7b+2\Delta$，其中未计入齿轮插齿或滚齿时刀具的越程槽宽度等工艺尺寸。

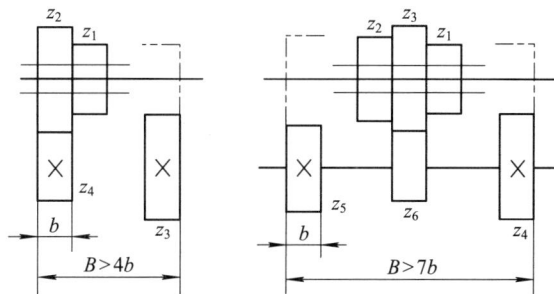

图 5-18　齿轮的窄式排列

宽式排列与窄式排列相反，如图 5-19 所示。固定的齿轮紧靠在一起，大齿轮居中，滑移的齿轮分离安装，两齿轮的内侧距离为 $2b+\Delta$，相邻变速位置的滑移行程仍是 $2b+\Delta$。双联齿轮变速组宽式排列的总长度是 $B>6b+2\Delta$，三联齿轮变速组宽式排列的总长度为 $11b+4\Delta$。

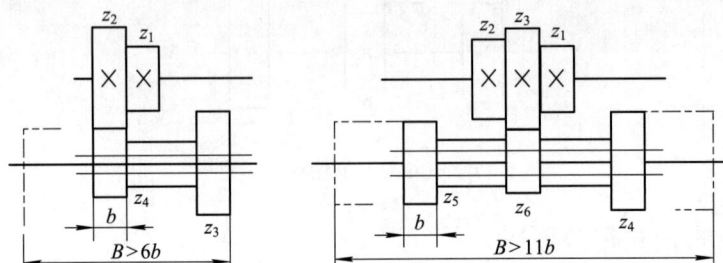

图 5-19　齿轮的宽式排列

2. 亚宽式排列

三联滑移齿轮中的两齿轮紧靠在一起，另一齿轮与之分离，分隔距离为 $2b+\Delta$，这种排列的轴向总长度为 $B>9b+3\Delta$，介于宽式、窄式排列之间，故称为亚宽式排列，如图 5-20 所示。亚宽式排列能实现转速从高到低(或由低到高)的顺序变速(如图 5-20(a)所示)，三联滑移齿轮能使滑移的小齿轮越过固定的小齿轮(如图 5-20(b)所示)，改变顺利啮合的条件，使滑移的大齿轮、小齿轮的齿数差不小于 4，因此，在大齿轮、次大齿轮齿数差小于 4 时可采用亚宽式排列。

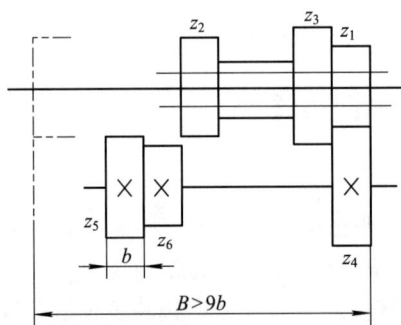

(a) 顺序变速的亚宽式排列

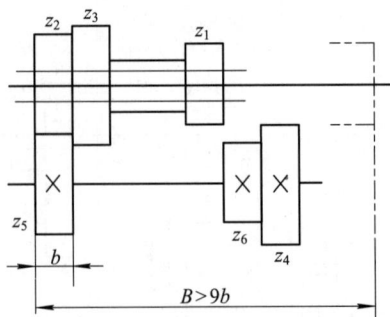

(b) 滑移的小齿轮越过固定的小齿轮

图 5-20　齿轮的亚宽式排列

3. 滑移齿轮的分组排列

除上述滑移齿轮成一体形式的排列方式外，还可以将三联或四联滑移齿轮拆成两组进行排列，以减少其滑移距离，缩小轴向长度，而且对齿数差也没有什么要求。但是，为了防止这两组齿轮同时进入啮合，必须有互锁装置，因此，分组排列操作机构较复杂。

四、相邻两个变速组内齿轮的轴向排列

1. 并行排列

相邻两个变速组的公共传动轴上的从动齿轮和主动齿轮分别安装，主动齿轮安装在一端，从动齿轮安装在另一端。三条传动轴上的齿轮排列呈阶梯形，其轴向总长度为两变速组轴向长度之和，如图 5-21 所示。这种排列结构简单，应用范围广，但轴向长度较长。

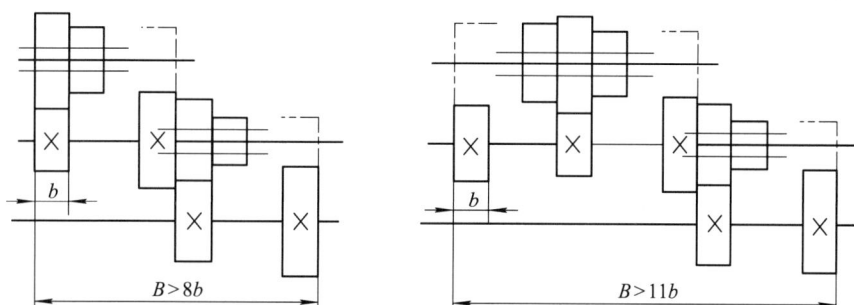

图 5-21　两变速组的并行排列

2. 交错排列

相邻两个变速组的公共传动轴上的主、从动齿轮交替安装，使两变速组的滑移行程部分重叠，从而减短了轴向长度，如图 5-22 所示。为使齿轮顺利滑移啮合，相邻齿轮模数相同时，齿数差应不小于 4，且大齿轮位于外侧。

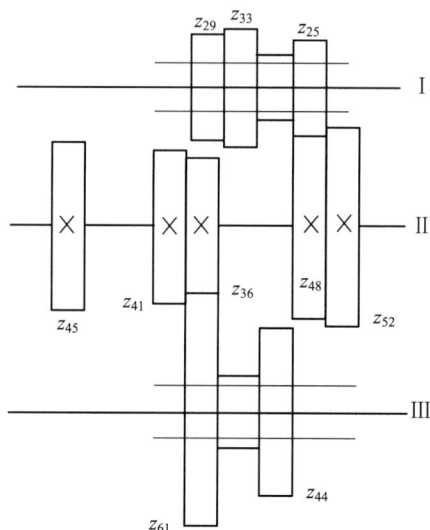

图 5-22　两个变速组的交错排列

　　在图 5-22 中，第一变速组有三对齿轮副，窄式排列时轴向长度为 $B_a > 7b + 2\Delta$；第二变速组有两对齿轮副，窄式排列时轴向长度为 $B_b > 4b + \Delta$。两相邻变速组如果采用并行排列，则轴向总长度为 $B > 11b + 3\Delta$。交错排列时，轴 II 上第二变速组 z_{36} 的主动齿轮比第一变速组 z_{41} 的从动齿轮少 5 个齿，满足齿数差要求；第一变速组中的滑移齿轮 z_{33} 能够越过齿轮 z_{36}，因而将其安装在齿轮 z_{41} 的内侧；主动齿轮 z_{52} 比从动齿轮 z_{48} 多 4 个齿，也满足齿数差要求，安装在从动齿轮 z_{48} 的外侧。第一变速组的齿轮排列中插入了主动齿轮 z_{36}，轴向长度增加一个齿宽，长度变为 $B_a > 8b + 2\Delta$；第二变速组的齿轮排列中插入了从动齿轮 z_{48}，轴向长度也增加一个齿宽，长度为 $B_b > 5b + 2\Delta$；交错排列的轴向长度为轴 II 的轴向长度 $B > 9b + 2\Delta$，比并行排列的轴向长度短。

3. 公用齿轮传动结构

　　相邻两个变速组的公共传动轴上，将某一从动齿轮和主动齿轮合二为一，形成既是第一变速组的从动齿轮，又是第二变速组的主动齿轮的单公用齿轮，如图 5-23 所示。两变速组可减少一个齿轮，轴向长度可减短一个齿轮宽度。公用齿轮的应力循环次数是非公用齿轮的两倍，根据等寿命理论，公用齿轮应为变速组中齿数较多的齿轮。因此，公用齿轮常出现于前一级变速组的最小传动比和后一级变速组的最大传动比中。

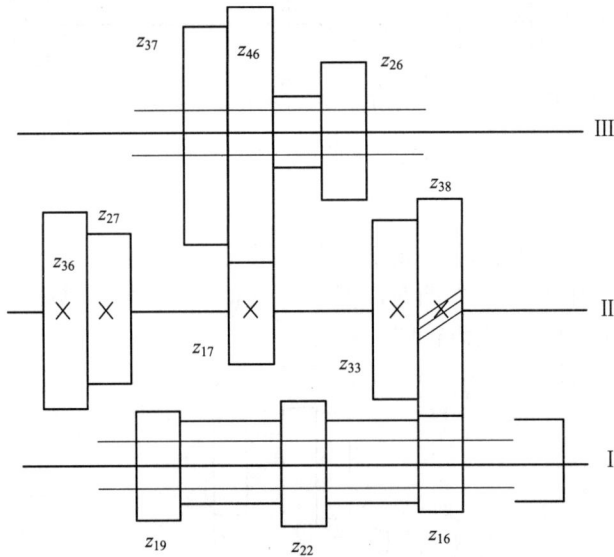

图 5-23　单公用齿轮的交错排列

　　图 5-23 中，第一变速组的主动齿轮，不满足最大、次大齿轮齿数差的要求，采用了亚宽式排列，从动齿轮 z_{36} 和 z_{33} 之间插入了第二变速组的两主动齿轮 z_{27} 和 z_{17}，致使轴 I 上最大、次大滑移齿轮分离 $2b$；由于第二变速组采用窄式排列，故两主动齿轮 z_{27} 和 z_{17} 间隔为 $2b + \Delta$；第一变速组的从动齿轮 z_{38}（图中有剖面线的齿轮）作为公用齿轮；在第二变速组两主动齿轮 z_{17} 和 z_{38} 之间，插入了第一变速组的从动齿轮 z_{33}，由于 $17 < 33 < 38$，齿轮 z_{38} 位于最外侧，齿轮 z_{17} 位于齿轮 z_{33} 内侧，致使第二变速组的最大、最小滑移齿轮分离一个齿宽；两级三联滑移齿轮变速组总的轴向长度为 $B > 11b + 3\Delta$。

　　图 5-24 是采用双公用齿轮的传动结构。轴 II 上齿轮 z_{35} 和 z_{23} 为公用齿轮，是最大、最

小齿数齿轮，最小公用齿轮为易损件。变速组总的轴向长度与第二变速组的轴向长度相等，为 $B > 7b + 2\Delta$。

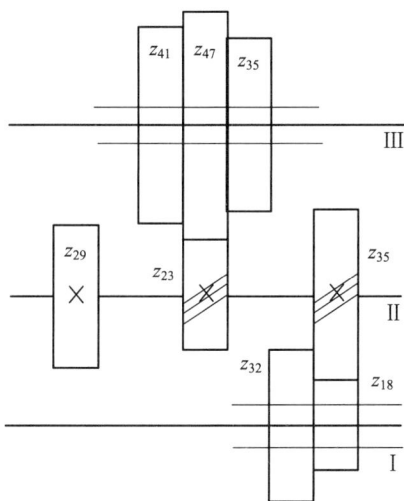

图 5-24 双公用齿轮的交错排列

图中的传动系统为基本组在后，扩大组在前。从级比上可证明这一点，第一变速组的级比为

$$\varphi^{x_a} = \frac{32}{23} \times \frac{35}{18} = 2.71$$

第二变速组的级比为

$$\varphi^{x_b} = \frac{35}{25} \times \frac{41}{29} = 1.41$$

即该传动系统的公比为 1.41，第二变速组为基本组，$P_0 = 3$，第一变速组为第一扩大组。为保证传动精度，具有双公用齿轮的变速系统一般采用变位齿轮。

五、相啮合齿轮的宽度

在一般情况下，一对相啮合的齿轮，宽度应该是相同的。但是，考虑到操纵机构的定位不可能很精确，拨叉也存在着误差和磨损，使用时往往会发生错位，这时只有部分齿宽参与工作，会使齿轮局部磨损，降低寿命。如果轴向尺寸并不要求很紧凑，可以使小齿轮比相啮合的大齿轮宽 1~2mm。这种方式带来的缺点是轴向尺寸有所增加。

六、减小径向尺寸的措施

为了减小变速箱的尺寸，既需缩短轴向尺寸，又要缩短径向尺寸，它们之间往往是互相联系的，应该根据具体情况全局考虑，恰当地解决齿轮布置问题。

有些机床(如卧式镗床和龙门铣床)的变速箱必须沿导轨移动，为了减小变速箱对于导轨的倾覆力矩、提高机床的刚度和运动平稳性，变速箱的重心和主轴应尽可能靠近导轨面，这就力求缩小变速箱的径向尺寸。可通过以下方法缩小径向尺寸。

(1) 缩小轴间距离。在强度允许的条件下，尽量选用较小的齿数和，并使齿轮的降速传动比大于最小传动比 1/4，以避免采用过大的齿轮。这样，既缩小了本变速组的轴间距离，又不致妨碍其他变速组轴间距离的缩小。

(2) 采用轴线相互重合的方法。在相邻变速组的轴间距离相等的情况下，可将其中两根轴布置在同一轴线上，则径向尺寸可大大缩小，而且减少了箱体上孔的排数，箱体孔的加工工艺性也得到改善。

(3) 合理安排变速箱内各轴的位置。在不发生干涉的条件下，尽可能安排得紧凑一些。

习题与思考题

5-1　简述进给传动系统应满足的基本要求。

5-2　进给传动系统与主传动系统相比有哪些不同的特点？

5-3　进给伺服系统的驱动部件有哪几种类型？其特点和应用范围怎样？

5-4　滚珠丝杠螺母副的特点有哪些？其支撑方式有哪几种？

5-5　机床控制系统有几种分类方法？是如何进行分类的？

项目六　典型部件设计

6.1　主轴组件设计

课点 50　主轴组件的基本要求

对主轴组件总的要求是，保证在一定的载荷与转速下，带动工件或刀具精确而稳定地绕其轴心旋转，并长期保持这种性能。为此，主轴组件应满足以下基本要求。

一、旋转精度

主轴组件的旋转精度是指机床处于空载、低速旋转情况下，在主轴前端安装的工件或刀具的基准面上所测得的径向跳动、端面跳动和轴向窜动的大小。主轴旋转精度是主轴组件工作质量最基本的指标，也是机床的一项主要精度指标，它直接影响被加工零件的几何精度和表面粗糙度，如车床卡盘的定心轴颈与锥孔中心线的径向跳动会影响加工的圆度，而轴向窜动则在加工螺纹时会影响螺距的精度。

主轴的旋转精度取决于主轴、轴承、箱体孔等的制造、装配和调整精度。影响主轴旋转精度的主要因素有：滑动轴承或滚动轴承滚道的圆度误差、滚动轴承内外环与滚道的同轴度误差、滚子的形状和尺寸误差、滑动轴承的间隙、滚动轴承的游隙、轴承定位端面与轴心线垂直度误差、轴承端面之间的平行度误差及锁紧螺母端面的跳动等，都会降低主轴的旋转精度。

通用机床主轴组件的旋转精度已有统一的精度检验标准，专用机床主轴组件的旋转精度则应根据工件精度要求确定。

必须指出，提高轴承精度是提高主轴组件旋转精度的前提条件，但只有同时提高主轴、支承座孔以及有关零件精度时，才可能获得较高的旋转精度。

二、静刚度

静刚度，简称刚度，反映了机床或部、组、零件在静载荷作用下抵抗变形的能力。

主轴组件的刚度通常以主轴端部产生单位位移弹性变形时，位移方向上所施加的力来表示。如图 6-1 所示，当外伸端受径向力为 F，受力方向上的弹性位移为 δ 时，主轴的刚

度 K 为

$$K = \frac{F}{\delta}$$

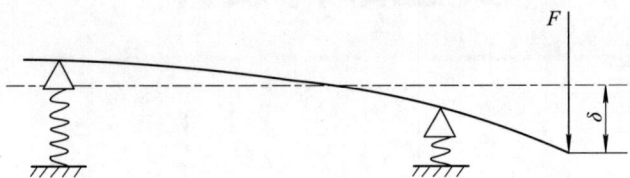

图 6-1　主轴组件的刚度

　　主轴组件的刚度是主轴、轴承和支承座刚度的综合反映，它直接影响主轴组件的工作质量。如主轴前端弹性变形直接影响工件的加工精度；主轴的弯曲变形将恶化传动齿轮的啮合状况，并使轴承产生侧边压力，使这些零件的磨损加剧、寿命缩短；主轴组件的刚度不足，将使主轴在变化的切削力和传动力等作用下产生过大的受迫振动，并容易引起切削自激振动，降低工作的平稳性。

　　影响主轴刚度的因素很多，如主轴的尺寸和形状，滚动轴承的型号、数量、预紧和配置形式，前后支承的距离和主轴前端的悬伸量，传动件的布置方式，主轴组件的制造和装配质量等。目前，对主轴组件尚无统一的刚度标准。

三、抗振性

　　主轴组件的抗振性是指抵抗受迫振动和自激振动的能力。在切削过程中，主轴组件不仅受静态力的作用，同时也受冲击力和交变力的干扰而产生振动。冲击力和交变力是由材料硬度不均匀、加工余量变化、主轴组件不平衡、轴承或齿轮存在缺陷以及切削过程中的颤振等引起的。主轴组件的振动会直接影响工件的表面加工质量和刀具的使用寿命，产生噪声。机床在向高速、高精度方向发展的过程中，对抗振性的要求越来越高。抗振性是机床的重要性能指标，但目前抗振性的指标尚无统一标准，设计时可在统计分析的基础上结合实验进行确定。

　　影响抗振性的因素主要有主轴组件的静刚度、质量分布和阻尼(特别是主轴前轴承的阻尼)。主轴的固有频率应远大于激振力的频率，以使它不易发生共振。

四、温升与热变形

　　主轴组件工作时，各相对运动处的摩擦生热和切削区的切削热等使主轴组件的温度升高，形状和位置发生变化，造成主轴组件的热变形。主轴组件受热伸长，使轴承间隙发生变化；温升使润滑油黏度下降，降低了滑动轴承的承载能力；主轴箱因温升而变形，使主轴偏离正确位置；前后轴承温度不同，还会导致主轴轴线倾斜。这些变化都会影响主轴组件的工作性能，降低加工精度。因此，各种类型的机床对温升都有一定的限制。如高精度机床，连续运转下的允许温升为8～10℃，精密机床的为15～20℃，普通机床的为30～40℃。

　　由于受热膨胀是材料固有的性质，因此，高精密机床(如坐标镗床、高精度镗铣加工中心等)要进一步提高加工精度，因为加工精度往往受热变形的限制。如何减少主轴组件的发热，如何控温，是高精度机床主轴组件研究的重要课题之一。

五、精度保持性

主轴组件的精度保持性是指长期保持其原始制造精度的能力。主轴组件丧失其原始精度的主要原因是磨损，如主轴轴承、主轴轴颈表面、装夹工件或刀具的定位表面的磨损。磨损的速度不仅与磨损的种类有关，而且与结构特点、表面粗糙度、材料的热处理方式、润滑、防护及使用条件等许多因素有关。所以要长期保持主轴组件的精度，必须提高其耐磨性。对耐磨性影响较大的因素有主轴的材料、轴承的材料、热处理方式、轴承类型及润滑防护方式等。

六、其他要求

主轴组件除应保证上述基本要求外，还应满足下列要求。

(1) 主轴的定位可靠。主轴在切削力和传动力的作用下，应有可靠的径向定位和轴向定位，使主轴在工作时所受到的切削力和传动力能通过轴承可靠地传至箱体等基础零件上。

(2) 主轴前端结构应保证工件或刀具装夹的可靠性，并有足够的定位精度。

(3) 结构工艺性好。主轴组件在保证好用的基础上，应尽可能地做到好造、好装、好拆及好修，并尽可能降低成本。

课点 51　主轴组件的传动方式

主轴组件的传动方式主要有齿轮传动、带传动、电动机直接驱动等。主轴组件传动方式的选择主要取决于主轴的转速、所传递的转矩、对运动平稳性的要求以及结构紧凑、装卸维修方便等要求。

一、齿轮传动

齿轮传动的特点是结构简单、紧凑，能传递较大的转矩，能适应变转速、变载荷工作，应用最广。其缺点是线速度不能过高，通常小于 12～15 m/s，不如带传动平稳。

二、带传动

由于各种新材料及新型传动带的出现，带传动的应用日益广泛。常用的有平带、V 带、多楔带和同步齿形带等。带传动的特点是靠摩擦力传动(除同步齿形带外)，结构简单、制造容易、成本低，特别适用于中心距较大的两轴间传动；带有弹性，可吸振，传动平稳，噪声小，适宜高速传动。带传动在过载的情形中会打滑，能起到过载保护作用，缺点是有滑动，不能用在对速比要求准确的场合。

同步齿形带无相对滑动，特点是传动比准确，传动精度高；采用的是伸缩率小、抗拉抗弯曲、疲劳强度高的承载绳，如钢丝、聚酰纤维等，因此强度高，可传递超过 100 kW 以上的动力；厚度小、质量小、传动平稳、噪声小，适用于高速传动，传动速度可达 50 m/s；无须特别张紧，对轴和轴承压力小，传动效率高；不需要润滑，耐水耐腐蚀，能在高温下工作，维护保养方便；传动比大，可达 1∶10 以上。缺点是制造工艺复杂，对安装条件要求高。

三、电动机直接驱动

如果主轴转速不算太高，则可采用普通异步电动机直接带动主轴，如平面磨床的砂轮主轴。如果主轴转速很高，可将主轴与电动机制成一体，成为主轴单元，电动机转子轴就是主轴，电动机机座就是机床主轴单元的壳体。主轴单元大大简化了结构，有效地提高了主轴组件的刚度，减少了噪声和振动；有较宽的调速范围，有较大的驱动功率和转矩；便于组织专业化生产。因此，电动机直接驱动的方式广泛地用于精密机床、高速加工中心和数控车床中。

课点 52　主轴滚动轴承

轴承是主轴组件的重要组成部分，其类型、配置形式、精度、安装调整、润滑和冷却等状况，都直接影响主轴组件的工作性能。机床上常用的主轴轴承有滚动轴承和滑动轴承两大类。

一、主轴轴承的选择

从旋转精度来看，两大类轴承都能满足要求。与滑动轴承相比，滚动轴承的优点如下：

(1) 滚动轴承能在转速和载荷变化幅度很大的条件下稳定地工作。

(2) 滚动轴承能在无间隙，甚至在预紧(有一定过盈量)的条件下工作。

(3) 滚动轴承润滑容易，可以用脂，一次装填后可一直使用，到修理时才需换脂；如果用油润滑，单位时间所需的油量也远比滑动轴承少。

(4) 滚动轴承由专门生产厂大批量生产，可以外购，质量稳定，成本低，经济性好。

滚动轴承的缺点如下：

(1) 滚动体数量有限，所以滚动轴承在旋转中的径向刚度是变化的，这是引起振动的原因之一。

(2) 滚动轴承的摩擦力大，阻尼较低。

(3) 滚动轴承的径向尺寸比滑动轴承大。

根据上述分析，在一般情况下应尽量采用滚动轴承，特别是大多数立式主轴，用滚动轴承可以采用脂润滑以避免漏油。只有要求加工表面粗糙度数值较小且主轴又是水平的机床，如外圆和平面磨床、高精度车床等才采用滑动轴承。主轴组件的抗振性主要取决于前轴承，因此，也有的主轴前支承采用滑动轴承，后支承和推力轴承采用滚动轴承。表 6-1

为滚动轴承与滑动轴承的对比，供选用时参考。

表 6-1 滚动轴承与滑动轴承的对比

基本要求	滚 动 轴 承	滑 动 轴 承	
		动压轴承	静压轴承
旋转精度	精度一般或较差,可在无间隙或预加载荷下工作。精度也可以很高,但制造很困难	单油楔轴承精度一般,多油楔轴承精度较高	可以很高
刚度	仅与轴承型号有关,与转速、载荷无关。预紧后可以高一些	随转速和载荷升高而增大	与节流形式有关,与载荷、转速无关
承载能力	一般为恒定值,高速时受材料疲劳强度限制	随转速增加而增加,高速时受温升限制	与油腔相对压差有关,不计动压效应时与速度无关
抗振性能	不好。阻尼系数约为0.029	较好。阻尼系数约为0.055	很好。阻尼系数约为0.4
速度性能	高速时受疲劳强度和离心力限制,低中速性能较好	中高速性能较好。低速时形不成油膜,无承载能力	适用于各种转速
摩擦功耗	一般较小,润滑调整不当时则较大,摩擦因数 $f=0.002\sim0.008$	较小,摩擦因数 $f=0.001\sim0.008$	本身功耗小,但有相当大的泵功耗,摩擦因数 $f=0.0005\sim0.001$
噪声	较大	无噪声	本身无噪声,泵有噪声
寿命	受疲劳强度限制	在不频繁启动条件下,寿命较长	本身寿命无限,但供油系统寿命有限

二、主轴滚动轴承的类型选择

机床主轴较粗,主轴轴承的直径较大,轴承所承受的载荷远小于其额定动载荷,约为1/10。因此,一般情况下,承载能力和疲劳寿命不是选择主轴轴承的主要依据。

主轴轴承应根据刚度、旋转精度和极限转速来选择。为了提高旋转精度和刚度,主轴轴承的间隙应该是可调的,这是主轴轴承主要的特点。线接触的滚子轴承比点接触的球轴承刚度高,但在一定温升下允许的转速较低。

机床上常用的滚动轴承有下列几种。

1) **角接触球轴承**

接触角 α 是球轴承的一个主要设计参数。接触角是滚动体与滚道接触点处的公法线与主轴轴线垂直平面间的夹角,如图6-2所示。

当 $\alpha=0°$ 时,称为深沟球轴承(6000型),主要用来承受径向力,也能承受一些轴向力,轴向位移限制在轴向游隙范围内。间隙不能调整,承载能力较差,允许极限转速高,常用于对精度和刚度要求不高的场合,如钻床主轴。

当 $0°<\alpha\leqslant45°$ 时,称为角接触球轴承(7000型),这种轴承既可承受径向载荷,又可

承受一定的单向轴向载荷，轴向负荷能力随接触角的增大而增大，常用的接触角为15°(7000C 系列)和 25°(7000AC 系列)。7000C 系列允许转速高，但轴向刚度较低，常用于高速、轻载的机床主轴，如磨床主轴或不承受轴向载荷的车、镗、铣床主轴后轴承；7000AC系列轴向刚度高，但径向刚度和允许转速略低，多用于车、镗、铣、加工中心等机床的主轴。

当 45°<α<90° 时，称为推力角接触球轴承。

当 α=90° 时，称为推力球轴承。

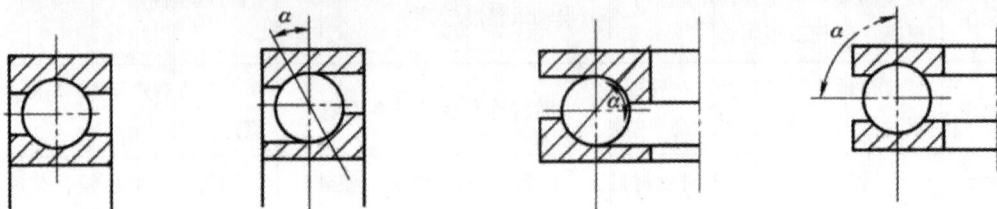

(a) α=0°深沟球轴承   (b) 0°<α≤45°角接触球轴承   (c) 45°<α<90°推力角接触球轴承   (d) α=90°推力球轴承

图 6-2   各类球轴承的接触角

为了提高刚度和承载能力，角接触球轴承可以多个组合使用。图 6-3(a)、(b)、(c)为三种基本组合方式，图 6-3(a)为背靠背组合，图 6-3(b)为面对面组合，图 6-3(c)为同向组合。这三种方式，两个轴承都共同承担径向载荷，图 6-3(a)和图 6-3(b)可承受双向轴向载荷，图6-3(c)只能承受一个方向的轴向载荷，但承载能力较大，轴向刚度较高。从图中可知，背靠背组合的支点(接触线与轴线的交点)间距大，所以支承刚度比面对面组合的高。轴承工作时，滚动体与内外圈摩擦产生热量，使轴承温度升高。由于轴承的外圈装在箱体上，散热条件比内圈好，所以，内圈的温度将高于外圈，径向膨胀的结果将使过盈量增加。但是，背靠背组合时轴向膨胀将使过盈量减少，可部分补偿由径向变形导致的过盈增加。面对面组合则因轴向伸长而使轴承过盈量进一步增加。基于上述两个理由，在主轴上，角接触球轴承应为背靠背组合。另外，这种轴承还可以采取三联组合方式，如图 6-3(d)所示，前两个轴承同向组合，接触线朝前，后轴承与之背靠背。数控机床主轴的角接触球轴承采用的就是三联组合安装方式。

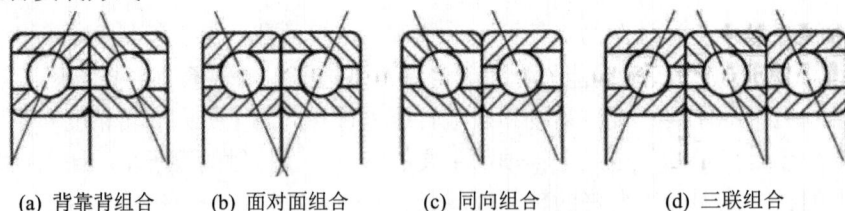

(a) 背靠背组合   (b) 面对面组合   (c) 同向组合   (d) 三联组合

图 6-3   角接触球轴承的组合

2) 双列圆柱滚子轴承

双列圆柱滚子轴承的特点是内圈有 1∶12 的锥孔，与主轴的锥形轴颈相配合，轴向移动内圈，可以把内圈胀大，用来调整轴承的径向间隙和预紧；轴承的滚动体为滚子，能承受较大的径向载荷和较高的转速；轴承有两列滚子，滚子直径小，数量多，具有较高的刚度，且两列滚子交错布置，减小了刚度的变化量；双列圆柱滚子轴承只能承受径向载荷。

双列圆柱滚子轴承有两种类型，如图 6-4(a)和(b)所示。图 6-4(a)的滚道挡边开在内圈上，滚动体、保持架和内圈成为一体，外圈可分离；图 6-4(b)则相反，滚道挡边开在外圈上，滚动体、保持架和外圈成为一体，内圈可分离，可以将内圈装上主轴后再精磨滚道，进一步减小内圈滚道与主轴旋转轴心的同轴度误差，提高旋转精度。图 6-4(a)为特轻型，编号为 NN3000K 系列。图 6-4(b)为超轻型，编号为 NNU4900K 系列，其外径比图 6-4(a)小些，且只有大型，最小内径为 100 mm。

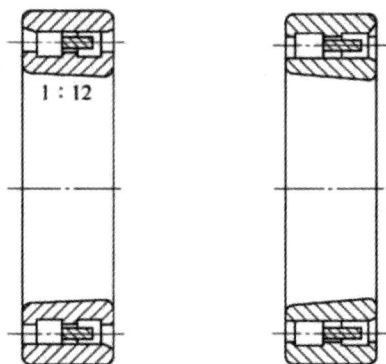

(a) NN3000K 系列　　　(b) NNU4900K 系列

图 6-4　双列圆柱滚子轴承

这种轴承多用于载荷较大、对刚度要求较高、中等转速的场合。

3) 双向推力角接触球轴承

这种轴承与双列圆柱滚子轴承配套使用，用于承受轴向载荷，如图 6-5 所示。修磨隔套 3 的厚度就能消除间隙和预紧。它的公称外径与同孔径的双列圆柱滚子轴承相同，但外径公差带在零线的下方，与箱体孔之间有间隙，所以不承受径向载荷，专作推力轴承使用。轴承型号为 234400，接触角为 60°，轴承外圈开有油槽和油孔，以利于润滑油进入轴承，使极限转速升高。

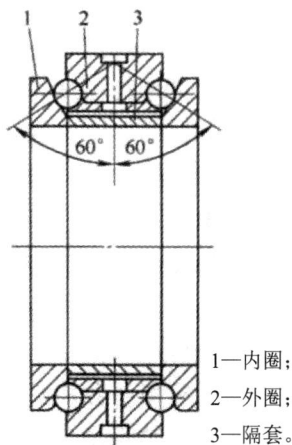

1—内圈；
2—外圈；
3—隔套。

图 6-5　双向推力角接触球轴承

这种轴承的主要优点是承载能力大，刚度高；允许转速高，温升较低；抗振性较好。适用于轴向载荷较大的高速、精密机床主轴组件。

4) 圆锥滚子轴承

圆锥滚子轴承有单列(如图 6-6(a)所示)和双列(如图 6-6(b)所示)两类。

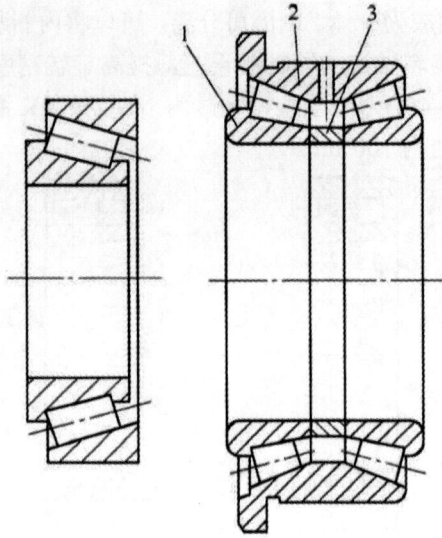

1—内圈；2—外圈；3—隔套。

(a) 单列圆锥滚子轴承　　　(b) 双列圆锥滚子轴承

图 6-6　圆锥滚子轴承

　　单列圆锥滚子轴承可以承受径向载荷和一个方向的轴向载荷。双列圆锥滚子轴承能承受径向载荷和两个方向的轴向载荷。双列圆锥滚子轴承由外圈 2、两个内圈 1 和隔套 3 组成，修磨隔套 3 就可以调整间隙或进行预紧。双列圆锥滚子轴承是背靠背的角接触轴承，支点距离大，接触形式为线接触，滚子数量多，刚度和承载能力大，适用于中低速、中等以上载荷的机床主轴前支承。

　　但是，圆锥滚子轴承的滚子大端与内圈挡边为滑动摩擦，发热较多，故允许的转速较低。为了解决这个问题，法国 Garnet 公司开发了空心滚子的圆锥滚子轴承，如图 6-7 所示。图 6-7(a)所示为 H 系列，用于前支承；图 6-7(b)所示为 P 系列，与 H 系列配套使用，用于后支承。这类轴承的滚子是中空的，润滑油可以从中流过，冷却滚子，降低温升，并有一定的减振效果。H 系列的两列滚子数目相差一个，使两列刚度变化频率不同，这样改善了动态特性，抑制了振动；P 系列的外圈上有弹簧(16~20 根)，用于自动调整间隙和预紧。但是，这种轴承必须用油润滑，这就限制了它的使用，例如难以用于立式主轴。

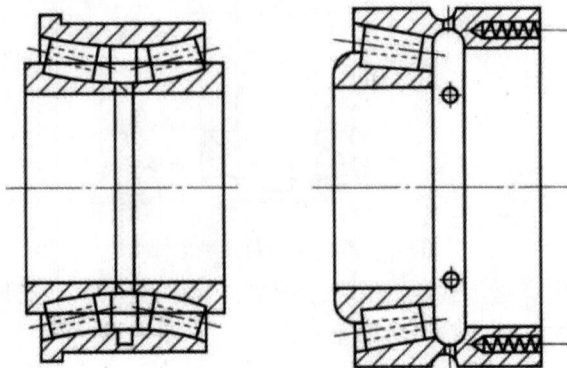

(a) H 系列　　　　　　(b) P 系列

图 6-7　空心滚子轴承

5) 推力轴承

推力轴承只能承受轴向载荷，它的轴向承载能力和刚度较大。推力轴承在转动时滚动体产生较大的离心力，挤压在滚道的外侧。由于滚道深度较小，为防止滚道的激烈磨损，推力轴承允许的极限转速较低。

此外，为适应新型数控机床对高转速的要求，在某些数控机床上使用了陶瓷滚动轴承和磁悬浮轴承等新型轴承。

陶瓷材料密度小、线膨胀系数小、弹性模量大。在高转速下，陶瓷滚动轴承与钢制滚动轴承相比，其重量轻，作用在滚动体上的离心力较小，从而使其压力和滑动摩擦也较小，且温升较低，刚度大。常用的陶瓷滚动轴承有仅滚动体用陶瓷材料制成、滚动体和内圈用陶瓷材料制成、滚动体和内外圈均用陶瓷材料制成三种。前两种类型适用于高速、超高速、精密机床的主轴组件，后一种类型适用于要求耐高温、耐腐蚀、非磁性、绝缘或要求减轻重量和超高转速机床的主轴组件。

磁悬浮轴承是利用磁力来支承运动部件实现轴承功能的，其工作原理如图 6-8 所示，它由转子、定子等部分组成。转子和定子均为铁磁材料，转子压入回转轴承回转筒中，工作时定子线圈产生磁场，将转子悬浮起来，四个位置传感器连续检测转子的位置，如果转子中心发生偏离，则位置传感器将测得的偏差信号输送给控制装置，通过控制装置调整定子线圈的励磁功率，以保证转子中心回到要求的中心位置。

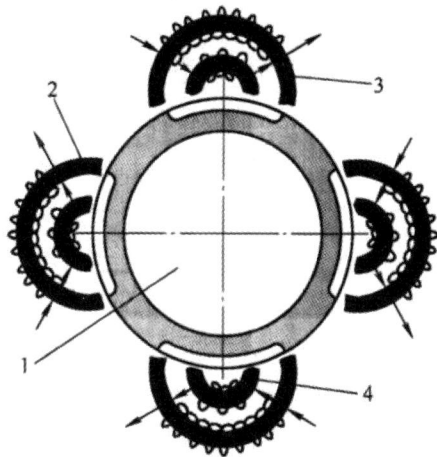

1—转子；2—定子；3—电磁铁；4—位置传感器。

图 6-8　磁悬浮轴承的工作原理

三、轴承的精度选择

机床主轴轴承的精度有 P2、P4、P5、P6 级和 SP、UP 级。SP 和 UP 级轴承的旋转精度，分别相当于 P4 和 P2 级，而内、外圈的尺寸精度比旋转精度低一级，分别相当于 P5 和 P4 级。这是因为轴承的工作精度主要取决于旋转精度，箱体孔和主轴支承轴颈是根据一定的间隙及过盈要求配作的，因此，轴承内、外径的公差即使略宽也并不影响工作精度，但是却可以降低成本。

对于切削力方向固定不变的主轴，如车床、铣床、磨床等，主轴通过滚动体，始终间接地与切削力方向上的外圈滚道表面的一条线(线接触轴承)或一点(球轴承)接触,由于滚动体是大批量生产的,且直径小,圆柱度误差小,其圆度误差可忽略,因此,决定主轴旋转精度的是轴承内圈径向跳动,即内圈滚道表面相对于轴承内径轴线的同轴度。对于切削力方向随主轴旋转同步变化的主轴,如铣床和镗铣加工中心主轴,主轴支承轴颈的某一条线或点间接地与半径方向上的外圈滚道表面对应的线或点接触,影响主轴旋转精度的因素为轴承内圈的径向跳动,滚动体的圆度误差、外圈的径向跳动。由于轴承内圈滚道直径小,且滚道外表面磨削精度高,因而误差较小,主轴旋转精度主要取决于外圈的径向跳动,即外圈滚道表面相对于轴承外径轴线的同轴度。推力轴承影响主轴旋转精度(轴向跳动)的最大因素是动圈支承面的轴向跳动。

　　前、后轴承的精度对主轴旋转精度的影响是不同的。图 6-9(a)表示前轴承轴心偏移为 δ_A(径向跳动的一半),后轴承偏移为零的情况。这时反映到主轴端部轴心的偏移量为

$$\delta_1 = \left(1+\frac{a}{L}\right)\delta_A$$

式中,a 为主轴悬伸量,单位为 mm;L 为主轴两支承支点之间的距离,单位为 mm。

　　图 6-9(b)表示后轴承的轴心偏移为 δ_B,前轴承偏移为零的情况。这时主轴端部产生的轴心偏移量 δ_2 为

$$\delta_2 = \frac{a}{L}\delta_B$$

这说明前轴承的精度对主轴的影响较大,因此,前轴承的精度应比后轴承高一些。

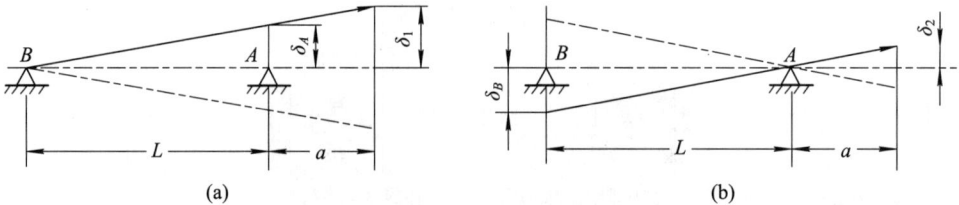

图 6-9　前、后轴承轴心偏移对主轴端部的影响

　　对于切削力方向固定不变的机床,根据不同精度等级,主轴轴承精度选择可参考表 6-2。数控机床可按精密或高精密级来选择。对于切削力方向随主轴旋转而同步变化的主轴,轴承按外圈径向跳动选择。由于外径尺寸较大,相同精度时误差大,若保持径向跳动值不变,可按内圈高一级的轴承精度选择。

表 6-2　主轴滚动轴承的精度

机床精度等级	前 轴 承	后 轴 承
普通精度级	P5 或 P4(SP)	P5 或 P4(SP)
精密级	P4 或 P2(SP)	P4(SP)
高精密级	P2(SP)	P2(SP)

　　轴承的精度不但影响主轴组件的旋转精度,而且也影响刚度和抗振性。随着机床向高速、高精度的方向发展,目前普通机床主轴轴承都趋向于取 P4(SP)级,P6 级轴承在新设计的机床主轴组件中已很少采用。

四、轴承刚度

轴承存在间隙时，只有切削力方向上的少数几个滚动体承载切削力，径向承载能力和刚度极低。

主轴轴承通常采用预加载荷的办法消除间隙，并产生一定的过盈量，使滚动体与滚道之间产生一定的预压力和弹性变形，增大接触面，使承载区扩大到整圈，各滚动体受力均匀。显然，轴承合理预紧可提高其刚度和寿命，提高主轴的旋转精度和抗振性，降低噪声。预紧有径向和轴向两种，预紧量要根据载荷和转速来确定，不能过大，否则预紧后发热增多，磨损加快，其寿命、承载能力和极限转速均下降。预紧力或预紧量需用专门仪器进行测量。

预紧力通常分为三级：轻预紧、中预紧和重预紧，代号为 A、B、C。轻预紧适用于高速主轴；中预紧适用于中、低速主轴；重预紧适用于分度主轴。角接触球轴承是通过内外圈轴向错位实现预紧的；双联或三联组配轴承是通过改变轴承间的隔套宽度或修磨内外圈宽度实现预紧的；带锥孔的双列圆柱滚子轴承是通过移动轴承内圈，使其锥孔与轴颈外锥面作相对移动，从而使内圈产生径向弹性变形来调整轴承的间隙或过盈量的。

五、轴承转速

轴承是以 $d_m n$ 值(单位为 mm·r/min)作为衡量转速性能的指标的。d_m 是轴承的中径，是内径与外径的平均值，n 为转速。$d_m n$ 值与滚动体的公转线速度成正比。同样的内径，不同的直径系列(轻、特轻、超轻等系列)，外径是不同的。因此，$d_m n$ 值同时反映了转速、内径和直径系列。

轴承规定的极限转速，是指普通精度级轴承，在轻负荷下运转，达到规定稳定温度时的转速。这些条件各厂都有自己的规定，且一般不公开。主轴轴承的使用条件与轴承厂的测试条件不一定一致，故规定的极限转速只能供参考。

轴承的最高转速取决于轴承的类型、负荷、间隙的调整、允许的温升、选用的润滑剂和润滑方式，可通过实验决定。

六、轴承的寿命

决定轴承寿命的是疲劳点蚀和磨损降低精度。对于重载或高速主轴，轴承失效可能是由于表层疲劳。对于一般机床，由于主轴较粗，载荷相对来说不大，往往以磨损后精度下降作为失效的依据。如果某一主轴轴承规定精度为 P4 级，经使用后因磨损，其跳动值已经降为 P5 级，这时就认为轴承应该更换了，虽然尚未产生疲劳点蚀现象。这时决定主轴滚动轴承寿命的是精度，失效的原因是磨损。

七、滚动轴承的润滑和密封

润滑的目的是减少摩擦与磨损、延长寿命，同时也起到冷却、吸振、防锈和降低噪声的作用。常用的润滑剂有润滑油、润滑脂和固体润滑剂。通常，机床速度较低、工作负荷较大时用脂润滑，速度较高、负荷较小时用油润滑。对于角接触滚动轴承，由于转动离心力的甩油作用，润滑油必须从小端进油，否则润滑油很难进入到轴承中的工作表面。

轴承密封的作用是防止润滑油外流，以免增加耗油量、影响外观和污染工作环境，也防止外界灰尘、金属屑末、冷却液等杂质浸入而损坏轴承及恶化工作条件。脂润滑轴承的密封作用主要是防止外界杂质浸入而引起磨损破坏，同时也要防止润滑油混入润滑脂，否则会使之稀释后甩离轴承，失去润滑效果。

主轴滚动轴承密封主要分为接触式和非接触式两类。接触式可分为径向密封圈和毛毡密封圈；非接触式又分为间隙式、曲路式和垫圈式密封。选择密封形式应根据轴的转速、轴承润滑方式、轴承的工作温度、外界环境及轴端结构特点等因素综合考虑。接触式密封方式中，在旋转件与密封件间有摩擦，发热严重，适用于低速主轴。非接触式密封的发热小，密封件寿命长，能适应各种转速，应用广泛。为了提升密封效果，减小主轴箱内、外压力差，可在箱体高处设置通气孔。

课点 53 主轴组件结构设计

一、主轴组件的支承数目

多数机床的主轴采用前、后两个支承。卧式铣床的主轴采用的是典型的两支承方式，如图 5-14 所示。这种方式结构简单，制造装配方便，容易保证精度。为提高主轴组件的刚度，前后支承应消除间隙或预紧。

为提高刚度和抗振性，有的机床主轴采用三个支承。三个支承中可以以前、后支承为主要支承，中间支承为辅助支承，CA6140 型车床的主轴采用该方式；也可以以前、中支承为主要支承，后支承为辅助支承。三支承方式对三个支承孔的同轴度要求较高，制造装配较复杂。主要支承也应消除间隙或预紧，辅助支承则应保留一定的径向游隙或选用较大游隙的轴承。由于三个轴颈和三个箱体孔不可能绝对同轴，所以三个轴承不能都预紧，以免发生干涉，恶化主轴的工作性能，使空载功率大幅度上升和轴承温升过高。

二、主轴传动件位置的布置

1. 传动件在主轴上轴向位置的合理布置

合理布置传动件在主轴上的轴向位置，可以改善主轴的受力情况，减小主轴变形，提高主轴的抗振性。合理布置的原则是传动力引起的主轴弯曲变形要小，引起的主轴前端在影响加工精度敏感方向上的位移要小。

多数主轴采用齿轮传动。齿轮可以位于两个支承之间，也可以位于前、后支承外侧。齿轮在两支承之间时，应尽量靠近前支承，若主轴上有多个齿轮，则大齿轮靠近前支承。由于前支承直径大、刚度高，大齿轮靠近前支承可减少主轴的弯曲变形，且转矩传递长度短，扭转变形小，大多数机床都采用这种布局。齿轮位于前支承外侧时，转矩传递长度更短，但增加了主轴的悬伸长度，结构较复杂。这种布局一般只适用于大型机床，如大型普通车床、立式车床等的主轴组件。齿轮位于后支承外侧时，前后支承能获得理想的支承跨距，支承刚度高，前后支承距离较小，加工方便，容易保证其同轴度。为了提高动刚度，限制最大变形量，可在齿轮外侧增加辅助支承。

带传动装置通常安装在后支承的外侧，以防止油类的侵蚀，也便于胶带更换。为了改善主轴的受力变形情况，有时采用卸荷式结构。

2. 驱动主轴的传动轴位置的合理布置

主轴受到的驱动力相对于切削力的方向，取决于驱动主轴的传动轴位置。应尽可能将该驱动轴布置在合适的位置，使驱动力引起的主轴变形可抵消一部分因切削力引起的主轴前端精度敏感方向上的位移。

三、推力轴承位置配置形式

主轴一般受两个方向的轴向载荷，需至少配置两个相应的推力轴承，要特别注意轴向力的传递。主轴组件必须在两个方向上都要轴向定位，否则在轴向力作用下就会窜动，影响精度和正常工作性能。主轴的轴向定位精度主要取决于承受轴向载荷的轴承，如推力球轴承、角接触球轴承和圆锥滚子轴承等。推力轴承在主轴前后支承的配置形式，影响主轴的轴向刚度及主轴热变形的方向和大小。为使主轴具有足够的轴向刚度和轴向定位精度，应恰当地配置推力轴承的位置。图 6-10 是常见的几种配置形式。

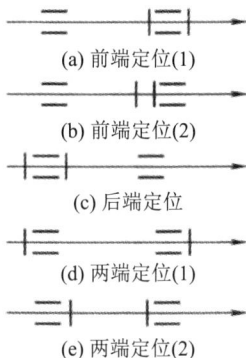

图 6-10　推力轴承配置形式

(1) 前端定位。两个方向的推力轴承都布置在前支承处，如图 6-10(a)和(b)所示。该配置方案中，在前支承处轴承较多，发热多，温升高；但主轴受热膨胀向后伸长，对主轴前端位置影响较小；主轴在轴向切削力作用时受压段短，纵向稳定性好，故适用于对轴向精度和刚度要求较高的高精度机床与数控机床。图 6-10(a)的推力轴承装在前支承的两侧，会使主轴的悬伸长度增加，影响主轴的刚度；图 6-10(b)为两个推力轴承都装在前支承的内侧，这种配置可减少主轴的悬伸量。

(2) 后端定位。两个方向的推力轴承都布置在后支承处，如图 6-10(c)所示。该配置方案中，前支承结构简单，无轴向力影响，温升低；但主轴受热膨胀向前伸长，主轴前端轴向误差大。这种配置适用于对轴向精度要求不高的普通机床，如卧式车床、立式铣床等。

(3) 两端定位。两个方向的推力轴承分别布置在前、后两个支承处，如图 6-10(d)和(e)所示。该配置方案具有以下特点：结构简单；间隙调整方便，只需在一端调整两个轴承间隙；当主轴受热膨胀时会产生弯曲，改变轴承的轴向或径向间隙，又使轴承处产生角位移，影响机床精度。这种配置适用于较短的主轴或轴向间隙变化不影响正常工作的机床，如组合机床、钻床。

6.2 支承件设计

课点 54　支承件的功能及应满足的基本要求

一、支承件的功能

机床的支承件是指用于支承和连接若干部件的基础件，主要包括床身、底座、立柱、横梁、工作台、箱体等大件。支承件的功能是支承和连接其他部件，承受各种载荷(包括部件及工件重力、切削力、摩擦力、夹紧力等静、动载荷)以及热变形，并保持各部件之间具有正确的相互位置和相对运动关系，从而保证机床的加工精度和表面质量。所以，支承件的合理设计是机床设计的重要环节之一。

二、支承件应满足的基本要求

(1) 足够的静刚度。在机床额定载荷作用下，支承件变形量不得超出规定值，以保证刀具和工件在加工过程中相对位移不超过加工允许误差。支承件的静刚度包括以下三个方面。

① 自身刚度。支承件抵抗自身变形的能力，称为自身刚度。支承件的自身刚度主要包括弯曲刚度和扭转刚度。例如，摇臂钻床中摇臂的自身刚度主要是垂直平面内朝立柱方向的弯曲刚度和绕中心轴的扭转刚度。自身刚度主要取决于支承件材料、截面形状、尺寸及隔板的布置等。

② 局部刚度。支承件抵抗局部变形的能力，称为局部刚度。局部变形主要发生在支承件上载荷较集中的局部结构处。例如，床身的导轨，主轴箱的主轴轴承孔处，摇臂钻床底座安装立柱的部位。局部刚度主要取决于受载部位的构造、尺寸以及肋条的设置。

③ 接触刚度。支承件的结合面在外载荷作用下抵抗接触变形的能力，称为接触刚度。接触刚度 K_j(单位为 MPa/μm)是平均压强与变形之比，即 $K_j = p/\delta$。接触刚度不是一个固定值，它与接触面之间的压强有关，当压强很小时，两个面之间只有少数高点接触，实际接触面积很小，接触变形很大，接触刚度较低；压强较大时，这些高点产生了变形，实际接触面积扩大，接触变形减小，接触刚度提高。接触刚度与结合面结合方式有关，同样的接触面，接触面间有相对运动的活动接触的接触刚度，比接触面间无相对运动的固定接触要低。接触刚度取决于结合面的表面粗糙度和平面度、结合面的大小、材料硬度、预压压强等因素。

(2) 良好的动态特性。在规定的切削条件下工作时，良好的动态特性是指使受迫振动的振幅不超过允许值，不产生自激振动等，保证切削的稳定性。要求支承件有较大的刚度和阻尼。

(3) 较小的热变形和内应力。在机床工作过程中的摩擦热、切削热等热量会引起支承件的热变形和热应力。支承件在铸造、焊接、粗加工过程中会形成内应力，在使用中内应力重新分布逐渐消失，导致支承件变形。要求支承件有较小的热变形和内应力。

(4) 较高的刚度/质量比。在满足刚度的前提下，应尽量减小支承件的质量。支承件的质量往往占机床总质量的80%以上，所以它在很大程度上反映了支承件设计的合理性。

总之，支承件的设计应便于制造、装配、维修、排屑及吊运等操作。

课点 55　支承件的结构设计

支承件是机床的一部分，因此设计支承件时，应首先考虑所属机床的类型及常用支承件的形状。

一、机床的类型

支承件的功能是支承和承载，因而支承件承受多个载荷，如切削力、所支承零部件的重力、传动力等。按照各载荷对机床支承件的不同影响，将机床分为中小型机床、精密和高精密机床、大型和重型机床。

(1) 中小型机床。该类机床的载荷以切削力为主，工件的重力、移动部件的重力等相对较小，在进行受力分析时可忽略不计。例如，车床等的刀架，从床身的一端移至床身的中部时引起的床身弯曲变形可忽略不计。

(2) 精密和高精密机床。该类机床以精加工为主，切削力很小，在进行支承件受力分析时可忽略。载荷以移动部件的重力以及切削产生的热应力为主。如双柱立式坐标铣床，在分析横梁受力和变形时，主要考虑主轴箱从横梁一端移至中部时，引起的横梁弯曲和扭转变形。

(3) 大型和重型机床。该类机床加工的工件较重，移动部件的重力较大，切削力也很大，因此在进行支承件受力分析时，必须同时考虑工件重力、移动部件重力和切削力等载荷。这类机床有重型车床、落地式铣床及龙门式机床等。

二、支承件的形状

支承件的形状基本上可以分为三类。

(1) 梁类：一个方向的尺寸比另外两个方向的尺寸大得多的支承件，如立柱、横梁、摇臂、滑枕、床身等。

(2) 板类：两个方向的尺寸比第三个方向的尺寸大得多的支承件，如底座、工作台、刀架等。

(3) 箱形类：三个方向的尺寸都差不多的支承件，如箱体、升降台等。

三、支承件的截面形状和选择

支承件结构的合理设计是指在最小质量条件下，支承件应具有最大静刚度。静刚度主要包括弯曲刚度和扭转刚度，均与截面惯性矩成正比。支承件截面形状不同，即使是同一材料、相等的截面积，其抗弯和抗扭惯性矩也不同。表6-3所示为截面积皆近似为10 000 mm²

的八种不同形状截面的抗弯和抗扭惯性矩。

表 6-3　截面形状与惯性矩的关系

序号	截面形状	抗弯惯性矩 cm⁴	抗弯惯性矩 %	抗扭惯性矩 cm⁴	抗扭惯性矩 %	序号	截面形状	抗弯惯性矩 cm⁴	抗弯惯性矩 %	抗扭惯性矩 cm⁴	抗扭惯性矩 %
1	φ113	800	100	1600	100	5	100×100	833	104	1406	88
2	φ113/φ160	2416	302	4832	302	6	141×141	2460	308	4151	259
3	φ160/φ196	4027	503	8054	503	7	173×173	4170	521	7037	440
4	φ160/φ196	—	—	108	7	8	95×250	6930	866	5590	350

从表中可以看出：

(1) 空心截面的惯性矩比实心的大。加大轮廓尺寸，减小壁厚，可大大提高支承件的刚度。因此，设计支承件时总是使壁厚在工艺性好的前提下尽量薄一些，一般不用增加壁厚的办法来提高刚度。

(2) 方形截面的抗弯刚度比圆形的大，而抗扭刚度较低。因此，如果支承件所受的力矩主要是弯矩，则以方形截面和矩形截面为佳。矩形截面在高度方向上的抗弯刚度比方形截面的抗弯刚度大，但抗扭刚度较低。因此，承受以一个方向的弯矩为主的支承件，其截面形状应为矩形，高度方向应为受弯方向。承受纯扭矩的支承件，其截面形状应为圆形。

(3) 不封闭的截面比封闭的截面刚度小得多，抗扭刚度更小。因此，在可能的情况下，应尽量把支承件的截面做成封闭的形式。但实际上，由于排屑、清砂和安装电器件、液压件和传动件等的需要，往往很难做到四面封闭，有时甚至连三面封闭都难以做到。截面不能封闭的支承件应采取补偿刚度的措施。

四、隔板和加强筋

在两壁之间起连接作用的内壁称为隔板。隔板的作用是把作用于支承件局部区域的载荷传递给其他壁板，从而使整个支承件能比较均匀地承受载荷。因此，隔板主要用来提高支承件的自身刚度。因此，当支承件不能采用全封闭截面时，应采用隔板等措施加强支承件的刚度。

隔板的布置形式一般有纵向隔板、横向隔板和斜向隔板，如图 6-11 所示。

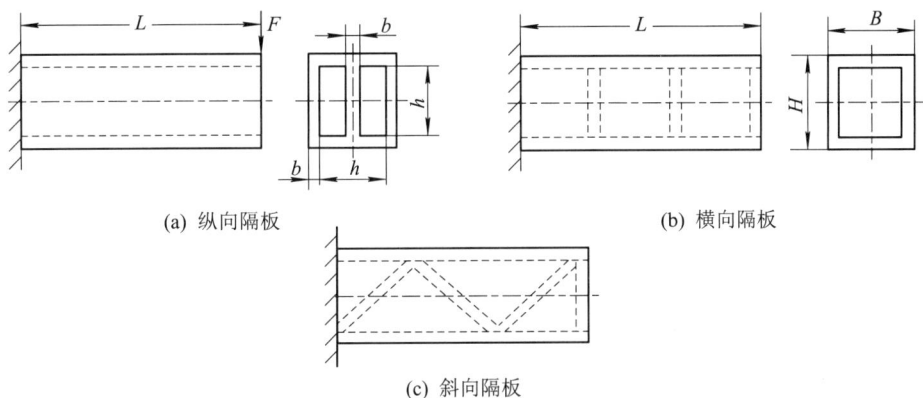

(a) 纵向隔板　　　　　　　　　　(b) 横向隔板

(c) 斜向隔板

图 6-11　隔板的布置形式

纵向隔板布置在弯曲平面内，其作用是提高抗弯刚度，如图 6-11(a)所示。当纵向隔板的高度方向与载荷 F 的方向相同时，增加的惯性矩为 $bh^3/12$；当纵向隔板的高度方向与载荷 F 的方向垂直时，增加的惯性矩为 $bh^3/12$，由于 h 远大于 b，所以纵向隔板应按高度方向与载荷 F 的方向相同布置。

横向隔板将支承件的外壁横向连接起来，其作用是提高抗扭刚度，如图 6-11(b)所示。当方形截面($H=B$)悬臂梁的长度 $L=2.62H$ 时，无横向隔板时的相对抗扭刚度为 1；当增加端面横向隔板 1 时，抗扭刚度为 4，即抗扭刚度提高了 3 倍；均匀布置三个横向隔板后，抗扭刚度为 8，即抗扭刚度提高了 7 倍。一般情况下，横向隔板的间距为$(0.865\sim1.31)H$。

斜向隔板可同时提高抗弯刚度和抗扭刚度。可将斜向隔板视为折线式或波浪形的纵向隔板，隔板和前后壁每连接一次，形成一个横隔板，即斜向隔板是由多个纵隔板和横隔板的连续组合而形成的，如图 6-11(c)所示。因此，斜向隔板可提高抗弯和抗扭刚度。较长的支承件常采用该类隔板。

加强筋一般布置在支承件的外壁内侧或内壁上，主要作用是提高局部刚度和减小薄壁振动。与隔板不同，它只是壁板上局部凸起的窄条，不在壁板之间起连接作用，其厚度一般取壁厚的 0.8，高度为壁厚的 4～5 倍。

图 6-12(a)为直线形加强筋，其结构简单，容易制造，但刚性差，用于载荷较小的窄壁。图 6-12(b)和图 6-12(c)为三角形及斜向交叉形加强筋，能保证足够的刚度，常用于支承件的宽壁与平板。图 6-12(d)为蜂窝形加强筋，它在各个方向都能均匀收缩，内应力小，但制造成本高，常用于平板。图 6-12(e)为米字形加强筋，其抗弯刚度和抗扭刚度都较高，但形状复杂，制造工艺性差，一般用于焊接床身。图 6-12(f)为井字形加强筋，其制造简单，但容易产生内应力，广泛应用于箱形截面的床身与平板上。

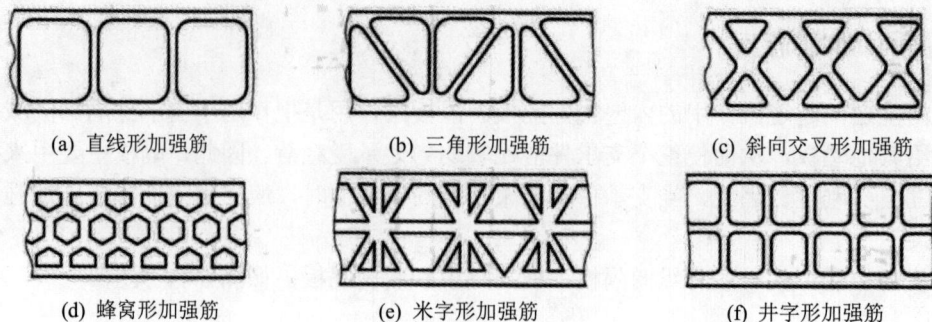

(a) 直线形加强筋　　　(b) 三角形加强筋　　　(c) 斜向交叉形加强筋

(d) 蜂窝形加强筋　　　(e) 米字形加强筋　　　(f) 井字形加强筋

图 6-12　加强筋的布置形式

五、支承件壁厚的选择

为了减小机床的质量，支承件的壁厚应根据工艺上的可能选择得薄些。

铸铁支承件的外壁厚可根据当量尺寸 C 来选择。当量尺寸 C 可由下式确定：

$$C = \frac{2L + B + H}{3}$$

式中，L、B、H 分别为支承件的长、宽、高，单位为 m。

根据计算出的 C 值按表 6-4 选择最小壁厚 t，再综合考虑工艺条件、受力情况，可适当加厚。壁厚应尽量均匀。

表 6-4　根据当量尺寸选择壁厚

C/m	0.75	1.0	1.5	1.8	2.0	2.5	3.0	3.5	4.0
t/mm	8	10	12	14	16	18	20	22	25

支承件的壁厚、隔板厚度和加强筋的厚度也可按支承件的质量或最大外形尺寸确定，隔板的厚度可取 $(0.8\sim1)t$，加强筋的厚度可取 $(0.7\sim0.8)t$，如表 6-5 所示。

表 6-5　支承件壁厚、隔板和加强筋的厚度

质量/kg	≤5	6～10	11～60	61～100	101～500	501～800	801～1200	＞1200
外形尺寸/mm	≤300	500	750	1250	1700	2500	3000	＞3000
壁厚/mm	7	8	10	12	14	16	18	20～30
隔板厚/mm	6	7	8	10	12	14	16	
加强筋厚/mm	5	5	6	8	8	10	12	—

六、提高支承件的接触刚度

导轨面和重要的固定面必须配刮或配磨，以增加真实接触面积，提高接触刚度。紧固螺栓应使结合面有不小于 2 MPa 的接触压强，以消除结合面的平面度误差，增大真实结合面积，提高接触刚度。

七、支承件结构工艺性

为便于铸造和加工，应在满足使用要求和性能要求的前提下，使支承件具有良好的结

构工艺性。设计铸件时，应力求结构形状简单，造型和拔模容易，减少型芯数量，安装简单可靠，清砂方便。铸件的壁厚要尽量均匀，避免产生缩孔或气孔，减少铸造应力。对于支承件内部及不易加工的部位，应避免设置加工面。同一方向上的加工面应尽可能安排在同一平面内，以便于一次安装加工。所有加工面都应有可靠的基准面，以便于加工时定位、夹紧和测量。大型铸件应设置起吊孔或加工出吊环螺钉孔，以便吊运安装。

焊接结构件要符合焊接工艺性特点和要求，如合理选择壁板厚度，尽量减少焊缝的数量和长度，尽量避免焊缝密集，减轻焊缝的载荷，避免在加工面上、配合面上、危险断面上布置焊缝，轮廓形状应规整化，对大型结构应分段焊接组装。

课点 56　支承件的材料和时效处理

支承件常用的材料有铸铁、钢材、预应力钢筋混凝土、天然花岗岩、树脂混凝土等。

一、铸铁

一般支承件用灰铸铁制成，在铸铁中加入少量合金元素可提高其耐磨性。铸铁铸造性能好，容易获得复杂结构的支承件，且阻尼大，有良好的抗振性能，成本低。但铸件需要木模芯盒，制造周期长，有时会产生缩孔等缺陷，适于成批生产。

镶装导轨的支承件，如床身、立柱、横梁、底座、工作台等，常用的灰铸铁牌号为HT150；与导轨制作在一起的支承件，常采用HT200；齿轮箱体常采用HT250；主轴箱箱体常采用HT300、HT350。

二、钢材

用钢板和型钢焊接支承件，其特点是制造周期短，省去了制造木模和铸造工艺，特别适合于生产数量少、品种多的大中型机床床身；支承件可制成封闭结构，刚性好；便于产品更新和结构改进；钢板焊接支承件固有频率比铸铁高，在刚度要求相同的情况下，采用钢板焊接支承件能够比铸铁支承件壁厚减少一半，质量减少20%~30%。随着计算技术的应用，焊接件结构负载和刚度可以进行优化处理，即通过有限元法进行分析，根据受力情况合理布置隔板和加强筋，选择合适厚度，以提高支承件的动、静刚度。因此，近20年来在国外支承件用钢板焊接结构件代替铸铁件的趋势不断扩大，钢板焊接结构件开始在单件和小批生产的重型机床及超重型机床上应用，逐步发展到一定批量的中型机床中。

钢板焊接结构的缺点是阻尼约为铸铁的1/3，抗振性能差，为提高其抗振性能，可采用提高阻尼的方法来改善动态性能，如采用阻尼焊结构或在空腔内冲入混凝土。

焊接支承件常用的钢材型号为Q235、Q275。

三、预应力钢筋混凝土

预应力钢筋混凝土主要用于制作不常移动的大型机床的床身、底座、立柱等支承件。钢筋的配置和预应力的大小对钢筋混凝土的影响较大。当三个方向都配置钢筋，总预拉力为120~150kN时，预应力钢筋混凝土支承件的刚度和阻尼比铸铁大几倍，抗振性好，制造工艺简单，成本低。缺点是脆性大，耐腐蚀性差，油渗入后会导致材质疏松，所以表面应喷漆或喷涂塑料，或将钢筋混凝土周边用金属板覆盖，金属板间焊接封闭结构。支承件的连接，可采用预埋加工后的金属件，或二次浇注。

四、天然花岗岩

天然花岗岩性能稳定，精度保持性好，阻尼系数比钢大 15 倍，抗振性好，耐磨性比铸铁高 5～6 倍，导热系数和线膨胀系数小，热稳定性好，抗氧化性强，不导电，抗磁，与金属不黏合，加工方便，通过研磨和抛光容易得到很高的精度和很低的表面粗糙度值。目前用于三坐标测量机、印制电路板数控钻床、气浮导轨基座等。缺点是结晶颗粒粗于钢铁的晶粒，抗冲击性能差，脆性大，油和水等液体易渗入晶界中，使表面局部变形胀大，难以制作复杂的零件。

五、树脂混凝土

树脂混凝土是制造机床床身的一种新型材料，又称为人造花岗岩。树脂混凝土与普通混凝土不同，它是以树脂和稀释剂代替混凝土中的水泥与水，与各种尺寸规格的花岗岩块或大理石块等骨料均匀混合、捣实固化而形成的。树脂为黏结剂，相当于水泥，常用不饱和聚酯树脂、环氧树脂、丙烯酸树脂等合成树脂。稀释剂的作用是降低树脂黏度，浇注时有较好的渗透力，防止固化时产生气泡。有时还要加入固化剂和增韧剂，固化剂的作用是与树脂发生反应，使原有线形结构的热塑性材料转化成体形结构的热固性材料；增韧剂用来提高韧性，提高抗冲击强度和抗弯强度。

树脂混凝土的特点是刚度高；具有良好的阻尼性能，阻尼比为灰铸铁的 8～10 倍，抗振性好；热容量大，热传导率低，导热系数只有铸铁的 1/40～1/25，热稳定性高，其构件热变形小；密度为铸铁的 1/3，质量小；可获得良好的几何形状精度，表面粗糙度值也较低；对润滑剂、切削液有极好的耐腐蚀性；与金属黏接力强，可根据不同的结构要求，预埋金属件，使机械加工量减少，降低成本；浇注时无大气污染；生产周期短，工艺流程短；浇注出的床身静刚度比铸铁床身提高 16%～40%。缺点是某些力学性能差，如抗拉强度低，但可以预埋金属或添加加强纤维。树脂混凝土对于高速、高效、高精度加工机床具有广泛的应用前景。

树脂混凝土床身有整体结构形式、分块结构形式和框架结构形式。整体结构适用于形状不复杂的中小型机床床身。对于结构复杂的大型床身构件，为简化浇注模具的结构和实现模块化，采用分块式，把床身构件分成几个形状简单、便于浇注的部件，各部分分别浇注后，再用黏结剂或其他形式连接起来。框架结构采用金属型材焊接出床身的周边框架，在框架内浇注树脂混凝土，该结构刚性好，适用于结构较简单的大中型机床床身。

在铸造或焊接中产生的残余应力，将使支承件产生变形。因此，必须进行时效处理以消除残余应力。普通精度机床的支承件在粗加工后，安排一次时效处理即可，精密级机床最好进行两次时效处理，即粗加工前、后各一次。有些高精度机床的支承件在进行热时效处理后，还应进行自然时效处理，即把铸、焊件露天堆放，任其日晒雨淋，少则 1 年多则 3～5 年，让它们充分变形。

课点 57 提高支承件动刚度的措施

为便于对机床支承件动刚度进行分析比较，一般以共振时的动刚度作为支承件的动刚度，其值可按下式进行计算：

$$K_{\omega min} \approx 2K\xi$$

式中，$K_{\omega min}$ 为共振时的动刚度；K 为静刚度；ξ 为阻尼比。

从上式可知，要提高支承件的动刚度，应提高支承件的静刚度和阻尼比；或通过提高静刚度来提高支承件的固有频率，使激振频率远小于支承件自身的固有频率，避免共振，从而提高动刚度。

一、提高静刚度和固有频率

提高支承件的静刚度和固有频率的主要方法是，根据支承件受力情况合理选择支承件的材料、截面形状、尺寸和壁厚，合理地布置隔板和加强筋，以提高结构整体和局部的弯曲刚度与扭转刚度。可以用有限元方法进行定量分析，以便在较小质量下得到较高的静刚度和固有频率。在刚度不变的前提下，减小质量可以提高支承件的固有频率，改善支承件间的接触刚度以及支承件与地基连接处的刚度。

二、增加阻尼

对于铸铁支承件，铸件内砂芯不清除，或在支承件中充填型砂或混凝土等阻尼材料，可以起到减振作用。

对于焊接支承件，除了可以通过在内腔中填充混凝土减振，还可以利用结合面间的摩擦阻尼来减小振动，即两焊接件之间留有贴合而未焊死的表面，在振动过程中，两贴合面之间产生的相对摩擦起阻尼作用，使振动减小。焊接支承件的阻尼与焊接方式、焊接长度、焊缝间距有关，如表 6-6 所示。由表可知，当焊缝长度为结构件长度的 58.7% 时，静刚度虽略有降低，但动刚度显著提高，这种断续焊接的结构称为阻尼焊接结构。

表 6-6 不同焊接因素对构件刚度和阻尼的影响

焊接方式	单 面 焊						双面焊
焊角高 h/mm	4.0	4.0	4.0	4.0	4.5	5.5	5.5
焊缝长 a/mm	220	270	320	1500	1500	1500	1500
焊缝间距 b/mm	203	140	73	0	0	0	0
焊接率/%	58.7	72	85.3	100	100	100	100
固有频率 ω_0/Hz	175	183	190	196	196	201	210
静刚度 K/(N·μm⁻¹)	28.4	30.8	32.6	33.0	33.5	35.0	35.8
阻尼比 ξ	2.3×10^3	0.34×10^3	0.33×10^3	0.32×10^3	0.30×10^3	0.29×10^3	0.25×10^3
动刚度 K_ω/(N·μm⁻¹)	13×10^2	2.1×10^2	2.15×10^2	2.1×10^2	2.0×10^2	2.0×10^2	1.8×10^2

图 6-13 所示为升降台铣床悬梁悬伸部分的断面图，也为铣床悬梁的阻尼结构。在箱形铸件中装入四个铁块，并填满直径为 6～8 mm 的钢球，再注满高黏度的油。在振动时，油在钢球间运动产生的黏性摩擦及钢球、铁块间的碰撞，可消耗振动能量，增大阻尼。日常生活中使用的日光灯，整流器线圈周围充满沥青，也是为了消除电磁振动。

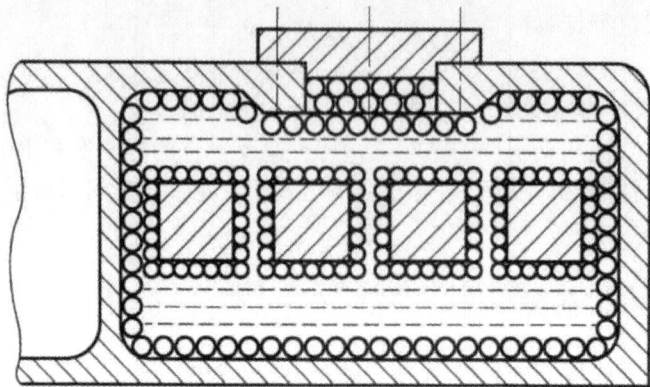

图 6-13   铣床悬梁的阻尼结构

支承件外表面可刷涂高阻尼材料，如沥青基胶泥减振剂、高分子聚合物、机床腻子等，涂层越厚阻尼越大，常用于钢板焊接的支承件上。采用阻尼涂层不改变原设计的结构和刚度，就能获得较高的阻尼比，既提高了抗振性，又提高了对噪声辐射的吸收能力。另外，可采用预应力钢筋混凝土、树脂混凝土等高阻尼材料作支承件。

6.3 导 轨 设 计

课点 58 导轨的功用和应满足的要求

一、导轨的功用和分类

导轨的功用是承载和导向，它承受安装在导轨上的运动部件及工件的重力和切削力，运动部件可以沿导轨运动。在导轨副中，运动的导轨称为动导轨，固定不动的导轨称为支承导轨或静导轨。动导轨相对于支承导轨可以作直线运动或者回转运动。

导轨按运动性质可分为主运动导轨、进给运动导轨和移置导轨。主运动导轨副中，动导轨作主运动，与支承导轨间相对运动速度较高，主要用作立车花盘、龙门铣刨床、普通刨插床以及拉床、插齿机等的主运动导轨。进给运动导轨副中，动导轨作进给运动，与支承导轨间的相对运动速度较低，机床中大多数导轨属于进给运动导轨。移置导轨的功能是调整部件之间的相对位置，在机床工作中没有相对运动，如卧式车床的尾座导轨等。

导轨按摩擦性质可分为滑动导轨和滚动导轨。滑动导轨又可分为静压滑动导轨、动压滑动导轨和普通滑动导轨。静压滑动导轨的两导轨面间有一层静压油膜，该压力油膜靠液压系统提供，属于液体摩擦，多用于高精度机床的进给运动导轨。动压滑动导轨中，当导轨面间的相对滑动速度达到一定值后，液体的动压效应使导轨油腔处出现压力油膜，把两导轨面分开，形成液体摩擦，这种导轨只能用于高速的场合，故仅用作主运动导轨，如立式车床导轨。普通滑动导轨的摩擦状态有的为混合摩擦，这时，在导轨面间虽有一定的动压效应，但由于导轨速度不够高，油楔还不足以隔开导轨面，导轨面仍处于直接接触状态，大多数普通滑动导轨属于这一类。有的普通滑动导轨速度很低，导轨间不足以产生动压效应，处于边界摩擦状态，精密进给运动的导轨有可能属于这一类。滚动导轨的两导轨面间装有球、滚子或滚针等滚动元件，具有滚动摩擦的性质，广泛地应用于进给运动导轨和旋转主运动导轨。

导轨按受力状况可分为开式导轨和闭式导轨。开式导轨是指在部件自重和外载作用下，导轨副的工作面始终保持接触、贴合，如图 6-14(a)中的 c、d 面。其特点是结构简单，但不能承受较大的倾覆力矩，适用于大型机床的水平导轨，如龙门铣床和龙门刨床的工作台与床身导轨。在受较大倾覆力矩时，如图 6-14(b)所示，部件的自重不能使主导轨面 e、f 始终贴合，需用压板 1 和 2 形成辅助导轨面 g 和 h，保证支承导轨与动导轨的工作面始终保持可靠接触，从而形成闭式导轨，如卧式车床的床鞍和床身导轨。

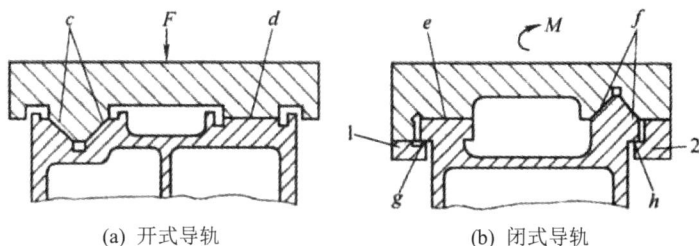

(a) 开式导轨　　　　　　　　　(b) 闭式导轨

1、2—压板。

图 6-14　开式导轨和闭式导轨

二、导轨应满足的要求

1. 较高的导向精度

导向精度是导轨副在空载或切削条件下运动时，实际运动轨迹与给定运动轨迹之间的偏差。影响导向精度的因素很多，如导轨的几何精度和接触精度、导轨的结构形式、导轨和支承件的刚度与热变形等。对于动压导轨和静压导轨，导向精度还与油膜刚度有关。

直线运动导轨的几何精度一般包括：导轨在竖直平面内的直线度；导轨在水平面内的直线度；导轨面之间的平行度等，具体要求可参考国家有关机床精度检验标准。接触精度是指导轨副间摩擦面实际接触面积占理论接触面积的百分比，或用着色法检查 25 mm×25 mm 面积内的接触点数。不同加工方法所生成导轨的表面的检查标准是不相同的。磨削和刮削的导轨面，接触精度按《金属切削机床 装配通用技术条件》(GB/T 25373—2010)的规定，采用着色法进行检查。

2. 良好的精度保持性

影响精度保持性的主要因素是磨损。提高耐磨性以保持精度，是提高机床质量的主要内容之一。常见的磨损形式有磨料(或磨粒)磨损、黏着磨损(或咬焊)和疲劳磨损。磨料磨损常发生在边界摩擦和混合摩擦状态中，磨料夹在导轨面间随之相对运动，形成对导轨表面的"切削"，使导轨面划伤。磨料的来源是润滑油中的杂质和切屑微粒。磨料的硬度越高，相对滑动速度越高，压强越大，对导轨副的危害就越大。磨料磨损很难避免，是导轨防护的重点。

黏着磨损又称为分子机械磨损。当两个摩擦表面相互接触时，在高压强下材料产生塑性变形，在没有油膜的情况下，裸露的金属材料分子之间的相互吸引和渗透，将使接触面黏结而发生咬焊。当存在薄而不均匀的油膜时，导轨副相对运动，油膜就会被压碎破裂，造成新生表面直接接触，产生咬焊。导轨副的相对运动使摩擦面形成黏结咬焊、撕脱、再黏着的循环过程。由此可见，黏着磨损与润滑状态有关，干摩擦和半干摩擦状态时，极易产生黏着磨损。机床导轨应避免黏着磨损。

接触疲劳磨损发生在滚动摩擦副中。滚动导轨在反复接触应力的作用下，材料表面疲劳，产生点蚀。接触疲劳磨损在滚动摩擦副中也是不可避免的，它是滚动导轨、滚珠丝杠的主要失效形式。

3. 足够的刚度

导轨承载后的变形，会影响部件之间的相对位置和导向精度。足够的刚度可以保证在额定载荷作用下，导轨的变形在允许范围内。因此，要求导轨应有足够的刚度。导轨的变形主要取决于导轨的形状、尺寸及支承件的连接方式、受载情况等。

4. 良好的低速运动平稳性

当动导轨作低速运动或微量进给时，应保证运动始终平稳，不出现爬行现象。影响低速运动平稳性的因素有导轨的结构形式、润滑情况、导轨摩擦面的静动摩擦系数的差值、传动导轨运动的传动系统刚度。低速运动平稳性对高精度机床尤为重要。

5. 结构简单、工艺性好

设计时要使导轨的制造和维护方便，刮研量少。如果是镶装导轨，则应尽量做到更换容易。

课点 59　导轨材料及结构

一、导轨的材料

导轨的材料有铸铁、钢、有色金属、塑料等。对导轨材料的主要要求是耐磨性好、工艺性好和成本低。对于塑性镶装导轨的材料，还应保证：在温度升高(主动导轨 120～150℃，进给导轨 60℃)和空气湿度增大时的尺寸稳定性；在静载压力达到 5 MPa 时，不发生蠕变；塑料的线膨胀系数应与铸铁接近。

1. 铸铁

铸铁是一种成本低、有良好减振性和耐磨性、易于铸造和切削加工的金属材料，在动导轨和支承导轨中都有应用。常用的铸铁有灰铸铁、孕育铸铁、耐磨铸铁等。

灰铸铁中应用最多的牌号是 HT200，在润滑与防护较好的条件下其有一定的耐磨性。灰铸铁的导轨摩擦副适用于：需要手工刮研的导轨；对加工精度保持性要求不高的次要导轨；不经常工作的导轨，其中包括移置导轨等。

在铁水中加入少量孕育剂硅和铝而构成的孕育铸铁，可使铸件获得均匀的珠光体和细片状石墨的金相组织，从而得到均匀的强度和硬度。由于石墨微粒能够产生润滑作用，又可以吸引和保持油膜，因此孕育铸铁的耐磨性比灰铸铁高。在机床导轨中应用的孕育铸铁牌号为HT300，该铸铁在车床、铣床、磨床上都有应用。

耐磨铸铁中的合金元素有细化石墨和促进基体珠光体化的作用，它们的碳化物分散在铸铁的基体中，形成硬的网状结构，这些都能提高耐磨性。应用较多的耐磨铸铁有高磷铸铁、磷铜钛铸铁和钒钛铸铁。高磷铸铁是指含磷量高于0.3%的铸铁，它的耐磨性比孕育铸铁提高1倍多，在许多机床上采用，如车床、磨床等。铜钛和钒钛耐磨铸铁是提高机床导轨耐磨性的好材料，它们具有力学性能好、耐磨性比孕育铸铁高1.5～2倍、铸铁质量容易控制等优点，但成本较高，多用于精密机床，如坐标镗床和螺纹磨床等。

采用淬火的办法提高铸铁导轨表面的硬度，可以增强抗磨料磨损、黏着磨损的能力，防止划伤与撕伤，提高导轨的耐磨性。导轨表面的淬火方法有感应淬火和火焰淬火等。感应淬火有高频和中频感应加热淬火两种，铸铁导轨硬度可达45～55HRC，耐磨性可提高近两倍。其中，中频加热淬硬层较深，可达2～3mm。高频或中频淬火后的导轨面还要进行磨削加工。火焰表面淬火的导轨因淬硬层深而使导轨耐磨性有较大的提高，但淬火后的变形较大，增加了磨削加工量。目前，采用铸铁作支承导轨的多数都要淬硬，只有必须采用刮研进行精加工的精密支承导轨，以及某些移置导轨才不淬硬。

2. 钢

采用淬火钢或氮化钢的镶钢支承导轨，可大幅度地提高导轨的耐磨性。铸铁、淬火钢组成的导轨副能够防止黏着磨损，其抗磨粒磨损的性能比不淬硬的铸铁导轨副高5～10倍，并随合金成分和硬度的增加而提高。镶钢导轨材料有合金工具钢或轴承钢、淬火钢、渗碳钢或氮化钢。镶钢导轨工艺复杂，加工较困难，成本也较高，为了便于热处理和减少变形，可把钢导轨分段制作，再拼装，用树脂粘接，并用螺栓固定在支承件上。目前，钢导轨在国内多用于数控机床和加工中心上。

3. 有色金属

有色金属镶装导轨耐磨性高，可以防止黏着磨损，保证运动平稳性，提高运动精度。有色金属常用于重型机床运动部件的动导轨上，与铸铁的支承导轨搭配，材料主要有锡青铜、铝青铜等。

4. 塑料

在动导轨上镶装塑料具有摩擦系数低、耐磨性高、抗撕伤能力强、低速不易爬行、加工性和化学稳定性好、工艺简单、成本低等优点，塑料在各类机床导轨上都有应用，特别是用在精密机床、数控机床和重型机床的动导轨上。塑料导轨可与淬硬的铸铁支承导轨和镶钢支承导轨组成对偶摩擦副。常用的塑料导轨有聚四氟乙烯导轨软带、环氧型耐磨导轨涂层、复合材料导轨板等。

聚四氟乙烯导轨软带的制作过程是在聚四氟乙烯基体中添加锡青铜粉、MoS_2和石墨等填充剂(以增加耐磨性)，混合烧结，并做成软带状。软带用相应的胶黏剂粘贴到动导轨上，因此，这类导轨习惯上称为贴塑导轨。聚四氟乙烯导轨软带的特点是：摩擦系数低，与铸铁导轨组成对偶摩擦副时，摩擦系数的范围是0.03～0.05，仅为铸铁-铸铁副的1/3左右；动、静摩擦系数相近，具有良好的防止爬行的性能；耐磨性高，与铸铁-铸铁摩擦副相比，耐磨性可提高 1～2 倍；能够自润滑，可在干摩擦条件下工作；有良好的化学稳定性，耐酸、耐碱、耐高温；质地较软，磨损主要发生在软带上，维修时可更换软带，金属碎屑一旦进入导轨面之间，可嵌入塑料，不会刮伤相配合的金属导轨面。该材料在国内外已较为普遍地采用。但是，局部压强很大的导轨，不宜采用塑料镶装导轨，因为塑料刚度低，会产生较大的弹性变形和接触变形。

环氧型耐磨导轨涂层是以环氧树脂和 MoS_2 为基体，加入增塑剂，混合成以液状或膏状为一组分和以固化剂为另一组分的双组分塑料涂层。例如，国产的 HNT 导轨涂层，国外产的 SKC3 导轨涂层等。按厂家指定的表面处理工艺和涂层工艺，将涂层涂刮或注塑(注入膏状塑料)在金属导轨面上的这类导轨习惯上称为注塑导轨或涂塑导轨。耐磨涂层具有良好的摩擦特性和耐磨性，适用于重型机床和不能用导轨软带的复杂配合型面。这种涂层方法对修复导轨磨损而言非常方便。

复合材料导轨板是用复合材料制作成的导轨板。例如，FQ-1 导轨板是用金属和塑料制成的三层复合材料，它是在内层钢板上镀铜并烧结一层多孔青铜，在青铜间隙中压入聚四氟乙烯及其他填料制成的。导轨板使用厂家配套的胶黏剂粘贴在导轨面上。三层复合材料的导轨板还有 SF.1、SF.2 等材料，及国外的 DU 导轨板。导轨板使用、维修方便，应用较广。

5. 导轨副材料的选用

导轨副材料的选用原则：为提高导轨副的耐磨性，防止黏着磨损，导轨副应采用不同的材料制造；如果采用相同的材料，也应采用不同的热处理方式使双方具有不同的硬度(一般来说动导轨的硬度比支承导轨的硬度低 15～45 HBS)；在直线运动导轨中，长导轨应采用较耐磨和硬度较高的材料来制造；长导轨各处使用机会难以均等，磨损不均匀，对加工的精度影响较大，因此，长导轨的耐磨性应高一些；长导轨面不容易刮研，选用耐磨材料可减少维修的劳动量；不能完全防护的导轨都是长导轨，它露在外面，容易被刮伤。

在回转运动导轨副中，应将较软的材料用于动导轨。这是因为花盘或圆工作台导轨比底座加工更方便些，磨损后修理也比较方便。

滑动导轨中，一般动导轨采用聚四氟乙烯导轨软带，支承导轨采用淬火钢或淬火铸铁；或者动导轨采用铸铁，不淬火，支承导轨采用淬火钢或淬火铸铁。

二、导轨的结构

1. 直线运动导轨的截面形状

直线运动导轨的截面形状主要有四种：矩形、三角形、燕尾形和圆柱形，并可互相组合，每种导轨副之中还有凸凹之分。如图 6-15 所示，上排是凸形，下排是凹形。对于水平布置的机床，凸形导轨不易存积切屑，但难以保存润滑油，因此，适用于不易防护、速度较低的运动。凹形导轨润滑性能良好，适合于高速运动，但为防止落入切屑、灰尘等，必须配备良好的防护装置。

图 6-15(a)所示为矩形导轨。矩形导轨具有承载能力大、刚度高、制造简便、检验和维修方便等优点；但存在侧向间隙，需用镶条调整，导向性差，适用于载荷较大而对导向性要求略低的机床。

(a) 矩形导轨   (b) 三角形导轨   (c) 燕尾形导轨   (d) 圆柱形导轨

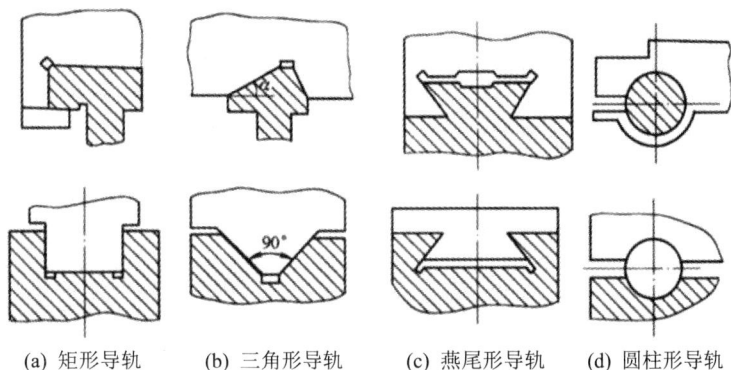

图 6-15   直线运动导轨的截面形状

图 6-15(b)所示为三角形导轨。三角形导轨面磨损时,动导轨会自动下沉,自动补偿磨损量,不会产生间隙。三角形导轨的顶角一般为 90°～120°,顶角越小,导向性越好,但摩擦力也越大。所以,小顶角用于轻载精密机床,大顶角用于大型或重型机床。三角形导轨结构有对称式和不对称式两种。当水平力大于垂直力,两侧压力分布不均时,需采用不对称导轨。

图 6-15(c)所示为燕尾形导轨。燕尾形导轨可以承受较大的倾覆力矩,导轨的高度较小,结构紧凑,用一根镶条就可调整各接触面的间隙,间隙调整方便。但是,燕尾形导轨刚度较差,摩擦损失较大,加工、检验、维修都不太方便,适用于受力小、层次多、高度尺寸小、要求调整间隙方便和移动速度不大的场合,如卧式车床刀架、升降台铣床的床身导轨等。

图 6-15(d)所示为圆柱形导轨。圆柱形导轨制造方便,工艺性好,不易积存较大的切屑,但磨损后很难调整和补偿间隙,主要用于受轴向负载的导轨,如攻丝机和机械手等。

导轨的尺寸已标准化,可参阅有关机床标准。

2. 回转运动导轨的截面形状

回转运动导轨的截面形状有平面、锥面和双锥面三种,如图 6-16 所示。

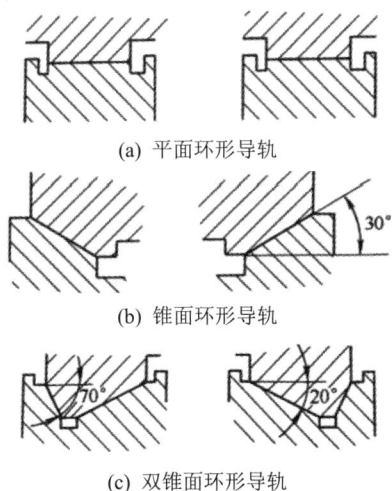

(a) 平面环形导轨

(b) 锥面环形导轨

(c) 双锥面环形导轨

图 6-16   回转运动导轨的截面形状

图 6-16(a)所示为平面环形导轨。它具有承载能力大、结构简单、制造方便等优点。但

不能承受背向力，因而必须与主轴联合使用，由主轴来承受径向载荷。它摩擦小，精度高，适用于由主轴定心的各种回转运动导轨的机床，如高速大载荷立式车床、齿轮加工机床等。

图 6-16(b)所示为锥面环形导轨。母线倾角常取 30°，它除了能承受轴向载荷外，还能承受一定的径向载荷，但不能承受较大的倾覆力矩。导向性比平面环形导轨好，但制造较难。

图 6-16(c)所示为双锥面环形导轨。该类导轨可以承受较大的径向载荷和一定的倾覆力矩，但其工艺性差，在与主轴联合使用时既要保证导轨面的接触，又要保证导轨面与主轴的同心是相当困难的，因此有被平面环形导轨取代的趋势。

回转运动导轨的直径，根据下述原则选取：低速运动的圆工作台，为使其运动平稳，取环形导轨的直径接近于工作台的直径；高速转动的圆工作台，取导轨的平均直径与工作台外径之比为 0.6～0.7。

3. 导轨的组合形式

机床直线运动导轨通常由两条导轨组合而成。根据导向精度、载荷情况、工艺性、润滑及防护等方面的要求，可采用不同的组合形式。常见的组合有以下几种，如图 6-17 所示。

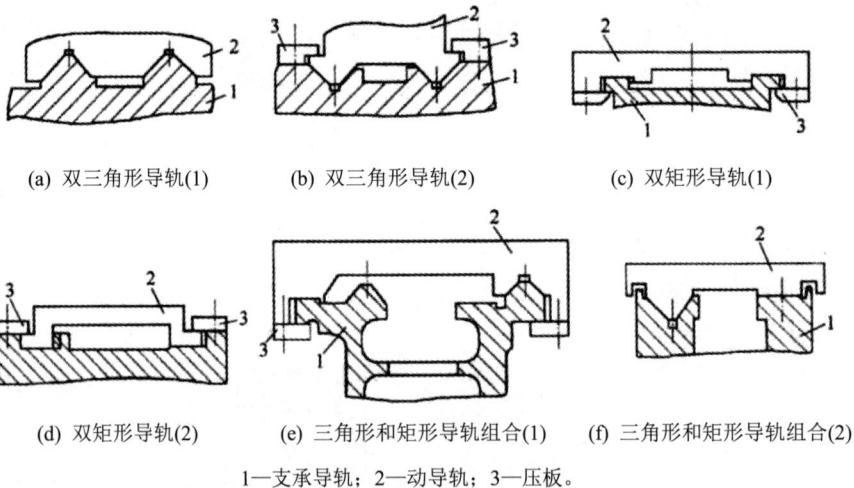

(a) 双三角形导轨(1)　　(b) 双三角形导轨(2)　　(c) 双矩形导轨(1)

(d) 双矩形导轨(2)　　(e) 三角形和矩形导轨组合(1)　　(f) 三角形和矩形导轨组合(2)

1—支承导轨；2—动导轨；3—压板。

图 6-17　直线运动导轨常见组合形式

图 6-17(a)、(b)所示为双三角形导轨。该类导轨导向精度高，磨损后能自动补偿间隙，精度保持性好，但由于过定位，加工、检验和维修都比较困难。双三角形导轨多用于对精度要求较高的机床，如坐标镗床、丝杠车床等。

图 6-17(c)、(d)所示为双矩形导轨。该类导轨刚性好，承载能力大，易于加工和维修，但导向性差，磨损后不能自动补偿间隙。双矩形导轨适用于普通精度机床和重型机床，如重型车床、升降台铣床、龙门铣床等。双矩形导轨的导向方式有两种，由两条导轨的外侧导向时，称为宽式组合，如图 6-18(a)所示；分别由一条导轨的两侧导向时，称为窄式组合，如图 6-18(b)所示。机床热变形后，宽式组合导轨的侧向间隙变化比窄式组合导轨大，导向性稍差，因此，双矩形导轨窄式组合比宽式组合用得更多一些。无论是宽式还是窄式组合，侧导向面都需用镶条调整间隙。

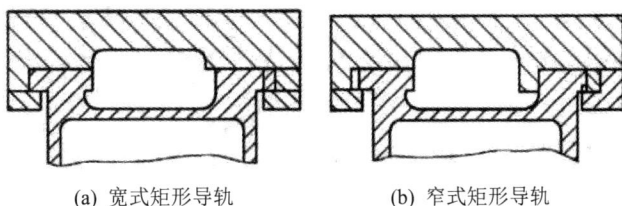

(a) 宽式矩形导轨　　　　　　　(b) 窄式矩形导轨

图 6-18　宽式和窄式双矩形导轨

图 6-17(e)、(f)所示为三角形和矩形导轨组合。它兼有导向性好、制造方便和刚度高的优点，在实际中得到广泛应用，适用于车床、磨床、龙门刨床等。

矩形和燕尾形导轨的组合，能承受较大的力矩，调整方便，多用在横梁、立柱、摇臂导轨中。

4. 导轨间隙的调整

导轨面间的间隙对机床工作性能有直接影响。间隙过大，将影响运动精度和平稳性；间隙过小，运动阻力大，导轨的磨损加快。因此，必须保证导轨具有合理的间隙，磨损后又能方便地调整。常用调整导轨间隙的装置有压板和镶条两种。

压板用来调整辅助导轨面的间隙和承受倾覆力矩。压板用螺钉固定在运动部件上，用配刮、垫片来调整间隙。图 6-19(a)所示为用磨刮压板的 d 和 e 面来调整间隙。间隙太大，则磨刮压板与床鞍的结合面为 d；间隙太小，则磨刮压板与床身的下导轨结合面为 e。由于 d 面和 e 面不在同一水平面，因此用空刀槽隔开。这种方式制造简单，调整复杂。图 6-19(b)所示为用改变压板与床鞍结合面间垫片 1 的厚度来调整间隙，垫片 1 是由许多薄铜片叠在一起的，调整比较方便，但调整量受垫片厚度的限制，而且降低了结合面的接触刚度。图 6-19(c)所示为压板与导轨之间用平镶条 2 调整间隙，这种方法调整方便，但刚性比前两种差，因此，多用于经常调节间隙和受力不大的场合。

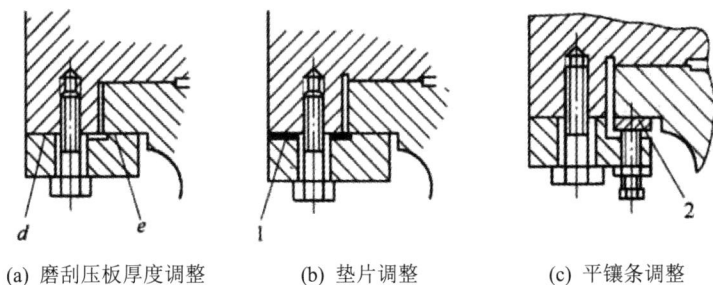

(a) 磨刮压板厚度调整　　　(b) 垫片调整　　　(c) 平镶条调整

1—垫片；2—平镶条。

图 6-19　压板调整间隙装置

镶条用来调整矩形导轨和燕尾形导轨的侧向间隙，以保证导轨面的正常接触。从提高刚度的角度考虑，镶条应放在导轨不受力或受力较小的一侧。常用的镶条有平镶条和斜镶条两种。

平镶条在其长度方向是等厚度的，截面形状为矩形、平行四边形或梯形，通过横向位移调整间隙，如图 6-20 所示，具有调整方便、制造容易等特点。图 6-20(a)用于矩形导轨，图 6-20(b)、(c)用于燕尾形导轨。图 6-20(a)、(b)所示的平镶条较薄，靠沿长度方向均布的几个螺钉调整间隙，各处间隙不易调整均匀，在调整螺钉与平镶条接触处存在变形，刚度较差。图 6-20(c)中，左侧螺钉用来调整间隙，下方螺栓用来将镶条固定在动导轨上，这种镶条刚性好，但调整麻烦，必须在间隙调整完毕后，才能拧紧紧固螺栓。

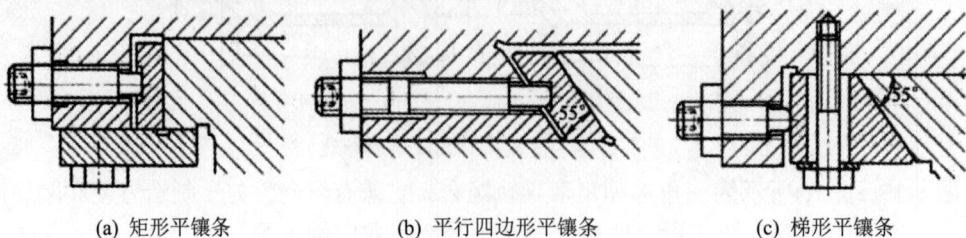

(a) 矩形平镶条　　　　(b) 平行四边形平镶条　　　　(c) 梯形平镶条

图 6-20　平镶条

　　斜镶条沿其长度方向有一定斜度，靠纵向位移使其两个侧面分别与动导轨和支承导轨接触，调整导轨间隙，如图 6-21 所示。其刚度比平镶条的刚度高，但加工稍困难。常用的斜度为 1∶100～1∶40，镶条越长斜度应越小，以免两端厚度相差太大。动导轨的一个导轨面在长度方向上(移动方向)做成斜面，斜度与镶条的斜度相等，倾斜方向和镶条相反，两斜面配合，可纵向移动镶条调整导轨横向间隙。镶条配刮前应有一定的长度余量，以减少刮削量或避免因刮削量不足而造成废品。镶条平面与支承导轨面、镶条斜面与动导轨斜面配刮后，截去长度余量，固定在动导轨上。

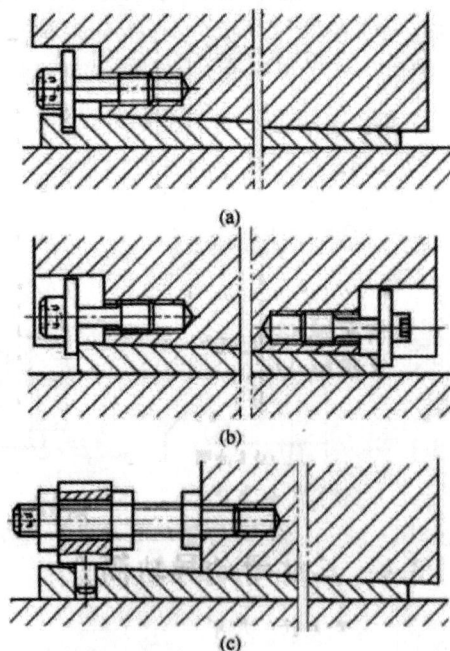

图 6-21　斜镶条

　　图 6-21(a)是用螺钉推动镶条纵向移动，这种方式结构简单、调整方便，但螺钉凸肩和镶条凹槽之间的间隙会引起镶条在往复运动中的窜动，影响导向精度和刚度。图 6-21(b)是通过分别位于镶条两端的螺钉来调整间隙，避免了镶条的窜动，性能较好，适于镶条较短的场合。图 6-21(c)是将镶条凹槽变为圆孔，将螺钉凸肩变为带圆柱销的调整套，圆柱销与圆孔配作，通过配合精度控制镶条的窜动，这种方法调整方便，但调整机构的纵向尺寸稍长。

三、导轨的润滑对耐磨性的影响

从摩擦性质来看，普通滑动导轨处于具有一定动压效应的混合摩擦状态，但它的动压效应还不足以把导轨摩擦面隔开。提高动压效应，改善摩擦状态，可提高导轨的耐磨性。导轨的动压效应主要与导轨的滑动速度、润滑油黏度、导轨面上的油槽形式和尺寸有关。动导轨移动速度越高，润滑油的黏度越大，动压效应越显著。导轨面上的油槽尺寸、油槽形式对动压效应的影响，在于储存润滑油的量，储存润滑油越多，动压效应越大。导轨面的长度 L 与宽度 B 之比值越大，越容易产生润滑油的侧流，越不容易储存润滑油；相反，值越小，则越容易储存润滑油。因此，在动导轨面上开横向油槽，相当于减小了 L/B 值，提高了储存润滑油的能力，从而提高了动压效应。若在导轨面上开纵向油槽，则相当于提高了 L/B 值，从而降低了动压效应。

油槽的形式如图 6-22 所示。卧式导轨最好采用图 6-22(a)的形式，即只有横向油槽，整个导轨宽度都可以形成动压效应，但需向每个横向油槽注油。当不可能向每个横向油槽分别注油时，可采用图 6-22(b)的形式，有纵向油槽，可集中注油，方便润滑，但由于纵向油槽不产生动压效应，因而减少了形成动压效应的导轨宽度。垂直导轨可采用图 6-22(c)的形式，从油槽的上部注油。在卧式三角形导轨面和矩形导轨的侧面上开油槽时，应将纵向油槽开在上方，如图 6-22(d)、(e)所示，注油孔应对准纵向油槽，使润滑油能顺利地流入各横向油槽。

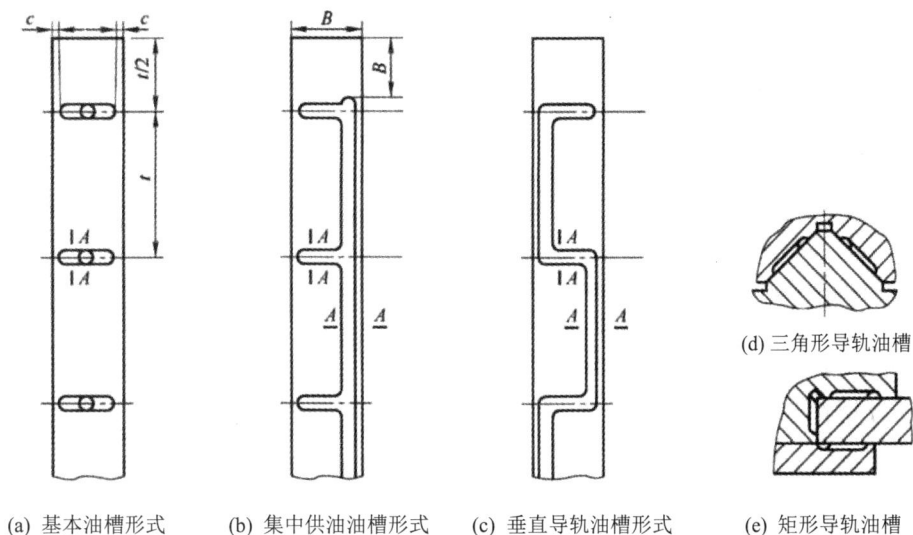

(a) 基本油槽形式　　(b) 集中供油油槽形式　　(c) 垂直导轨油槽形式　　(d) 三角形导轨油槽　　(e) 矩形导轨油槽

图 6-22　普通滑动导轨的油槽形式

课点 60　需要液压油参与的三种常见导轨

一、液体动压导轨

液体动压导轨的工作原理与动压轴承相同，即利用导轨副的相对运动，使两导轨面间的润滑油形成能够承载的压力油膜(也称油楔)。相对运动速度越高，油膜承载能力越大，而油膜厚度也会随着速度的不同而改变，影响加工精度。因此，动压导轨适用于速度高、精度一般的机床。

由于在一个导轨面上需要加工出楔形油腔，直线运动导轨的油腔必须设置在动导轨上，以保证工作时油楔始终不外漏。圆周运动导轨上的油腔一般设在支承导轨上，因上下两导轨面工作时始终接触，所以不会发生油楔外漏。

二、液体静压导轨

在导轨的油腔中通入具有一定压强的润滑油，就能使动导轨微微抬起，在导轨面间充满润滑油所形成的承载油膜，使导轨处于液体摩擦状态，这种靠液压系统产生的压力油形成承载油膜的导轨称为静压导轨。工作过程中，导轨面上油腔的油压随外加载荷的变化自动调节，保证导轨面间在液体摩擦状态下工作。静压导轨的间隙相当于润滑油膜的厚度，间隙越大，导轨的流量越大，则刚度减小，且导轨容易出现漂移；导轨的间隙小，流量也小，刚度增大。

静压导轨的优点有：静压油膜使导轨面分开，导轨即使在启动和停止阶段也没有磨损，精度保持性好；静压导轨的油膜较厚，有均化表面误差的作用，相当于提高了制造精度；摩擦系数很小，为 $0.001\sim0.005$，机械效率高，大大降低了功率损耗，减少了摩擦发热；低速运动平稳性好，防爬行性能良好；与滚动导轨相比，静压导轨的油膜具有吸振的能力，抗振性能好。静压导轨的缺点有：结构比较复杂；需有一套完整的液压系统；调整比较麻烦；对导轨的平面度要求很高。因此，静压导轨适用于具有液压系统的精密机床和高精密机床的水平进给运动与低速运动导轨。

静压导轨按结构形式分为开式和闭式两大类。

图 6-23 所示为一个定压式开式静压导轨。液压泵 1 输出的压力油 p_s 经节流器 4 节流后，压力降为 p_b 进入导轨油腔，然后从油腔四周的油封间隙处流出，压力降为零。油腔内的压力油产生上浮力，与工作台 5 和工件的自重 W 及切削力 F 平衡，将动导轨浮起，上下导轨面间成为纯液体摩擦。当作用在动导轨上的载荷 $F+W$ 增大时，工作台失去平衡而下降，导轨油封间隙减小，液阻增大，油液外泄的流量减小，由于节流器的调压作用，使油腔压力随之增大，上浮力提高，平衡了外载。由于上浮力的调整是因油封间隙变化而引起的，因此，随载荷的变化，工作台位置略有变动。开式静压导轨适用于三角形矩形组合导轨副，且动导轨为凸三角形，以便于油腔的加工。

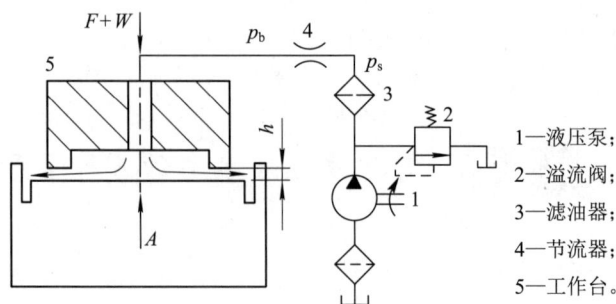

1—液压泵；
2—溢流阀；
3—滤油器；
4—节流器；
5—工作台。

图 6-23　开式静压导轨

图 6-24 所示为闭式静压导轨。压力油经可变节流器节流后，通入导轨面油腔和辅助导轨面油腔。假定在初始状态，节流器的膜片在平直状态，导轨面油腔节流口节流缝隙宽度为 a_1，辅助导轨面节流口节流缝隙宽度为 a_2，导轨面的油膜厚度为 h_1，辅助导轨面的油膜厚度为 h_2。每个油腔形成一个独立的液压支承点，在液压力的作用下动导轨及其运动部件便浮起来，形成液体摩擦。

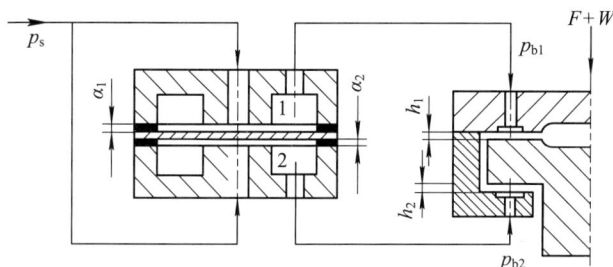

图 6-24　闭式静压导轨

当动导轨上受载荷 $F+W$ 作用时，平衡被破坏，动导轨下降，此时导轨副摩擦面间隙 h_1 减小，油液经导轨摩擦面的缝隙流回油箱的阻力增大，导致导轨面油腔的压强 p_{b1} 增高；辅助导轨摩擦面之间的间隙 h_2 增大，辅助导轨摩擦面的回油阻力减小，导致辅助导轨面油腔的压强 p_{b2} 减小。p_{b1}、p_{b2} 反馈给可变节流器，节流器的膜片向下弯曲，使节流器上腔节流缝隙变宽，节流阻力减小，下腔节流缝隙变窄，节流阻力增大，连通导轨副油腔的油液压强进一步增大，而辅助导轨副油腔的油液压强进一步减小，在油腔油液压力差的作用下，平衡外载。由上述分析可知，可变节流器上下油腔的节流液阻与导轨上下油腔液阻的阻值作相反的变化，增强了油腔压力随外载荷变化的反馈能力，减少了由外载荷变化引起的工作台位置的变化，即提高了导轨的刚度。因此，采用闭式导轨，油膜刚度较高，能承受较大载荷，并能承受偏载和倾覆力矩作用。闭式静压导轨适用于双矩形导轨。

静压导轨按供油情况可分为定压式静压导轨(如图 6-23 和图 6-24 所示)和定量式静压导轨(如图 6-25 所示)。在图 6-23 和图 6-24 中，节流器进口处的压强 p_s 是一定的，故称为定压式，目前应用较多。

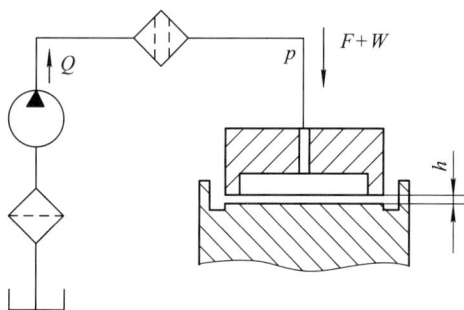

图 6-25　定量式静压导轨

定量式静压导轨保证流经油腔的润滑油流量为一定值。因此，每一油腔都需有一个定量泵供油，为了简化机构，常采用多联齿轮泵。由于流量不变，当导轨间隙随外载荷的增大而变小时，油压上升，载荷得到平衡。载荷的变化只会引起很小的导轨间隙变化，因而能得到较高的油膜刚度。定量式静压导轨无节流器，既可减少油的发热又可避免堵塞，但是需要多联液压泵。虽然每个液压泵的流量很小，但构造仍较复杂。

三、卸荷导轨

采用卸荷导轨可以减轻支承导轨的负荷，或相当于降低导轨的静摩擦系数，从而减少摩擦力，提高导轨的耐磨性和低速运动的平稳性。大型、重型机床的工作台和工件的重力很大，导轨面上的摩擦阻力很大，常采用卸荷导轨。由于卸荷导轨的导轨面仍然是直接接触的，因而不仅刚度较高，而且有较大的摩擦阻尼，还可以减振。

导轨的卸荷方式有机械卸荷、液压卸荷和气压卸荷。

(1) 机械卸荷导轨。图 6-26 所示为常用的机械卸荷装置，导轨上的一部分载荷由支承在辅助导轨面上的滚动轴承 3 承受，摩擦性质为滚动摩擦。一个卸荷点的卸荷力大小可通过调整螺钉 1，从而调节蝶形弹簧 2 来实现。卸荷点的数目取决于动导轨的载荷和卸荷系数(支座的卸荷力与承受的载荷之比)的大小。机械卸荷方式的卸荷力不能随外载荷的变化而调节。

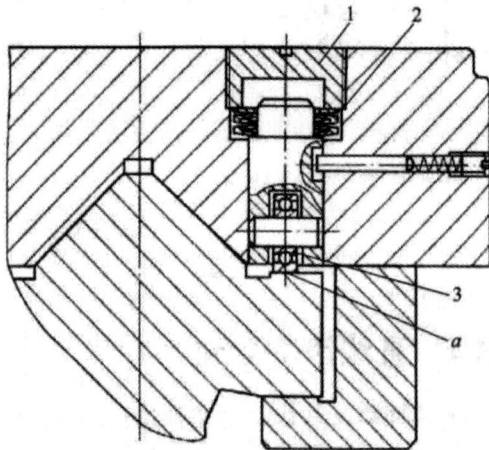

1—螺钉；2—蝶形弹簧；3—滚动轴承。

图 6-26 机械卸荷导轨

(2) 液压卸荷导轨。液压卸荷导轨是指在导轨上加工出纵向油槽，油槽结构与静压导轨相同，只是油槽的面积较小，压力油进入油槽后，油槽压力不足以将动导轨及运动部件浮起，但油压力作用于导轨副的摩擦面之间，减少了接触面的压强，改善了摩擦性质。采用液压卸荷导轨的机床有立式车床、龙门铣床、外圆磨床和平面磨床等。如果是液压传动的机床，采用液压卸荷导轨，还可共用一部分液压元件。导轨的液压卸荷系统是根据受载是否均匀进行选择的。当导轨受载不均匀时，即当移动部件和工件的重量在导轨上分布不均，切削力较大又产生倾覆力矩，导轨所在支承件的刚度又较低时，就会使导轨各支座的负荷相当不均匀。为了使每个支座具有与支座负荷相适应的卸荷力，可采用与支座数相同的节流阀，分别调节每个支座的油压。

(3) 自动调节气压卸荷导轨。压缩空气进入工作台的气槽，经导轨面间由于表面粗糙度而形成的微小间隙流入大气，导轨间的气压呈梯形分布，形成一个气垫，产生的上浮力对导轨进行卸荷。气压卸荷导轨以压缩空气作为介质,这种方式无污染,无回收问题,且黏度低,动压效应影响小。但由于气体的可压缩性,气体静压导轨的刚度不如液体静压导轨。为了兼顾精度和阻尼的要求,应使摩擦力基本保持恒定。导轨所受的载荷是随所承受的重量和切削力变化的,如果能使卸荷力随载荷而变,就可使导轨在不同载荷下的摩擦力比较接近,有利于提高定位精度。

课点 61 直线滚动导轨

滚动导轨是指在动导轨面和支承导轨面之间放置多个滚动体(如滚珠、滚柱或滚针),使两导轨面之间的摩擦成为滚动摩擦的导轨。滚动导轨与滑动导轨相比,其优点是摩擦系数小($f=0.002\sim0.005$),且动、静摩擦系数很接近。因此,滚动导轨摩擦力小,起动轻便,不易出现爬行;可得到较高的重复定位精度(可达 $0.1\sim0.2\,\mu m$);磨损小,精度保持性好,寿命长;可采用油脂润滑,润滑系统简单。滚动导轨常用于对运动灵敏度要求高的机床,如精密机床和各种数控机床。滚动导轨的缺点是导轨的刚度和抗振性能较差,但可以通过预紧方式提高;结构复杂,成本较高;对脏物比较敏感,必须有良好的防护装置。

一、滚动导轨的材料及技术要求

滚动导轨中滚动体的材料一般用滚动轴承钢,其淬火后硬度达 60 HRC 以上。滚动导轨中的支承导轨可用淬硬钢或铸铁制造。钢导轨具有承载能力大和耐磨性较高的特点,但工艺性差,成本高,常用材料为低碳合金钢、合金结构钢、合金工具钢等。淬硬钢导轨适用于静载荷高、动载荷和冲击载荷大、需要预紧和防护比较困难的场合。铸铁导轨常用材料HT200,硬度为 $200\sim220$ HBS,适用于中、小载荷,不需要预紧且不承受动载荷的导轨上。

导轨和滚动体的制造误差,会直接影响设备的加工精度和各滚动体上载荷的分布。有预紧的滚动导轨,制造误差会在导轨移动时使预紧力发生变化,影响导轨移动的均匀性。因此,滚动导轨的制造精度要求很高,除导轨的直线度和平行度要求外,对滚动体的精度要求也与滑动导轨相同。

二、滚动导轨的类型

1. 按滚动体类型分类

按滚动体类型,可分为滚珠、滚柱和滚针三种结构形式。滚珠导轨结构紧凑,容易制造,但因为是点接触,承载能力低,刚度差,适用于载荷较小的场合;滚柱导轨结构简单,制造精度高,承载能力和刚度都比滚珠导轨高,适用于载荷较大的机床;滚针比滚柱的长径比大,因此,滚针导轨的径向尺寸小,结构紧凑,承载能力大,但摩擦系数也大,可用在结构尺寸受到限制的场合。

2. 按循环方式分类

按滚动体循环与否,滚动导轨可分为循环式和非循环式。循环式滚动导轨的滚动体在运动过程中沿自己的工作轨道和返回轨道作连续循环运动,如图 6-27 所示。因此,运动部件的行程不受限制。这种结构装配和使用都很方便,防护可靠,应用广泛。滚动体不循环的滚动导轨,其滚动体由保持架相对固定,并始终与支承导轨接触。保持架的长度与支承导轨长度相等,保持架的长度限制了滚动导轨的工作行程,因此,非循环式滚动导轨多用于短行程导轨。

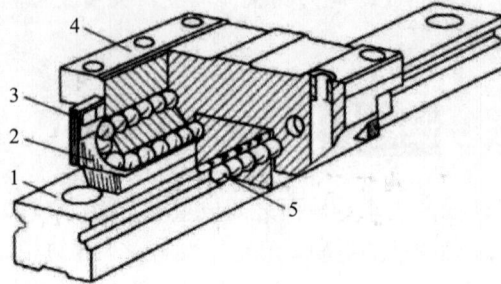

1—导轨条;2—端面挡板;3—密封垫;4—滑块;5—滚珠。

图 6-27　直线循环式滚动导轨图

三、直线滚动导轨副的工作原理

如图 6-27 所示,滚动导轨副由导轨条 1 和滑块 4 组成。导轨条是支承导轨,一般有两根,安装在支承件(如床身)上,滑块安装在运动部件上,可以沿导轨条作直线运动。每根导轨条上至少有两个滑块。若运动件较长,可在一根导轨条上装三个或更多的滑块。如果运动件较宽,也可用三根导轨条。滑块 4 中装有两组滚珠 5,两组滚珠各有自己的工作轨道和返回轨道,当滚珠从工作轨道滚到滑块的端面时,经端面挡板 2 和滑块中的返回轨道孔返回,在导轨条和滑块的滚道内连续地循环滚动。为防止灰尘进入,采用了密封垫 3 密封。

滚动导轨块用滚子作滚动体,与支承导轨的接触是线接触,承载能力和刚度都比滚珠导轨高,但摩擦系数略大。如图 6-28 所示,导轨块 3 用固定螺钉 1 固定在动导轨 2 上,滚动体 5 在导轨块 3 与支承导轨(一般用镶钢导轨)4 之间滚动,并经两端的端面挡板 6 及返回轨道返回,作循环运动。滚动导轨块与动导轨之间是面接触,其接触面相对于支承导轨面很小,可视为点,因而导轨块是一个定位点,每条导轨上安装两个滚动导轨块时,两条导轨形成一个定位平面,只限制三个自由度,需增加侧面导向的导轨,限制沿 x 方面移动和绕 y 轴转动的自由度,以保证导向精度。

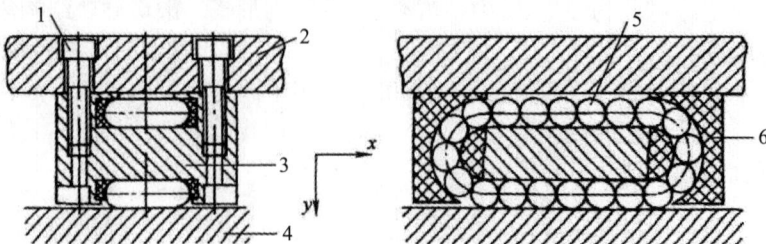

1—固定螺钉;2—动导轨;3—导轨块;4—支承导轨;5—滚动体;6—端面挡板。

图 6-28　滚动导轨块原理图

四、滚动导轨的精度和预紧

滚珠导轨副的精度分为1~6级，1级最高，6级最低，数控机床应采用1级或2级精度。滚柱导轨块的精度为1~4级。

在滚动体与导轨面之间预加一定载荷，可增加滚动体与导轨的接触面积，以减小导轨面平面度、滚子直线度以及滚动体直径不一致性等误差的影响，使大多数滚动体都能参与工作。由于有预加接触变形，接触刚度有所增加，从而提高了导轨的精度、刚度和抗振性。滚动导轨副的刚度与滚动轴承一样是载荷的函数，随载荷的增加而增加。因此，滚动导轨副应考虑预紧。不过预加载荷应为适当大小，太小不起作用，太大不仅对刚度的增加起不到明显作用，而且会增加牵引力，降低导轨寿命。

整体型直线滚动导轨副由制作厂家用选配不同直径钢球的办法来决定间隙或预紧，用户可根据对预紧的要求订货，不需要自己调整。对于分离式直线滚动导轨副和各种滚动导轨块，一般采用各种调整元件进行调隙或预紧。

五、直线滚动导轨的计算

滚动导轨的设计计算与滚动轴承相仿，以在一定的载荷下移动一定的距离，90%的支承不发生点蚀为依据。这个载荷称为额定动载荷，滚动体移动的距离称为滚动导轨的额定寿命。滚珠导轨副的额定寿命为50 km，滚子导轨块的额定寿命为100 km。滚动导轨副的预期寿命，除与额定动载荷和导轨的实际外(工作)载荷有关，还与导轨的硬度、滑块部分的工作温度和每根导轨上的滑块数有关。计算公式如下：

滚动体为球时，

$$L = 50\left(\frac{C}{F}\frac{f_H f_T f_C}{f_W}\right)^3$$

滚动体为滚子时，

$$L = 100\left(\frac{C}{F}\frac{f_H f_T f_C}{f_W}\right)^{\frac{10}{3}}$$

式中，L 为滚动导轨的预期寿命，单位为 km。C 为额定动载荷，单位为 N，可从样本手册中查出。F 为每个滑块或滚子导轨块的工作载荷，单位为 N。f_H 为硬度系数，当球导轨的导轨条或与滚子导轨块接触的定导轨面的硬度为 58~64 HRC 时，$f_H = 1.0$；硬度≥55 HRC 时，$f_H = 0.8$；硬度≥50 HRC 时，$f_H = 0.53$。f_T 为温度系数，当工作温度不超过 100℃ 时，$f_T = 1$。f_C 为接触系数，每根导轨上安装两个滑块时，$f_C = 0.81$；安装三个滑块时，$f_C = 0.72$；安装四个滑块时，$f_C = 0.66$。f_W 为载荷/速度系数，无冲击振动、滚动导轨的移动速度 $v \leqslant 15$ m/min 时，$f_W = 1~1.5$；轻冲击振动、15 m/min $< v \leqslant 60$ m/min 时，$f_W = 1.5~2$；有冲击振动、$v > 60$ m/min 时，$f_W = 2~3.5$。

导轨设计时，也可根据额定寿命和工作载荷，计算出导轨副的额定动载荷，按额定动载荷选择滚动导轨型号。额定动载荷按下式计算：

$$C = \frac{f_{\mathrm{W}}}{f_{\mathrm{H}}f_{\mathrm{T}}f_{\mathrm{C}}}F$$

如果工作静载荷 F_0 较大，则选择的滚动导轨的额定静载荷 $C_0 \geqslant 2F_0$。

课点 62　低速运动平稳性

一、爬行现象和机理

机床上有些运动部件需要作低速运动或微小位移，例如，外圆磨床砂轮架的横向切入运动、坐标镗床工作台的定位运动等。图 6-29(a)所示为一工作台及其驱动机构。运动由主动件 1 传入，经传动机构 2，驱动工作台(被动件)3 沿支承导轨 4 运动。如果运动速度很低，则当主动件 1 作匀速运动时，工作台 3 往往会出现明显的速度不均匀的现象。有时是时停时走，如图 6-29(b)，图中 v_{13} 是工作台 3 作匀速运动时的速度；有时是时快时慢，如图 6-29(c)。这种在低速时运动不平稳的现象称为爬行。在间歇微量位移机构中，也会出现这种爬行现象。

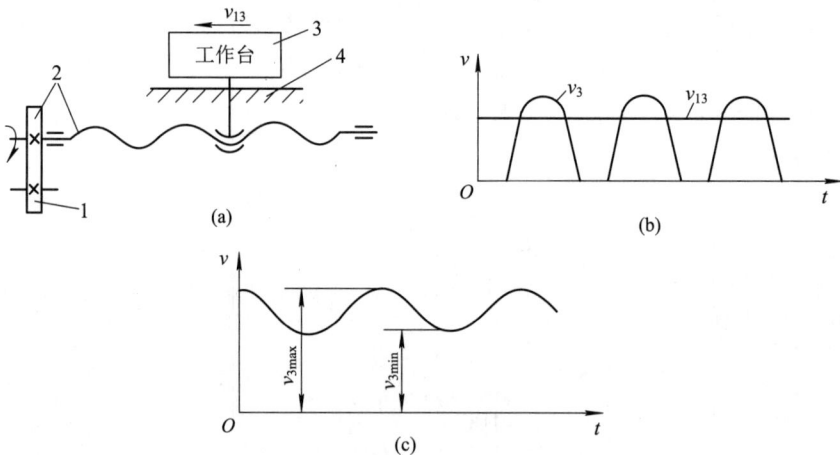

1—主动件；2—传动机构；3—工作台；4—支承导轨。

图 6-29　工作台的移动

运动速度不均匀的低速爬行，影响机床的加工精度、定位精度，使工件表面精度降低；爬行严重时会导致机床不能正常工作。因此，设计机床(尤其是精密机床和数控机床等)时必须重视爬行现象并加以解决。

爬行是一种摩擦自激振动。其产生的主要原因是摩擦面上的动摩擦系数小于静摩擦系数，且在低速范围内，动摩擦系数随滑移速度的增加而减小，传动系统的弹性变形也随滑移速度的增加而减小。图 6-29(a)所示的进给传动机构的力学模型见图 6-30。主动件 1 以极低的速度匀速移动，速度为 v；传动机构 2 简化为一个等效弹簧(其刚度为 K)和一个等效阻尼(阻尼系数为c_1)。动导轨及工作台3的质量为m，沿支承导轨4的x方向移动，摩擦力为F，F是变化的。当主动件以极低的速度匀速向右移动时，驱动力小于工作台的静摩擦力F时，工作台不运动，因而传动机构产生弹性变形，相当于压缩等效弹簧。主动件继续运动，等效弹簧的压缩量加大，工作台所受的驱动力也越来越大。当驱动力超过静摩擦力时，工作台开始移动，静摩擦变为动摩擦，摩擦系数迅速下降，使移动的速度增大。由于动摩擦力随速度的增加而减小，又使工作台的移动速度进一步加大。随着弹簧的伸长，压缩量逐渐恢复，驱动力在减小，当等于动摩擦力时，系统处于平衡状态。但是由于惯性，工作台仍以较大的速度移动，弹簧力进一步减小，当减小到小于动摩擦力时，加速度变为负值，工作台的移动速度开始降低，动摩擦力随之增大，并使速度进一步下降。当弹簧力和工作台的惯性不能克服摩擦力时，工作台便停止运动。主动件再重新开始压缩弹簧，上述现象再次重复，就产生了爬行。在边界摩擦和混合摩擦状态下，动摩擦系数的变化是非线性的，在等效弹簧的压缩过程中，工作台的速度小于主动件的速度，工作台的速度尚未减到零时，等效弹簧的弹性恢复力有可能又大于动摩擦力，使工作台再次加速，出现时快时慢的爬行现象。

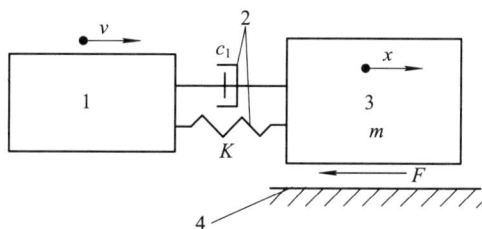

1—主动件；2—传动机构；3—动导轨及工作台；4—支承导轨。

图6-30 进给传动机构的力学模型

根据有关理论可知，传动机构的等效黏性阻尼系数c_1恒为正。c_2是摩擦阻尼系数，如果摩擦力随滑动速度的升高而下降，则c_2是负值，此时有可能出现爬行。因此，爬行只会出现在金属-金属摩擦副的边界摩擦和混合摩擦区，即只可能出现在低速时。如果由于高速的动压效应，或者速度虽低但采用静压支承，使摩擦副处于液体摩擦状态，则$c_2>0$，就不会出现任何形式的爬行。如果改变摩擦的性质、改变摩擦副的材料，或者改变润滑油的性能，使得摩擦系数在低速时不随速度的增加而下降，或虽下降但能保持$|c_2|_{max}<c_1$，则也不会发生爬行。这就是消除爬行的理论依据。

当低速运动进给机构设计完成后，即移动部件的质量m、传动机构的刚度K已经确定下来；导轨摩擦副材料选定以后，静、动摩擦系数之差也就确定下来了；根据导轨的受力分析，可以求出导轨的受力。这时，可用临界速度判断是否产生爬行。当导轨的最低速度大于临界速度时，不产生爬行；如果小于临界速度则将产生爬行。爬行的临界速度是评价机床性能的一个重要指标。临界速度按下式计算：

$$v_c = \frac{F\Delta f}{A_c\sqrt{Km}} \approx \frac{F\Delta f}{\sqrt{4\pi\xi Km}}$$

式中，v_c为动导轨的临界速度，单位为m/s；F为导轨面法向作用力，单位为N；Δf为静、动摩擦系数之差；A_c为运动均匀性系数，是阻尼比ξ的函数；ξ为阻尼比。

二、消除爬行的措施

在设计低速运动机构时，首先应估算其临界速度。如果所设计机构的最低速度低于临界速度，就应采取措施降低其临界速度。降低爬行临界速度的措施有：减少静、动摩擦系数之差；改变动摩擦系数随速度变化的特性；提高传动系统的刚性和阻尼比；尽量减少动导轨及工作台的质量。

1. 减少静动摩擦系数之差，改变动摩擦系数随速度增加而减小的特性

(1) 用滚动摩擦代替滑动摩擦。采用滚动导轨和滚珠丝杠螺母副，滚动摩擦系数很小，只有约 0.005，而且静、动摩擦系数实际上没有什么差别，动摩擦系数也不随速度而变化。

(2) 采用卸荷导轨和静压导轨。采用卸荷导轨后，移动件的一部分重量由卸荷装置承担。如果采用静压导轨，则导轨面被油层完全隔开，摩擦力就是油层间的剪切力，摩擦系数很小，并且没有静、动摩擦系数之差，摩擦性质为液体摩擦，c_2 为正值，故不会发生爬行。

(3) 采用减摩材料。摩擦副为钢或铁对聚四氟乙烯塑料时，Δf 较小，动摩擦系数基本不变。为了防止爬行，可在导轨表面镶装塑料板或其他减摩材料制成的导轨板。

(4) 使用导轨油。使用导轨油有可能在完全不改动原有滑动导轨构造的条件下消除爬行现象。静摩擦系数大于动摩擦系数以及低速时摩擦系数随速度的增加而降低的原因之一，是在边界摩擦状态下，运动件停止运动或低速运动时，油膜被挤破，发生金属的直接接触。导轨油内加入极性添加剂，增加了油性，使油分子紧紧地吸附在导轨上。运动件停止后油膜也不会被挤破。由于油的黏度较大，黏性阻尼也较大，采用较高标号的导轨油有利于缩短过渡过程。

2. 提高传动系统的刚度

(1) 机械传动的微量进给机构如果采用丝杠螺母机构，丝杠的拉压变形占整个传动系统总变形的 30%～50%，故应适当加大丝杠直径以提高拉压刚度。轴承应适度预紧，消除间隙。

(2) 缩短传动链，减少传动件的数量。

(3) 合理分配传动比，采用前密后疏的原则，使多数传动件受力较小。

(4) 对液压传动进给机构，应防止油液中混入空气。油液混入空气后，其容积弹性模量会急剧下降。

6.4　刀架和自动换刀装置设计

课点 63　刀架的功能类型和应满足的要求

一、机床刀架的功能和类型

机床上的刀架用于夹持切削用的刀具，是机床上的重要部件。许多刀架还直接参与切

削工作，如卧式车床上的四方刀架、转塔车床的转塔刀架、回轮式转塔车床的回轮刀架、自动车床的转塔刀架和天平刀架等。这些刀架既安放刀具又直接参与切削，承受极大的切削力，所以它往往成为工艺系统中的较薄弱环节。

机床刀架的类型，按照安装刀具的数目可分为单刀架和多刀架，如自动车床上的前、后刀架，天平刀架；按结构形式可分为四方刀架、转塔刀架、回轮刀架等；按驱动刀架转位的动力可分为手动转位刀架和自动(电动和液动)转位刀架。

二、机床刀架应满足的要求

(1) 满足工艺过程所提出的要求。机床依靠刀具和工件间相对运动形成工件表面，而工件的表面形状和表面位置的不同，要求刀架和刀库上能够布置足够多的刀具，而且能够方便而正确地加工各工件表面。为了实现在工件的一次安装中完成多工序加工，还要求刀架、刀库可以方便地转位。

(2) 在刀架、刀库上要能牢固地安装刀具，并能精确地调整刀具的位置。采用自动交换刀具时，应能保证刀具交换前后都能处于正确位置，以保证刀具和工件间准确的相对位置。刀架的运动精度将直接反映到被加工工件的几何形状精度和表面粗糙度上。为此，刀架的运动轨迹必须准确，运动应平稳，刀架运转的终点到位应准确。精度保持性要好，以便长期保持刀具的正确位置。

(3) 刀架、刀库、换刀机械手都应具有足够的刚度，可靠性要高。

(4) 刀架和自动换刀装置的换刀时间应尽可能缩短，以利于提高生产率。

(5) 操作方便和安全。刀架应便于工人装刀和调刀，切屑流出方向不能朝向工人，而且操作调整刀架的手柄(或手轮)要省力，应尽量设置在便于操作的地方。

课点 64 机床的几种典型刀架

一、卧式车床刀架

刀架是机床的重要组成部分，是用于夹持切削的刀具，因此其结构直接影响机床的切削性能和切削效率。在一定程度上，刀架的结构与性能体现了机床的设计制造技术水平。

二、转塔车床的转塔刀架

卧式车床刀架只能装四把刀，加上尾座也最多装五把刀。而有些零件加工表面很多，需要更多的刀具才能完成。因而出现了将尾座去掉，在此位置上安装能纵向移动的多工位转塔刀具。这样在转塔上可装六把刀具，加上前刀架、后刀架，这样就可使刀具增加到十把以上，形成转塔车床。这样工件在一次安装中，就可以加工完更多的表面，只不过这种转塔刀架的转位换刀一般是通过液压来完成的。

转塔刀架装配图如图 6-31 所示。在半自动转塔车床的转塔刀架中，转塔刀架鞍座 13 在进给液压缸活塞 12 的驱动下沿床身三角形导轨和平导轨作纵向进给运动。

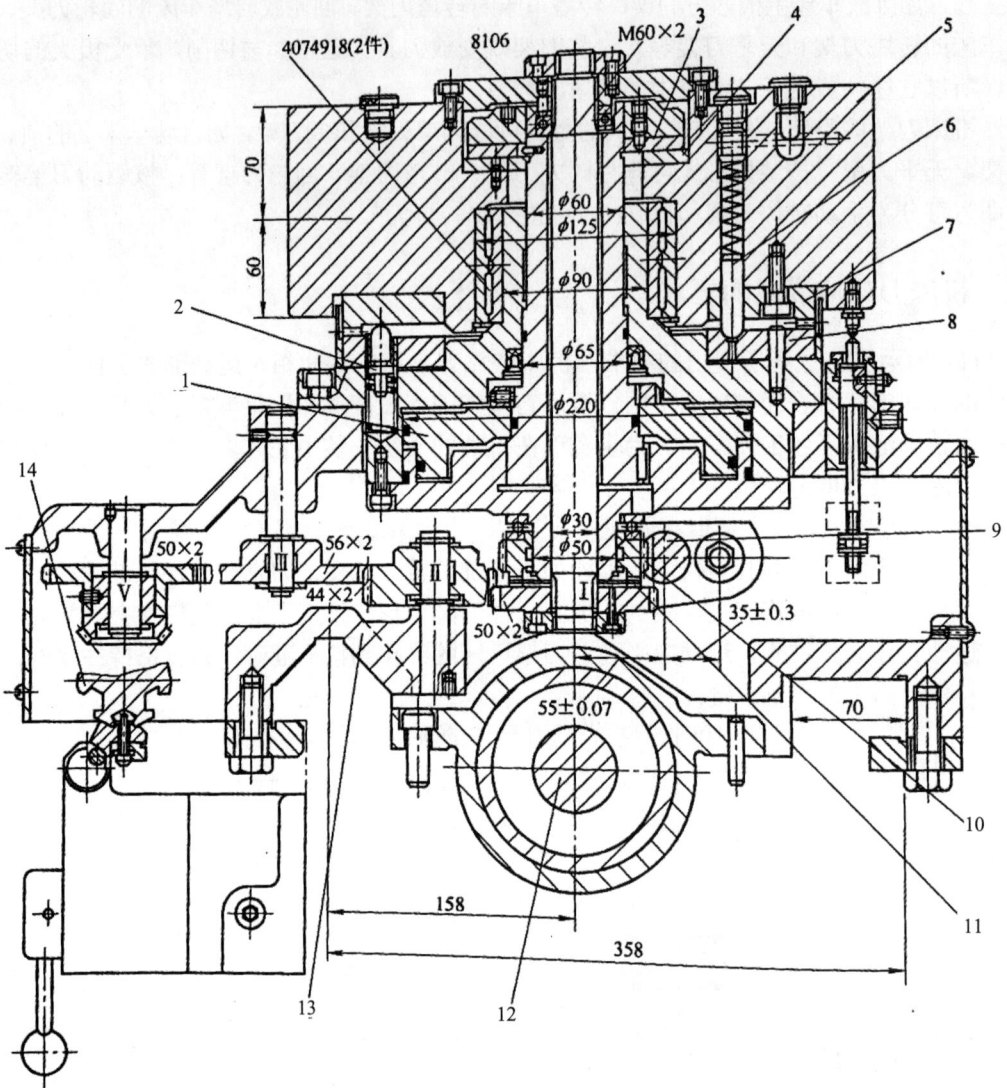

1—活塞；2、6—弹簧销；3、4—圆垫；5—刀架体；7、8—断面齿盘；9—转位活塞杆；
10—转位齿轮；11—离合器；12—进给液压缸活塞；13—刀架鞍座；14—六角花轴。

图 6-31　转塔刀架装配图

　　转位时鞍座退回床身尾部，松夹液压缸的下腔进高压油，活塞 1 带动刀架体 5 抬起，端面齿盘 7、8 脱离啮合，同时端面齿形离合器 11 接合。转位时由转位活塞杆 9 上的齿条，带动转位齿轮 10，使离合器 11、轴 I、刀架体 5 转位。调整转位活塞杆 9 上的挡块位置(图中未显示)，可以控制刀架体正确地转过 60°或 120°，转位后由弹簧销 6 粗定位。最后松夹液压缸上腔通压力油，刀架体随即被压下，端面齿盘在新的位置啮合，完成精定位，重复定位精度较高。这时当上腔通以 2 MPa 压力油时，将产生 6.5 kN 夹紧力，足够满足切削工作的需要。刀架上可以安装六组刀具，顺序转位，依次参加切削，也可间隔安装三组刀具进行切削，实现三工步或六工步两种半自动循环。

　　刀架转位的同时，通过轴 I 下端的齿轮传动轴 V 上的齿轮，再经一对锥齿轮传动六角花轴 14(总传动比为 1∶1)，六角花轴 14 六个面上的挡块，可分别控制相应的六组刀具纵向进给的极限位置。

三、数控车床采用的自动转位刀架

数控机床是一种高度自动化的机床，它的刀架一般都采用自动(电气或液压)转位方式，如图 6-32 所示。

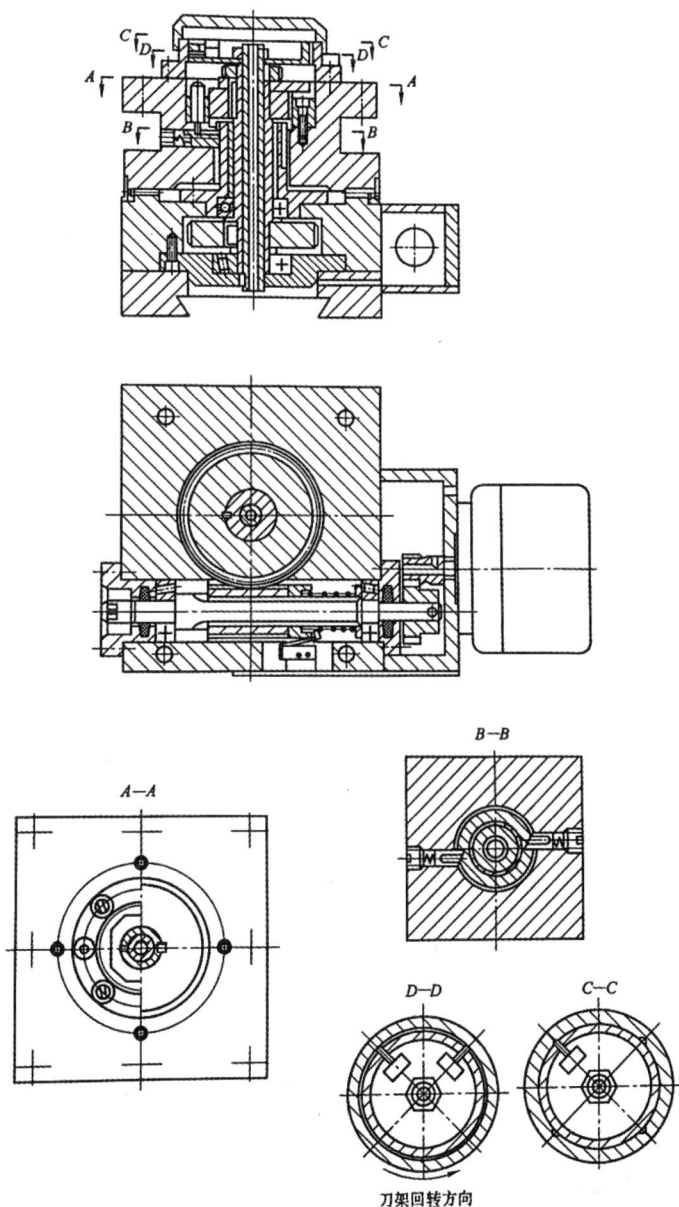

图 6-32　经济型数控车床采用的自动转位刀架

转位时，微型电动机通过齿轮、蜗杆蜗轮带动丝杠转动，使丝杠螺母连同四方刀架一起上升，使端面齿脱离啮合。当螺母上升到一定高度时，粗定位销插入斜面槽，粗定位开关发信号，停转，控制系统将该位置的编码与所需刀具编码加以比较，如果相同，则选定此位，控制系统指令电动机反转。由于斜面销的棘轮作用，四方刀架只能下降而不能转动，使端面齿轮啮合(即精定位)。当四方刀架下降到底后，电动机仍继续回转，使四方刀架被压紧。当压紧力(弹簧力)到达预定值(一般为切削力的两倍)时，压力开关发出停机信号，整个过程结束。

四、数控车床采用的排刀式刀架

排刀式刀架(如图 6-33(a)所示)一般用于小规格数控车床，尤在以加工棒料为主的机床中较为常见。它的结构形式为夹持着各种不同用途刀具的刀夹沿着机床的 X 坐标轴方向排列在横向滑板或快换台板(如图 6-33(b)所示)上。

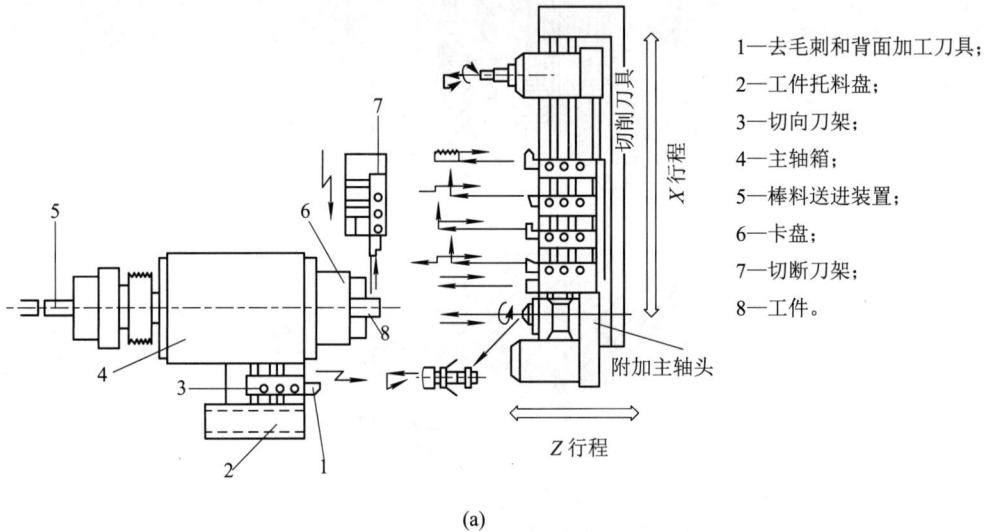

1—去毛刺和背面加工刀具；
2—工件托料盘；
3—切向刀架；
4—主轴箱；
5—棒料送进装置；
6—卡盘；
7—切断刀架；
8—工件。

(a)

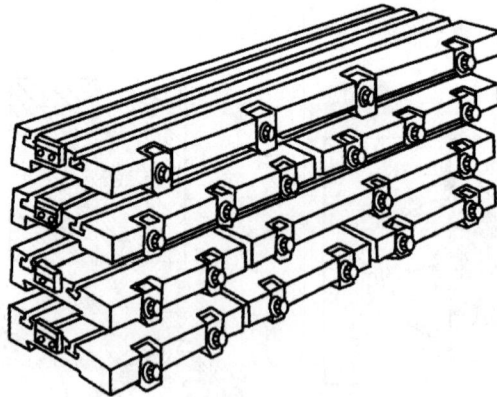

(b)

图 6-33　排刀式刀架与快换台板

排刀式刀架的特点之一是在使用时刀具布置和机床调整都比较方便，可以根据具体工件的车削工艺要求，任意组合各种不同用途的刀具。一把刀完成车削任务后，横向滑板只要按程序沿 X 轴轴向移动预先设定的距离，第二把刀就到达加工位置，这样就完成了机床的换刀动作。这种换刀方式迅速省时，有利于提高机床的生产率。当使用快换台板时，可实现成组刀具的机外预调，即当机床在加工某一工件的同时，可以利用快换台板在机外组成加工同一种零件或不同零件的排刀组，利用对刀装置进行预调。当刀具磨损或需要更换加工零件品种时，可以通过更换台板来成组地更换刀具，从而使换刀的辅助时间大大缩短。

此外，还可以在排式刀架上安装不同用途的动力刀架，如钻、扩、铣、攻螺纹等二次加工工序，以使机床可在一次装夹中完成工件的全部或大部分加工工序。这种刀架结构简单，制造成本低，但仅适用于加工直径小于 100 mm 的车床。直径大于 100 mm 的车床多采用转塔刀架。

五、数控车床采用的 12 个刀位的回转刀架

数控车床采用的 12 个刀位的回转刀架，刀架的夹紧和转位都由液压油缸驱动。接到转位信号后，液压缸的右腔进油，将中心轴和刀盘左移，使端面齿盘之间分离，然后，液压马达驱动凸轮旋转，凸轮每转一周拨过一个柱销，使刀盘转过一个工位，同时，固定在中心轴尾端的 12 个选位凸轮，压合相应的计数开关一次。当刀盘转到新预选工位时，液压马达制动，然后液压缸左腔进油，将中心轴和刀盘向右拉紧，使两端面齿盘啮合夹紧。此时，中心轴尾部平面压下开关，发出转位结束信号。该刀架可以向正反两个方向旋转，并可自动选择最近的回转路线，以缩短辅助时间。

六、数控车床采用的电动转塔刀架

数控车床采用的电动转塔刀架如图 6-34 所示。

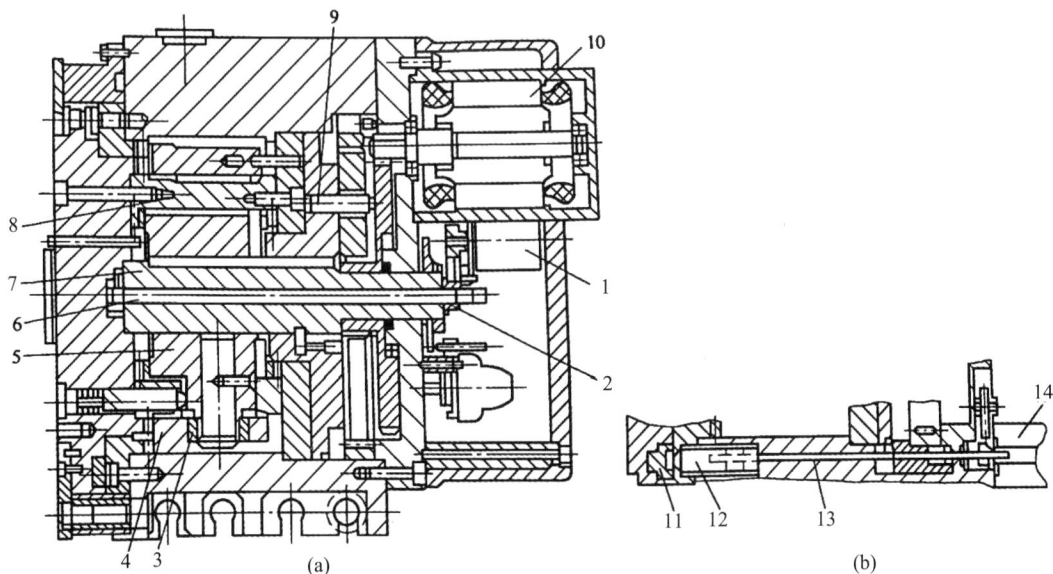

1—开关；2—齿轮；3—夹紧轮；4—下定位齿盘；5、8—套；6—轴销；7—轴；9—行星轮系杆；
10—电动机；11—预定位套；12—预定位销；13—预定位杆；14—电磁铁。

图 6-34　数控车床采用的电动回转刀架

当转塔刀架接到转位指令后，电动机 10 通过齿轮带动行星轮系杆 9 旋转，再通过轴 7

带动套 5 转动，套 5 沿圆周方向均布三个夹紧轮 3，此时夹紧轮沿着下定位齿盘 4 上的凸轮槽移动，当夹紧轮进入槽中的凹部时，将使下定位齿盘向右移动，从而使上、下定位齿盘脱离啮合，完成转塔打开动作。接着套 5 带着夹紧轮继续旋转，推动与转塔头连在一起的套 8 同步转动，进行分度转位工作，当达到预选位置时，电磁铁 14 动作，将预定位杆 13 向左推出，使预定位销 12 进入转塔的预定位套 11 中，当预定位销到位后，接近开关发出信号使电动机停止转动，并立即进行反转，使夹紧套带动夹紧轮反向转动，从而将下定位齿盘 4 向左移动，上、下定位齿盘啮合(精定位)，靠下定位齿盘凸轮槽中的凸起部分夹紧转塔。该转塔刀架的特点是靠移动下定位齿盘来完成打开动作，整个过程转塔不抬起。

课点 65　机床刀架的转位机构和定位机构设计

一、转位机构设计

从前面介绍的几种刀架结构看，卧式车床采用手柄、转轴、端面凸轮、销子带动四方刀架转位；转塔车床的转塔刀架则采用液压缸活塞齿条、齿轮、转动刀架体转位；还有一些采用电动机驱动的转位机构。

1. 液压(或气动)驱动的活塞齿条齿轮转位机构

这种由液动驱动的转位机构有调速范围大、缓冲制动容易、转位速度可调、运动平稳、结构尺寸较小、制造容易等优点，因而应用较广泛。其转位角度大小可由活塞杆上的限位挡块来调整。转位机构也有采用气动的。气动的优点是结构简单，速度可调，但运动不平稳，有冲击，结构尺寸大，驱动力小，故一般多用在非金属切削的自动化机械和自动线的转位机构中。

2. 伺服电动机驱动的刀架转位机构

随着现代技术的发展，可以采用直流(或交流)伺服电动机驱动蜗杆、蜗轮(消除间隙)实现刀架转位，转位的速度和角位移均可通过半闭环反馈进行精确控制加以实现。

二、定位机构设计

目前在刀架的定位机构中多采用圆锥销定位和端面齿盘定位。

1. 圆锥销定位

圆柱销和斜面销定位时容易出现间隙，而圆锥销定位精度较高，它进入定位孔时一般靠弹簧力或液压、气动，圆锥销磨损后仍可以消除间隙，以获得较高的定位精度。

2. 端面齿盘定位

端面齿盘定位由两个齿形相同的端面齿盘相啮合而成，由于啮合时各个齿的误差相互抵偿，起着误差均化的作用，定位精度高。

一般齿盘外径范围为 $100 \sim 800\,\text{mm}$，且参数 z、齿形角 α、外径 D、定位基准孔径 d 与重合厚度均已标准化。

3. 端面齿盘定位的特点

(1) 定位精度高。由于端面齿盘定位齿数多，且沿圆周均布，向心多齿结构，经过研齿的齿盘，其分度精度一般可达±3″左右，最高可达±0.4″以内。一对齿盘啮合时具有自动定心作用，所以中心轴的回转精度、间隙及磨损对定心精度几乎没有影响，对中心轴的精度要求低，装配容易。

(2) 重复定位精度好。由于多齿啮合相当于上下齿盘齿的反复磨合对研，越磨合精度越高，重复定位精度也越好。

(3) 定位刚性好，承载能力大。两齿盘多齿啮合，由于齿盘齿部强度高，并且一般齿数啮合率不少于90%，齿面啮合长度不少于60%，故定位刚性好，承载能力大。

课点 66　带有刀库的自动换刀装置

目前自动换刀装置主要用在加工中心和车削中心上，但在数控磨床上自动更换砂轮，电加工机床上自动更换电极，以及数控压力机上自动更换模具等的应用也日渐增多。自动换刀装置的刀库和换刀机械手的驱动都是通过采用电气或液压自动实现的。

一、数控车床的自动换刀装置

数控车床的自动换刀装置主要采用回转刀盘，刀盘上安装 8～12 把刀。有的数控车床采用两个刀盘，实行四坐标控制，少数数控车床也具有刀库形式的自动换刀装置。刀具与主轴中心平行安装，回转刀盘既有回转运动又有纵向进给运动($S_纵$)和横向进给运动($S_横$)。刀盘中心线相对于主轴中心线倾斜的回转刀盘，刀盘上有 6～8 个刀位，每个刀位上可装两把刀具，分别加工外圆和内孔。装有两个刀盘的数控车床，其中一个刀盘的回转中心线与主轴中心线平行，用于加工外圆；另一个刀盘的回转中心线与主轴中心线垂直，用于加工内表面。安装有刀库的数控车床，刀库可以是回转式或链式，通过机械手交换刀具。带鼓轮式刀库的数控车床，回转刀盘上装有多把刀具，鼓轮式刀库上可装 6～8 把刀，机械手可将刀库中的刀具换到刀具转轴上去，刀具转轴可由电动机驱动回转进行铤削加工，回转头可交换采用回转刀盘和刀具转轴，轮番进行加工。

二、加工中心的自动换刀装置

具有钻、镗、铣功能的数控镗铣床，为了使工件能在一次安装中实现工序高度集中、加工完最多的工件表面，且尽量节省辅助时间，一般在其上配置刀库，并由机械手进行自动换刀，形成带自动交换刀具装置的数控铣床，通称为加工中心(Machining Center，MC)。

加工中心初期曾采用转塔头式的换刀方式，它的电动机、变速箱、转塔头做成一体，结构紧凑，但变速箱工作时的振动和热量都直接传到转塔上来，而且每把刀都需要一个主轴，所以它的刀具数量、尺寸、结构都受到很多限制。

因为加工中心有立式、卧式、龙门式等几种，所以这些机床上的刀库和换刀装置也各式各样。加工中心上刀库类型有：鼓轮式刀库、链式刀库、格子箱式刀库和直线式刀库等。其中鼓轮式刀库应用较广，刀具轴线与鼓轮轴线平行(或垂直或成铣角)。这种刀库结构简单紧凑，应用较多。但因刀具单环排列，定向利用率低，若为大容量刀库则外径较大、转动惯量大、选刀运动时间长，故这种形式的刀库容量较小，一般不超过 32 把刀具。

链式刀库的容量较大，当采用多环链式刀库时，刀库外形较紧凑，占用空间较小。适用作大容量的刀库，在增加存储刀具数目时，可增加链条长度，而无需增加链轮直径。因此，链轮的圆周速度不会增加，且刀库的转动惯量不像鼓轮式刀库增加得那样多。

格子箱式刀库的刀库容量较大，结构紧凑，空间利用率高，但布局不灵活，通常将刀库安放于工作台上。有时甚至当使用一侧的刀具时，必须更换另一侧的刀座板。

直线式刀库的结构简单，刀库容量较小，一般应用于数控车床和数控钻床，个别加工中心也有采用。

此外，还有刀库采用无机械手换刀方式，将刀库设在主轴箱上，因为无机械手换刀没有机械手，所以这种刀库结构简单。

采用单独存储刀具的刀库，刀具数量可以增多，以满足加工复杂零件的需要，这时的加工中心只需一个夹持刀具进行切削的主轴，所以制造难度比转塔刀架低。小型加工中心有采用无机械手换刀的方式。它的刀库在立柱的正前方上部，刀库中刀具的存放方向与主轴方向一致。换刀时主轴箱带着主轴沿立柱导轨上升至换刀位置，主轴上的刀具正好进入刀库的某一个刀具存放位置(刀具被夹持住)；随后主轴内夹刀机构松开，刀库顺着主轴方向向前移动，从主轴中拔出刀具，然后刀库回转，将下一步所需的刀具转到与主轴对齐的位置；刀库退回，将整体前后移动，不仅刀具数量少(30 把)，而且刀具尺寸也较小，这种刀库旋转是在工步与工步之间进行的，即旋转所需的辅助时间与加工时间不重合。

单独存储刀具刀库的驱动是由伺服电动机经齿轮、蜗杆传动的。为了消除齿侧间隙而采用双片齿轮。蜗杆采用单头双导程蜗杆(左齿面导程为 9.6133 mm，右齿面导程为 9.2363 mm)以消除蜗杆蜗轮啮合间隙，压盖和轴承套之间用螺纹联接。转动轴承套就可使蜗杆轴向移动以调整间隙，螺母用于在调整后锁紧，刀库的最大转角为 180°。在控制系统中有一个自动判别机能，决定刀库正反转，以使转角最小。刀库及转位机构装在一个箱体内，用滚动导轨支承在立柱顶部，用液压缸驱动箱体的前移和后退。

对于刀库中刀具存储方向与主轴方向在空间相差 90° 的自动换刀系统，20 把刀的圆盘刀库由伺服电动机经十字滑块联轴器、蜗杆、蜗轮带动旋转。机床加工时，刀库先按程序中的 "T" 指令将准备换的刀具转到刀库最下端的位置；加工完毕，汽缸的活塞杆带动拨叉上升，拨动刀座的右部滚子，使刀座、刀具旋转 90°，刀头向下。

图 6-35 所示为换刀机械手的驱动机构。换刀时主轴箱上升至换刀位置，机械手由液压缸活塞齿条 2、齿轮 3、传动盘 4、杆 5 带动回转 75°。两机械手一个抓住主轴，将主轴位置固定，另一个抓住刀具，将刀具从刀座中拔出，然后汽缸活塞齿条 7、齿轮 6、传动盘 4、杆 5 带动机械手手臂回转 180°。汽缸 1 使机械手手臂上升，将新刀具插入主轴，将旧刀具插入刀座中。主轴内的夹紧机构能自动夹紧刀具，在液压缸活塞齿条 2 的作用下，机械手手臂反方向回转 75° 回原位。整个换刀过程的持续时间为 6～10 s。

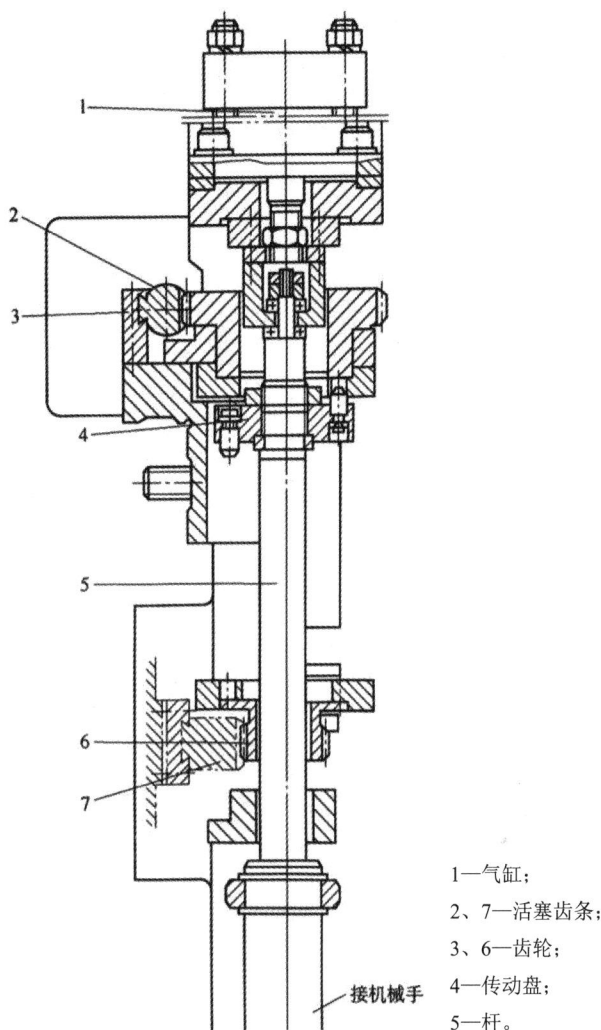

1—气缸;

2、7—活塞齿条;

3、6—齿轮;

4—传动盘;

5—杆。

接机械手

图 6-35 换刀机械手的驱动机构

通过以上自动换刀装置可以看出,刀库的驱动方式一般采用液压和电气两种方式。小型刀库可直接由蜗杆传动,大型刀库还需采用链条传动。

采用蜗杆传动时,可以使伺服电动机工作在最佳状态下(不采用伺服电动机的低速段工作)。有时由于结构上的原因,还要在蜗杆后再加一对齿轮。在圆盘式刀库上,为了提高刀库的转位分度精度,一般采用单头双导程蜗杆,以便在使用中随时调整蜗杆蜗轮的传动间隙,实现准确的转位分度,保证刀库工作的可靠性。

刀库的刀座运动线速度影响选刀效率,但是过快的线速度又影响刀库工作的可靠性,一般推荐采用 $v=22\sim30\,\mathrm{m/min}$。

三、链式刀库的构成

1. 链式刀库的类型

链式刀库是目前用得最多的一种形式,它由一个主动链轮带动装有刀座的链条。

方形链式刀库中，主动链轮由直流(交流)伺服电动机通过蜗杆、蜗轮减速装置驱动(根据结构需要有时还可加一对齿轮副)。这种传动方式，不仅在链式刀库中采用，在其他形式的刀库传动中也多有采用。导向轮一般都做成光轮，圆周表面硬化处理。兼起张紧轮作用的左侧两个导向轮，其轮座必须带导向槽(或导向键)，以免松开螺钉时轮座位置歪扭，给张紧调节带来麻烦。

2. 刀库的准停

如果刀座不能准确地停在换刀位置上，将会使换刀机械手抓刀不准，以致在换刀时容易发生掉刀现象。因此，刀座的准停问题，将是影响换刀动作可靠性的重要因素之一。

为了确保刀座准确地停在换刀位置上，需要采取如下措施：

(1) 定位盘准停。由液压缸推动的定位销，插入定位盘的定位槽内，以实现刀座的准停。为了保证刀座的准停精度和刀座定位的刚性，链式刀库的换刀位置一般设在主动链轮上，或者尽可能设置在靠近主动链轮的刀座处。定位盘上的每个定位槽(或定位孔)，都对应于一个相应的刀座，而且定位槽(或定位孔)的节距要一致。

这种准停方式的优点是能有效地消除传动链反向间隙的影响；保护传动链，使其免受换刀撞击力；驱动电动机可不用制动自锁装置。

(2) 链式刀库要选用节距精度较高的套筒滚子链和链轮，而且在把刀座装在链条上时，要用专用夹具来定位，以保证刀座间距一致。

链式刀库的链条要有导向轮，沿导向槽移动，这样就能防止链条在运动中出现抖动现象，保证刀库工作的可靠性和回零开关工作的可靠性以及高重复精度。

(3) 圆盘式刀库宜采用单头双导程蜗杆传动。此外，还应尽可能提高刀座在圆盘上沿圆周安装的等分精度和径向位置精度。对于刀座需要翻转的刀库，还要保证每个刀座翻转的角度一致。

(4) 尽量减小刀座孔径和轴向尺寸的分散度，以保证刀柄槽在换刀位置上的轴向位置精度。

(5) 要消除反向间隙的影响。刀库驱动传动链，必然会有传动间隙，且这种间隙还会随机械磨损而增大，这将影响刀座准停精度。而对有定位盘的刀库来说，过大的间隙会影响定位盘的正常工作，因此必须设法消除反向间隙，其方法有以下几种：

第一种，电气系统自动补偿方式。其原理同伺服进给驱动系统的"反向间隙补偿"一样，这种方式能保证双向任意选刀和双向准停。

第二种，在链轮轴上装编码器，用对链轮传动进行补偿以实现准停。

第三种，单头双导程蜗杆传动方式。这种传动方式，通过调节蜗杆的轴向位置，把传动间隙调到理想程度。在这种传动方式中，如果还加用定位销准停方式，就容易出现"过定位"现象。

第四种，刀座单向运行、单向定位方式。这是消除反向间隙影响的一个"笨方法"。这时，刀库单向运行方向必须与机械手抓刀方向相反，否则机械手抓刀时会使刀座"挪位"。这种运行方式虽然能够消除传动间隙的影响，但却增加了选刀时间。因此这种方式一般只用于小容量刀库或顺序选刀的刀库上，且尽量少用。

第五种，刀座双向运行、单向定位方式。这种方式可进行任意方向选刀，但当刀座选刀方向与设定的定位方向相反时，要让刀座在选刀方向上多转过一个刀座位，然后再向设定定位方向运转一个刀座位进行定位，以此来消除反向间隙的影响。这种方式中的刀座定位运行方向，必须与机械手抓刀时的运动方向相反，以避免机械手抓刀时刀座"挪位"。

3. 刀库的回零

为了保证刀库的第 1 号刀座准确地停在初始位置上，由伺服电动机驱动的刀库必须设置回零撞块。

回零撞块可以装在链条上的任意位置上，而回零开关则安装在便于调整的地方。调整回零开关位置，使刀座准确地停在换刀机械手位置上。这时，处于机械手抓刀位置的刀座，编号为 1 号，然后依次编上其他刀座号。

刀库回零时，只能从一个方向回零，至于是顺时针回转回零还是逆时针回转回零，可由机电设计人员商定。

四、换刀机械手

换刀机械手是自动换刀装置中交换刀具的主要工具，它把刀库上的刀具送到主轴上，再把主轴上已用过的刀具返送回刀库。绝大部分加工中心都采用机械手换刀，而机械手种类繁多，下面介绍几种有代表性的换刀机械手。

1. 单臂双手爪型机械手

单臂双手爪型机械手又称扁担式机械手，它是目前加工中心上用得较多的一种。这种机械手的拔刀、插刀动作都由液压缸动作来完成，根据结构要求，可以采取液压缸动、活塞固定，或活塞动、液压缸固定的结构形式。而手臂的回转动作，则通过活塞的运动带动齿条齿轮传动来实现。机械手手臂的不同回转角度，由活塞的可调行程挡块来保证。这种液压缸活塞的密封松紧要适当，如果太紧会影响机械手的正常动作，要保证既不漏油又使机械手能灵活动作。这种液压缸活塞驱动的机械手，每个动作结束之前均需设置缓冲机构，以保证机械手的工作平稳、可靠。缓冲机构可以是小孔节流、针阀或楔形斜槽，也可是外接节流阀或缓冲阀等。

为了使机械手工作平稳可靠，除了需设置缓冲机构外，还要考虑尽可能减小机构的转动惯量。

液动驱动的机械手需要采用严格的密封和复杂的缓冲机构，且控制机械手动作的电磁阀都有一定的时间常数，换刀速度较慢，故近年来出现了可改善这一情况的凸轮联动式单臂双手爪型机械手。这种机械手的优点是由电动机驱动，不需要复杂的液压系统及其密封、缓冲机构，没有漏油现象，结构简单、工作可靠。同时，机械手的手臂回转和插刀、拔刀的分解动作是联动的，部分时间常数可重叠，从而大大缩短了换刀时间，其换刀时间一般约为 2.5 s。

2. 单臂双手爪且手臂回转轴与主轴成 45° 的机械手

这种机械手换刀动作可靠，换刀时间短，但对刀柄精度要求高，结构复杂，联机调整的相关精度要求较高，机械手离加工区较近。

3. 手爪

机械手的手爪在抓住刀具后，还必须具有锁刀功能，以防止在换刀过程中掉刀或刀具被甩出。当机械手松刀时，刀库的夹爪既起着刀座的作用，又起着手爪的作用。对于单臂双手爪式机械手的手爪，大多采用机械锁刀方式，有些大型加工中心还采用机械加液压锁刀方式。

目前加工中心上用得较多的一种手爪结构，是手臂的两端各有一个手爪，刀具被由弹簧推着的活动销(类似于人手的拇指)顶靠在手爪中。锁销被弹簧顶起，使活动销被锁住，不能后退，这就保证了机械手在换刀过程中手爪中的刀具不会被甩出。当手柄处于抓刀位置时，锁销被设置在主轴伸出端或刀库上的撞块压下，活动销就可以活动，使得机械手可以抓住(或放开)主轴或刀库刀座中的刀具。

此外，钳形杠杆机械手的使用也较普遍，锁销在弹簧作用下，其大直径外圈顶着止退销，杠杆手爪就不能摆动张开，手爪中的刀具就不会被甩出。当抓刀或还刀时，锁销被装在刀库或主轴端处的撞块压回，止退销和杠杆手爪就能够摆动、张开，刀具就能装入或取出。钳形手爪和杠杆手爪均为直线运动抓刀。

课点 67　刀具编码和识别装置

刀具(或刀座)识别装置是自动换刀装置中的重要组成部分。有了它就可以将所需刀具从刀库中准确地调出来，所以说刀具识别装置决定了选刀方式。常用的选刀方式有顺序选刀和任意选刀两种。顺序选刀是按照工艺要求依次将所用的刀具插入刀库的刀座中，顺序不能错，加工时按顺序调刀。更换不同的工件时必须重新排列刀库中的刀具顺序，因而操作十分繁琐，而且在加工同一工件中各工序的刀具不能重复使用。这不仅使刀具数量增多，而且在使用同一种刀具时，由于刀具的尺寸误差也容易造成加工精度不稳定。其优点是刀库的驱动及控制都比较简单。

随着数控系统的发展，目前绝大多数数控系统都具有刀具任选功能，因此目前多数加工中心都采用任选刀具的换刀方法。任选刀具的换刀方式有刀座编码、刀具编码和记忆等方式。

一、编码方式

1. 刀具编码方式

这种方式是对每把刀具进行编码，由于每把刀具都有自己的代码，因此，可以存放于刀库的任一刀座中。这样刀库中的刀具在不同的工序中也就可重复使用，用过的刀具也不一定放回原刀座中，避免了因刀具存放在刀库中的顺序差错而造成事故，同时也缩短了刀库的运转时间，简化了自动换刀控制线路。

刀具编码的具体结构如图 6-36 所示。在刀柄 1 后面的拉杆 4 上套装有等间隔的编码环 2，由螺母固定 3。编码环既可以是整体的，也可由圆环组装而成。编码环直径有大、小两种，大直径的为二进制的"1"，小直径的为"0"。通过这两种圆环的不同排列，可以得到一系列代码。例如，由六个大、小直径的编码环组合便能区别 63 种刀具。通常全部为 0 的代码不许使用，以免与刀座中没有刀具的状况相混淆。为了便于操作者记忆和识别，也可采用二-八进制编码来表示。如 THK6370 自动换刀数控镗铣床的刀具编码采用了二-八进制，六个编码环相当于八进制的两位。

这种编码环中，若所有的编码环都是凸的，其号码在二进制时为(111111)，相当于二-八进制的(77)，也就是十进制的(63)。

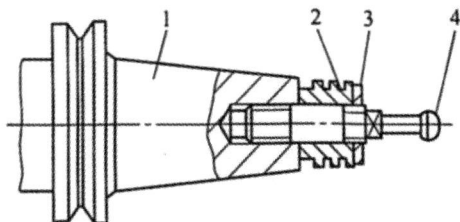

1—刀柄；2—编码环；3—螺母；4—拉杆。

图 6-36 刀具编码

2. 刀座编码方式

这种编码方式对每个刀座都进行编码，刀具也编号，并将刀具放到与其号码相符的刀座中。换刀时刀库旋转，使各个刀座依次经过识刀器，直至找到规定的刀座，刀库便停止旋转。由于这种编码方式取消了刀柄中的编码环，使刀柄结构大为简化，因此识刀器的结构不受刀柄尺寸的限制，而且可以放在较适当的位置。另外，在自动换刀过程中必须将用过的刀具放回原来的刀座中，增加了换刀动作。与顺序选择刀具的方式相比，刀座编码的突出优点是刀具在加工过程中可以重复使用。

在圆盘的圆周上均布若干个刀座，其外侧边缘上装有相应的刀座编码块，在刀库的下方装有固定不动的刀座识别装置。刀座编码的识别编码附件方式可分为编码钥匙、编码卡片、编码杆和编码盘等，其中应用最多的是编码钥匙。这种方式是先给各刀具都缚上一把表示该刀具号的编码钥匙，当把各刀具存放到刀库的刀座中时，将编码钥匙插进刀座旁边的钥匙孔中。这样就把钥匙的号码转记到刀座中，给刀座编上了号码。识别装置可以通过识别钥匙上的号码来选取该钥匙旁边刀座中的刀具。

编码钥匙的形状如图 6-37(a)所示。图中除导向凸起外，共有 16 个凸出或凹下的位置，故有 65 535 种凹凸组合，可区别 65 535 把刀具。

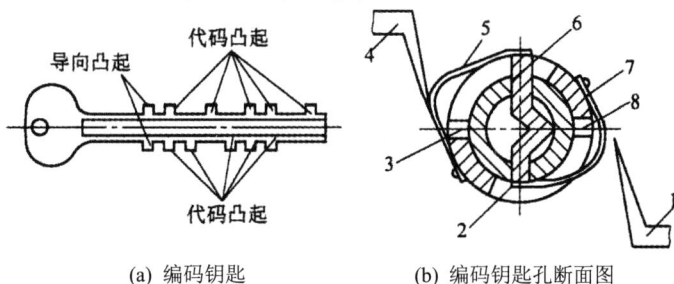

(a) 编码钥匙   (b) 编码钥匙孔断面图

1、4—电刷；2—钥匙凹处；3、8—钥匙孔座；5、7—弹簧接触片；6—钥匙凸起处。

图 6-37 编码钥匙

图 6-37(b)所示为编码钥匙孔断面图，钥匙沿着水平方向的钥匙孔插入钥匙孔座，然后顺时针方向旋转 90°，处于钥匙凸起处 6 的第一弹簧接触片 5 被撑起，表示代码"1"；处于钥匙凹处 2 的第二弹簧接触片 7 保持原状，表示代码"0"。由于钥匙上每个凸凹部分的旁边均有相应的电刷 4 或 1，故可将钥匙各个凸凹部分均识别出来，即识别出相应的

刀具。

这种编码方式称为临时性编码,因为从刀座中取出刀具时,刀座中的编码钥匙也取出,刀座中原来的编码随之消失。因此,这种方式具有更大的灵活性。这种编码方式中,用过的刀具必须放回原来的刀座中。

二、刀具识别装置

刀具识别装置是自动换刀系统中重要的组成部分,常用的有下列几种。

1. 接触式刀具识别装置

接触式刀具识别装置应用较广,特别适用于空间位置较小的编码,其识别原理如图 6-38 所示。在刀柄 1 上装有两种直径不同的编码环 4,规定大直径的环表示二进制的"1",小直径的环为"0",图中有 5 个编码环 4。在刀库附近固定一刀具识别装置 2,从中伸出几个触针 3,触针数量与刀柄上的编码环个数相等。每个触针与一个继电器相连,当编码环是大直径时与触针接触,继电器通电,其数码为"1";当编码环是小直径时与触针不接触,继电器不通电,其数码为"0"。当各继电器读出的数码与所需刀具的编码一致时,控制装置发出信号,使刀库停转,等待换刀。

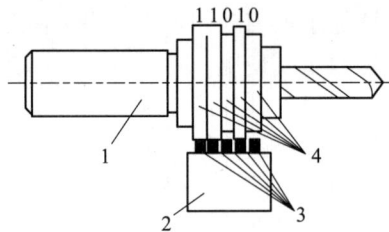

1—刀柄;2—刀具识别装置;3—触针;4—编码环。

图 6-38   接触式刀具识别装置

接触式刀具识别装置的结构简单,但由于触针会有磨损,故寿命较短,可靠性较差,且难于快速选刀。

2. 非接触式刀具识别装置

非接触式刀具识别装置没有机械直接接触,因而具有无磨损、无噪声、寿命长、反应速度快等优点,适用于高速、换刀频繁的工作场合。常用的有磁性识别法和光电识别法。

(1) 非接触式磁性识别法。磁性识别法是利用磁性材料和非磁性材料的磁感应强弱不同,通过感应线圈读取代码的方法。编码环的直径相等,分别由导磁材料(如软钢)和非导磁材料(如黄铜、塑料等)制成,规定前者编码为"1",后者编码为"0"。图 6-39 所示为一种用于刀具编码的磁性识别装置。图中刀柄 1 上装有非导磁材料编码环 4 和导磁材料编码环 2,与编码环相对应的有一组由检测线圈组成的非接触式识别装置 3。在检测线圈 6 的一次线圈 5 中输入交流电压时,如果编码环为导磁材料,则磁感应较强,在二次线圈 7 中会产生较大的感应电压。如果编码环为非导磁材料,则磁感应较弱,在二次线圈中感应的电压较弱。利用感应电压的强弱,就能识别刀具的号码。当编码环的号码与指令刀号相符时,控制电路便发出信号,使刀库停止运转,等待换刀。

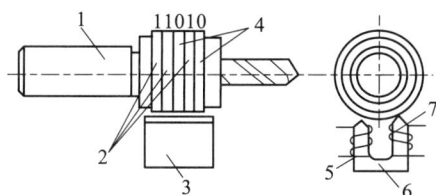

1—刀柄；2—导磁材料编码环；3—非接触式识别装置；4—非导磁材料编码环；

5——次线圈；6—检测线圈；7—二次线圈。

图 6-39 磁性识别装置

当尺寸受到限制时，不能采用由标准无触点开关组成的识刀器，可采用小型的磁性识刀器，它将六组磁芯叠合在一起，其宽度只有 30 mm。当数控装置发出选刀指令 T 后，选刀控制电路使刀库快速旋转，刀柄上的编码依次经过识刀器，在识刀器上感应出每把刀具的不同信号。经"刀号读出电路"将编码环所表示的号码读出，并经输入控制存入"刀号寄存器"内，然后送入"符合电路"与数控装置的 T 代码比较。如果读出的刀具号码与给定的 T 代码不一致，刀库继续旋转，进行识别比较。直至识刀器读出与给定的 T 代码一致的刀具号码，才发出选刀符合信号，选刀控制电路使刀库减速慢转，由刀库定位销定位，等待换刀。

(2) 光导纤维刀具识别装置。光导纤维刀具识别装置利用光导纤维良好的光传导特性，采用多束光导纤维构成阅读头。用靠近的两束光导纤维来阅读二进制码的一位时，其中一束将光源投射到能反光或不能反光(被涂黑)的金属表面，另一束光导纤维将反射光送至光电转换元件，将其转换成电信号，以判断正对这两束光导纤维的金属表面有无反射光。有反射时(表面光亮)编码为"1"，无反射时(表面涂黑)编码为"0"。在刀具的某个磨光部位按二进制规律涂黑或不涂黑，就可给刀具编上号码。位置处于中间的一小块反光部分用来发出同步信号。阅读头端面正对刀具编码部位，相对运动时，在同步信号的作用下，可将刀具编码读入，并与给定的刀具号进行比较而选刀。

在光导纤维中传播的光信号比在导体中传播的电信号具有更高的抗干扰能力。光导纤维可任意弯曲，这给机械设计、光源及光电转换元件的安装都带来了很大的方便。因此，这种识别方法很有发展前途。

近年来，"图像识别"技术也开始用于刀具识别。刀具不必编码，而在刀具识别位置上利用光学系统将刀具的形状投影到由许多光电元件组成的屏板上，从而将刀具的形状变为光电信号，经信息处理后存入记忆装置中。选刀时，数控指令 T 所指的刀具在刀具识别位置出现图形，并与记忆装置中的图形进行比较，选中时发出选刀符合信号，刀具便停在换刀位置上。这种识别方法虽然有很多优点，但系统价格较昂贵。

3. 利用可编程序控制器(PLC)实现随机换刀

随着计算机技术的发展，可以利用软件选刀，它代替了传统的编码环和识刀器。在这种选刀与换刀的方式中，刀库上的刀具能与主轴上的刀具任意地直接交换，即随机换刀。主轴上换来的新刀号及还回刀库上的刀具号，均在 PLC 内部相应的存储记忆单元中。随机换刀控制方式需要在 PLC 内部设置一个模拟刀库的数据表，其长度和表内设置的数据与刀库的位置数和刀具号相对应。这种方法主要由软件完成选刀，从而消除了由于识刀装置的稳定性所带来的选刀失误。

(1) 自动换刀(ATC)控制如图 6-40 所示，刀库有 8 个刀座，可存放 8 把刀具。刀座固定位置编号为方框内 1～8 号，方框内 0 号为主轴刀位置号。由于刀具本身不附带编码环，所以刀具编号可任意设定，如图中 10～18 的刀号。一旦给某刀编号后，这个编号不应随意改变。为了使用方便，刀号也采用 BCD 码(Binary-Coded Decimal，二进制编码的十进制)。

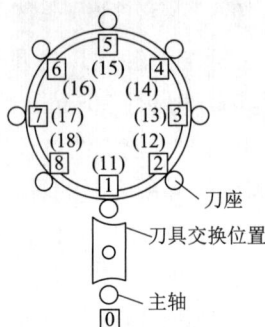

图 6-40 自动换刀控制

在 PLC 内部建立一个模拟刀库的刀号数据表。数据表的表序号与刀库刀座编号相对应，每个表序号中的内容就是对应刀座中所插入的刀具号。图中刀号数据表首地址 TAB 单元固定存放主轴上刀具的号，TAB+1～TAB+8 存放刀库上的刀具号。由于刀号数据表实际上是刀库中存放刀具的位置的一种映射，所以刀号数据表与刀库中刀具的位置应始终保持一致。

(2) 刀具的识别虽然不附带任何编码装置，而且采取任意换刀方式，即刀具在刀库中不是顺序存放的，但是，由于 PLC 内部设置的刀号数据表始终与刀具在刀库中的实际位置相对应，所以对刀具的识别实质上转变为对刀库位置的识别。当刀库旋转，每个刀座通过换刀位置(基准位置)时，产生一个脉冲信号，将其送至 PLC，作为计数脉冲。同时，在 PLC 内部设置一个刀库位置计数器，当刀库正转(CW)时，每发一个计数脉冲，使该计数器递增计数；当刀库反转(CCW)时，每发一个计数脉冲，则计数器递减计数。于是计数器的计数值始终在 1～8 之间循环，而通过换刀位置时的计数值(当前值)总是指示刀库的现在位置。

当 PLC 接到寻找新刀具的 T 指令后，在模拟刀库的刀号数据表中进行数据检索，检索到 T 代码给定的刀具号，将该刀具号所在数据表中的表序号数存放在一个缓冲存储单元中。这个表序号数就是新刀具库中的目标位置。刀库旋转后，测得刀库的实际位置与要求得到的刀库目标位置一致时，即识别了所要寻找的新刀具。刀库停转并定位，等待换刀。

(3) 刀具的交换及刀号数据表的修改。当前一工序加工结束后需要更换新刀加工时，CNC 系统发出自动换刀指令 M06，控制机床主轴准停，机械手执行换刀动作，将主轴上用过的旧刀和刀库上选好的新刀进行交换。与此同时，应通过软件修改 PLC 内部的刀号数据表，使相应刀号数据表单元中的刀号与交换后的刀号相对应。

习题与思考题

6-1　主轴部件应满足哪些基本要求？

6-2　主轴的轴向定位方式有几种？各有什么优缺点？适用于哪些场合？

6-3　简述主轴组件在机床中的功能及基本要求。

6-4　在支承件的设计中，支承件应满足哪些基本要求？

6-5　支承件的常用材料有哪些？各有什么优缺点？

6-6　机床导轨应满足的要求有哪些？

6-7　导轨的卸荷方式有哪几种？各有什么优缺点？

6-8　数控机床的刀架和卧式车床的刀架有什么不同？为什么？

项目七　典型机床设计举例

7.1　车　床

课点 68　车床概述

一、车床的用途和运动

车床是机械制造中使用最广泛的一类机床，车床占机床总台数的 20%～35%。车床主要用于加工各种回转表面(内外圆柱面、圆锥面、成型回转表面等)和回转体的端面，有些车床还能加工螺纹面。车床上使用的刀具主要是车刀，还可用钻头、扩孔钻、铰刀等孔加工刀具，以及丝锥、板牙等螺纹刀具。卧式车床的工艺范围很广，能进行多种表面的加工，如内外圆柱面、圆锥面、环槽、成型回转面、端平面及各种螺纹，还可进行钻孔、扩孔、铰孔和滚花等工作。

车床上的主运动为主轴的回转运动，进给运动是刀具的直线移动。进给量常以主轴每转刀具的移动量表示，单位为 mm/r。在车削螺纹时，只有一个复合的主运动，即螺旋运动，它可以分解为主轴的旋转运动和刀具的移动。另外，车床上还有一些必要的辅助运动，如为了将毛坯加工到所需要的尺寸，车床还应有切入运动(切入运动通常与进给运动方向相垂直，在卧式车床上由工人用手移动刀架来完成)，有些车床还有刀架纵向、横向的快速移动。

卧式车床的主参数是床身上最大工件回转直径，第二主参数是最大工件长度。这两个参数表明车床加工工件的最大极限尺寸，同时反映了机床的尺寸大小，因为主参数决定了主轴轴线距离床身导轨的高度，第二主参数决定了床身的长度。

二、车床的组成

卧式车床主要用于对各种轴类、套类和盘类零件进行加工，如图 7-1 所示。其主要组成部件有主轴箱、刀架、尾座、床身、溜板箱和进给箱等。

(1) 主轴箱。主轴箱 1 固定在床身 4 的左端，其内部安装有主轴和变速传动机构，工件通过卡盘装夹在主轴前端。主轴箱的功用是支承主轴并把动力经变速传动机构传给主轴，使主轴带动工件按规定的转速旋转，实现主运动。

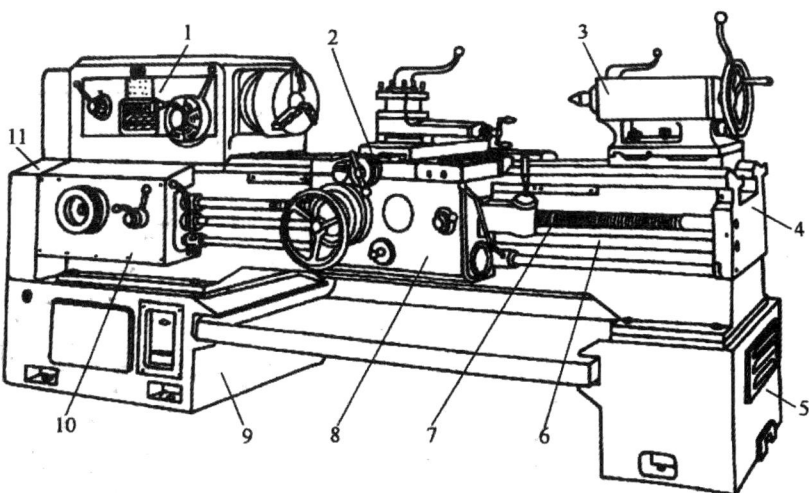

1—主轴箱；2—刀架；3—尾座；4—床身；5、9—支承座；6—光杠；
7—丝杠；8—溜板箱；10—进给箱；11—挂轮机构。

图 7-1　卧式车床外形图

(2) 刀架。刀架 2 安装在床身 4 的刀架导轨上，并可沿此导轨纵向移动。刀架部件由几层刀架组成，它的功用是装夹车刀，实现纵向、横向或斜向进给运动。

(3) 尾座。尾座 3 安装在床身 4 的刀架导轨上，可沿导轨纵向调整位置。它的功用是用后顶尖支承长工件，也可以安装钻头、铰刀等孔加工刀具进行孔加工。

(4) 床身。床身 4 安装在左床腿 9 和右床腿 5 上，它的功用是支承各主要部件，并使它们在工作时保持准确的相对位置或运动轨迹。

(5) 溜板箱。溜板箱 8 固定在刀架 2 的底部，可带动刀架一起纵向运动。它的作用是把进给箱通过光杠(或丝杠)传来的运动传递给刀架，使刀架实现纵向进给、横向进给、快速移动或车螺纹。在溜板箱上装有各种操纵手柄或按钮。

(6) 进给箱。进给箱 10 固定在床身的左前侧，其内装有进给运动的变换机构，以改变机动进给的进给量或加工螺纹的导程。

课点 69　CA6140 型车床的传动系统

为了便于了解和分析机床的传动关系，通常采用传动系统图。图 7-2 所示为 CA6140 型卧式车床传动系统图。机床的传动系统图使用规定的符号，将传动链中的传动件按照运动传递或联系顺序依次排列，画在一个能反映机床基本外形和各主要部件相互位置的平面上，并尽可能绘制在机床外形的轮廓线内。图中应标明齿轮和蜗轮的齿数、蜗杆头数、丝杠导程、皮带轮直径、电动机功率和转速等。传动系统图只表示传动关系，不表示各传动件的实际尺寸和空间位置。

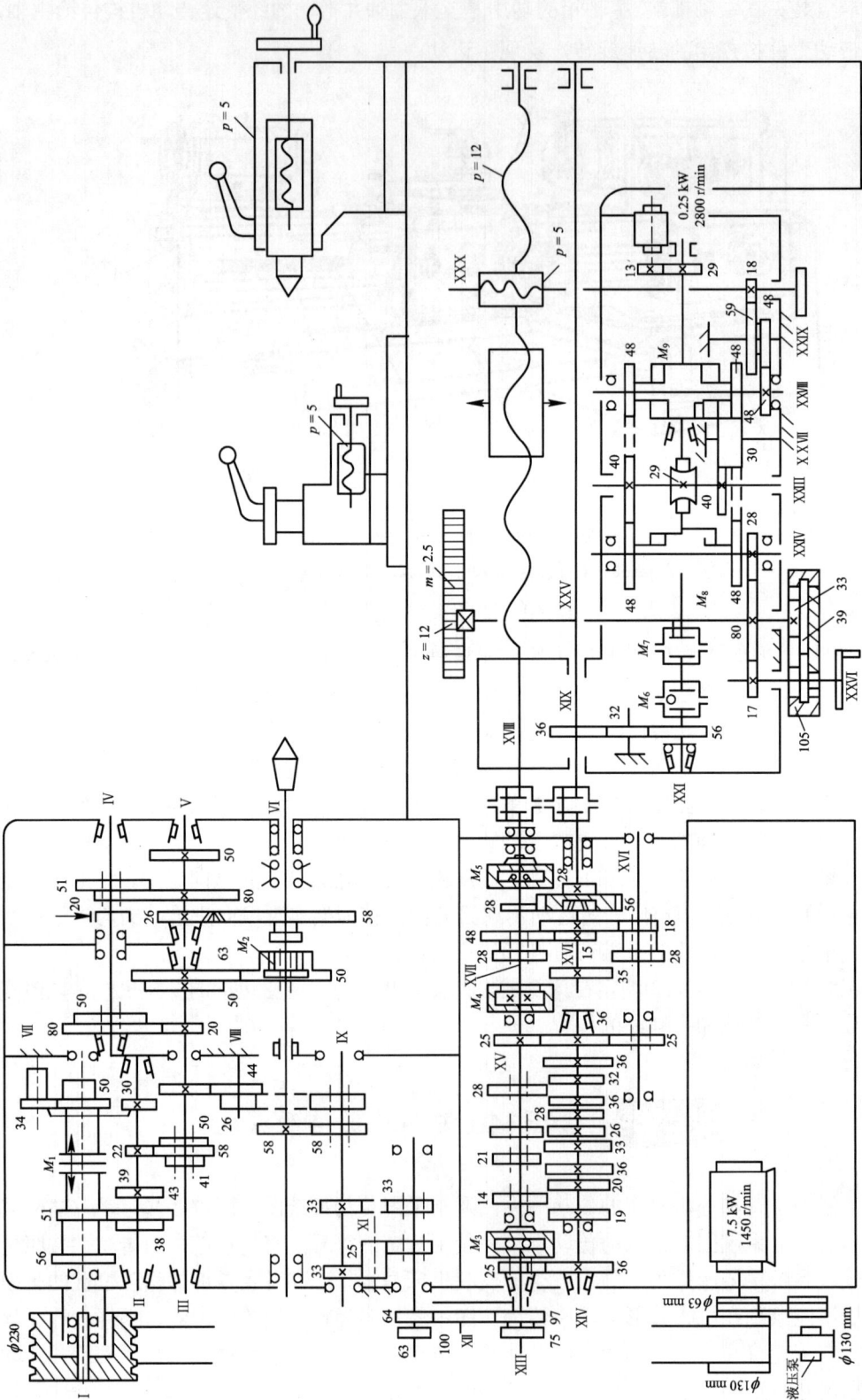

图 7-2 CA6140 型卧式车床传动系统图

一、主运动传动链

主运动传动链的两末端件是主电动机和主轴，主运动传动链的功用是把动力源的运动和动力传给主轴，使主轴带动工件按规定转速旋转，实现主运动。

1. 传动路线

运动由电动机(7.5 kW，1450 r/min)经V带传动副ϕ130 mm/ϕ230 mm 传至主轴箱中的轴Ⅰ。在轴Ⅰ上装有双向多片摩擦离合器 M_1，其作用是控制主轴的启动、停止和换向。M_1的左、右两部分分别与空套在轴Ⅰ上的两个齿轮连在一起。当压紧离合器 M_1 左部的摩擦片时，轴Ⅰ的运动经齿轮副 56/38 或 51/43 传给轴Ⅱ。当离合器 M_1 右部接合时，运动经齿轮副 50/34 由轴Ⅰ传给轴Ⅷ，经齿轮副 34/30 再传到轴Ⅱ，这时轴Ⅰ至轴Ⅱ间多经过一个中间齿轮z_{34}，故轴Ⅱ的转向与经 M_1 左部传动时相反。如离合器 M_1 处于中间位置时，则轴Ⅰ空转，主轴停止转动。

轴Ⅱ的运动可分别通过三对齿轮副 22/58、39/41 或 30/50 传至轴Ⅲ。运动由轴Ⅲ传到主轴有两条传动路线。

(1) 高速传动路线。当主轴上的滑移齿轮z_{50}处于左端位置(与轴Ⅲ上的齿轮z_{63}啮合)，轴Ⅲ的运动经齿轮副 63/50 直接传给主轴，使主轴得到 450～1400 r/min 的高转速。

(2) 低速传动路线。主轴上的滑移齿轮 z_{50} 处于右端位置，使主轴上的齿式离合器 M_2 啮合，轴Ⅲ的运动经齿轮副 20/80 或 50/50 传给轴Ⅳ，然后再由轴Ⅳ经齿轮副 20/80 或 51/50 传给轴Ⅴ，再经齿轮副 26/58 及齿式离合器 M_2 传给主轴，使主轴得到 10～500 r/min 的低转速。

主运动传动路线表达式如下：

$$\text{主电动机} - \frac{\phi130}{\phi230} - \text{I} - \begin{cases} M_1(\text{左}) \\ (\text{正转}) \end{cases} \begin{cases} \dfrac{56}{38} \\[4pt] \dfrac{51}{43} \end{cases} \\ M_1(\text{右})(\text{反转}) - \dfrac{50}{34} - \text{VII} - \dfrac{34}{30} \end{cases} - \text{II} - \begin{cases} \dfrac{39}{41} \\[4pt] \dfrac{30}{50} \\[4pt] \dfrac{22}{58} \end{cases} - \text{III}$$

$$- \begin{cases} \dfrac{63}{50} \\[6pt] \begin{cases} \dfrac{20}{80} \\[4pt] \dfrac{50}{50} \end{cases} - \text{IV} - \begin{cases} \dfrac{20}{80} \\[4pt] \dfrac{51}{50} \end{cases} - \text{V} - \dfrac{26}{58} - M_2(\text{右移}) \end{cases} - \text{VI(主轴)}$$

二、主轴转速级数和转速

根据传动系统图和传动路线表达式，主轴正转时，有 6 种高转速和 24 种低转速，轴Ⅲ～

轴 V 间的 4 种传动比为

$$u_1 = \frac{50}{50} \times \frac{51}{50} \approx 1$$

$$u_2 = \frac{20}{80} \times \frac{51}{50} \approx \frac{1}{4}$$

$$u_3 = \frac{50}{50} \times \frac{20}{80} \approx \frac{1}{4}$$

$$u_4 = \frac{20}{80} \times \frac{20}{80} \approx \frac{1}{16}$$

其中 u_2 和 u_3 基本相同，所以实际上只有 3 种不同的传动比。因此，运动经由低速传动路线时，主轴实际上只能得到 $2 \times 3 \times (2 \times 2 - 1) = 18$ 级转速，加上高速传动路线的 $2 \times 3 = 6$ 级转速，主轴正转时总共可获得 24 级不同转速。

同理，主轴反转时可获得 $3 + 3 \times (2 \times 2 - 1) = 12$ 级不同的转速。

主轴的转速可按下列运动平衡式计算：

$$n_主 = 1450 \times \frac{130}{230} \times (1 - \varepsilon) u_{I-II} u_{II-III} u_{III-IV}$$

式中，$n_主$ 为主轴转速，单位为 r/min；ε 为 V 带传动的滑动系数，$\varepsilon = 0.02$；u_{I-II}、u_{II-III}、u_{III-IV} 分别为两轴间的可变传动比。

例如，在图 7-2 所示的齿轮啮合位置，主轴的转速为

$$n_主 = 1450 \times \frac{130}{230} \times 0.98 \times \frac{51}{43} \times \frac{22}{58} \times \frac{20}{80} \times \frac{20}{80} \times \frac{26}{58} \approx 10 \ (r/min)$$

主轴反转时，轴 I～轴 II 间的传动比大于正转时的传动比，所以反转时的转速高于正转时的转速。主轴反转主要用于切削螺纹时退回刀架，在不断开主轴和刀架之间传动联系的情况下，采用较高转速使刀架快速退至起始位置，可节省辅助时间。

三、进给运动传动链

车床进给运动传动链是实现刀具纵向或横向移动的传动链。卧式车床在切削螺纹时，进给传动链是内联系传动链。主轴每转一转，刀架的移动量应等于螺纹的导程。在切削外圆柱面和端面时，进给传动链是外联系传动链，进给量也以工件每转刀架的位移量来表示。因此，在分析进给传动链时，都把主轴和刀架当作传动链的两末端件。

运动从主轴 VI 开始，经轴 IX 传至轴 X，轴 IX～轴 X 可经过一对齿轮，也可经过轴 XI 上的惰轮，这是进给换向机构。然后，经过挂轮架至进给箱。从进给箱传出的运动，一条路线经丝杠 XIX 带动溜板箱，使刀架作纵向运动，这是车削螺纹的传动链；另一条路线经光杠 XX 和溜板箱带动刀架作纵向或横向的机动进给，这是一般机动进给的传动链。

1. 车削螺纹

CA6140 型卧式车床能车削米制、模数制、英制和径节制四种标准螺纹，此外还可以车削加大螺距、非标准螺距及较精密的螺纹。它既可以车削右旋螺纹，也可以车削左旋螺纹。

车削螺纹时，主轴和刀架之间必须保持严格的传动比关系，即主轴每转一转，刀架应该均匀地移动被加工螺纹一个导程的距离。因此，车削螺纹的运动平衡式为

$$l_{(主轴)} \times u \times t_{丝} = S$$

式中，$l_{(主轴)}$ 是指主轴转了一转；u 为从主轴到丝杠之间的总传动比；$t_{丝}$ 为机床丝杠的导程 (CA6140 型车床中 $t_{丝} = 12\ \text{mm}$)；S 为被加工螺纹的导程，单位为 mm。

在这个平衡式中，通过改变传动链中的传动比 u 就可以得到要加工的螺纹导程。

1) 米制螺纹

米制螺纹是我国常用的螺纹，国家标准中已经规定了其标准螺距值。表 7-1 所示为 CA6140 型车床米制螺纹表。由表可以看出，米制螺纹螺距数列是分段等差数列，即每行为一段，每段都是等差数列，而每列又是公比为 2 的等比数列。

表 7-1　CA6140 型卧式车床米制螺纹导程表

$u_{倍}$	$u_{基}$							
	$\dfrac{26}{28}$	$\dfrac{28}{28}$	$\dfrac{32}{28}$	$\dfrac{36}{28}$	$\dfrac{19}{14}$	$\dfrac{20}{14}$	$\dfrac{33}{21}$	$\dfrac{36}{21}$
$\dfrac{18}{45} \times \dfrac{15}{48} = \dfrac{1}{8}$	—	—	1	—	—	1.25	—	1.5
$\dfrac{28}{35} \times \dfrac{15}{48} = \dfrac{1}{4}$	—	1.75	2	2.25		2.5	—	3
$\dfrac{18}{45} \times \dfrac{35}{28} = \dfrac{1}{2}$	—	3.5	4	4.5		5	5.5	6
$\dfrac{28}{35} \times \dfrac{35}{28} = 1$	—	7	8	9	—	10	11	12

车削米制螺纹时，进给箱中的齿式离合器 M_3 和 M_4 脱开，M_5 接合。这时运动由主轴Ⅵ经齿轮副 58/58、换向机构 33/33(车削左螺纹时经 33/25 × 25/33)、挂轮 63/100 × 100/75 传入进给箱，经移换机构的 25/36 传至轴ⅩⅣ，又经轴ⅩⅣ和轴ⅩⅤ组成的双轴滑移变速机构传至轴ⅩⅤ，再由移换机构的齿轮副 25/36 × 36/25 传至轴ⅩⅥ，然后经轴ⅩⅥ～轴ⅩⅧ上各对齿轮副组成的滑移变速机构传至轴ⅩⅧ，最后经齿式离合器 M_5 把运动传至丝杠轴ⅩⅨ。当溜板箱中开合螺母与丝杠啮合，就可带动刀具车削米制螺纹。

车削米制螺纹时的传动路线表达式为

$$主轴Ⅵ - \frac{58}{58} - Ⅸ - \begin{cases} \dfrac{33}{33}(右旋螺纹) \\[2mm] \dfrac{33}{25} - Ⅺ - \dfrac{25}{33}(左旋螺纹) \end{cases} - Ⅹ - \frac{63}{100} \times \frac{100}{75} - ⅩⅢ - \frac{25}{36} -$$

$$ⅩⅣ - u_{基} - ⅩⅤ - \frac{25}{36} \times \frac{36}{25} - ⅩⅥ - u_{倍} - ⅩⅧ - M_5 - ⅩⅨ(丝杠) - 刀架$$

式中，$u_{基}$ 为基本组的传动比；$u_{倍}$ 为倍增组的传动比。

$u_{基}$ 为轴 XVI 和轴 XV 组成的双轴滑移变速机构的可变传动比，共 8 种：

$$u_{基1} = \frac{26}{28} = \frac{6.5}{7}, \quad u_{基2} = \frac{28}{28} = \frac{7}{7}, \quad u_{基3} = \frac{32}{28} = \frac{8}{7}, \quad u_{基4} = \frac{36}{28} = \frac{9}{7}$$

$$u_{基5} = \frac{19}{14} = \frac{9.5}{7}, \quad u_{基6} = \frac{20}{14} = \frac{10}{7}, \quad u_{基7} = \frac{33}{21} = \frac{11}{7}, \quad u_{基8} = \frac{36}{28} = \frac{12}{7}$$

这些传动比的分母相同，分子则除 6.5 和 9.5 用于其他种类的螺纹外，其余按等差数列排列，相当于米制螺纹导程标准的最后一行。这组变速机构是获得螺纹导程的基本机构，是进给箱的基本组，简称基本组。

$u_{倍}$ 为轴 XVI～轴 XVIII 上各对齿轮副组成的滑移变速机构的可变传动比，共 4 种：

$$u_{倍1} = \frac{18}{45} \times \frac{15}{48} = \frac{1}{8}, \quad u_{倍2} = \frac{28}{35} \times \frac{15}{48} = \frac{1}{4}$$

$$u_{倍3} = \frac{18}{45} \times \frac{35}{28} = \frac{1}{2}, \quad u_{倍4} = \frac{28}{35} \times \frac{35}{28} = 1$$

上述 4 种传动比呈倍数关系排列，因此改变 $u_{倍}$ 值就可以使车削的螺纹导程值呈倍数关系变化。这种机构称为增倍机构，是增倍变速组，简称增倍组。

车削米制(右旋)螺纹的运动平衡式为

$$S = l_{(主轴)} \times \frac{58}{58} \times \frac{33}{33} \times \frac{63}{100} \times \frac{100}{75} \times \frac{25}{36} \times u_{基} \times \frac{25}{36} \times \frac{36}{25} \times u_{倍} \times 12$$

将上式化简后可得

$$S = 7u_{基}u_{倍}$$

由表 7-1 可以看出，能加工的最大螺纹导程为 12 mm。如果需车削导程更大的螺纹，可使用扩大导程传动路线，即将主轴箱内轴 IX 上的滑移齿轮 z_{58} 移至右端，与轴 VIII 上的齿轮 z_{26} 啮合，即传动路线表达式为

$$主轴 VI - \frac{58}{26} - V - \frac{80}{20} - IV - \left\{ \begin{array}{c} \dfrac{50}{50} \\[2mm] \dfrac{80}{20} \end{array} \right\} - III - \frac{44}{44} - VIII - \frac{26}{58} - IX - \cdots$$

轴 IX 以后的传动路线与前述传动路线表达式相同，从主轴 VI 至轴 IX 之间的传动比为

$$u_{扩1} = \frac{58}{26} \times \frac{80}{20} \times \frac{50}{50} \times \frac{44}{44} \times \frac{26}{58} = 4$$

$$u_{扩2} = \frac{58}{26} \times \frac{80}{20} \times \frac{80}{20} \times \frac{44}{44} \times \frac{26}{58} = 16$$

如果采用前述的正常螺纹导程传动路线，主轴 VI 至轴 IX 之间的传动比为 58/58 = 1。因此，通过扩大导程传动路线可将正常螺纹导程扩大 4 倍和 16 倍。

必须指出，扩大螺纹导程机构的传动齿轮就是主运动的传动齿轮。因此，在只有主轴的场合上，即主轴处于低速状态时，才能使用扩大导程机构。主轴转速为 40～125 r/min 时，导程扩大 4 倍；主轴转速为 10～32 r/min 时，导程扩大 16 倍。

2) 模数螺纹

模数螺纹主要用在米制蜗杆中，有些特殊丝杠的导程也是模数制的。米制蜗杆的齿距为 $T_m = \pi m$，所以模数螺纹的导程为 $S_m = K T_m = K \pi m$，K 为螺纹的线数。

模数 m 的标准值也是按分段等差数列排列的，这和米制螺纹相同，但导程的数值不一样，且数值中含有特殊因子 π。所以车削模数螺纹时的传动路线与米制螺纹基本相同，唯一的差别是，挂轮需换成 $64/100 \times 100/97$。运动平衡式为

$$S_m = l_{(主轴)} \times \frac{58}{58} \times \frac{33}{33} \times \frac{64}{100} \times \frac{100}{97} \times \frac{25}{36} \times u_{基} \times \frac{25}{36} \times \frac{36}{25} \times u_{倍} \times 12$$

式中，$\dfrac{64}{100} \times \dfrac{100}{97} \times \dfrac{25}{36} \approx \dfrac{7\pi}{48}$。因此上式可简化为

$$S_m = \frac{7\pi}{4} u_{基} u_{倍}$$

从而可得

$$m = \frac{7}{4K} u_{基} u_{倍}$$

改变 $u_{基}$ 和 $u_{倍}$ 就可以车削出各种标准模数螺纹。

3) 英制螺纹

英制螺纹在采用英制的国家中应用广泛，我国的部分管螺纹目前也采用英制螺纹。

英制螺纹的螺距参数为每英寸长度上的螺纹扣数，以 a 表示。因此英制螺纹的导程为

$$S_a = \frac{1}{a}\text{in} = \frac{25.4}{a}\text{mm}$$

a 的标准值也是按分段等差数列的规律排列的，所以英制螺纹导程的分母为分段等差级数。此外，还有特殊因子 25.4。车削英制螺纹时，应对传动路线作如下两点变动。

(1) 将车削米制螺纹时基本组的主动和被动关系对调，即轴 XV 变为主动轴，轴 XIV 变为被动轴，就可实现分母的等差级数。

(2) 在传动链中改变部分传动副的传动比，使其包含特殊因子 25.4。

为此，将进给箱中的离合器 M_3 和 M_5 接合，M_4 脱开，挂轮用 $63/100 \times 100/75$，同时将轴 XIV 左端的滑移齿轮 z_{25} 移至左面位置，与固定在轴 XIV 上的齿轮 z_{36} 相啮合。于是运动由轴 VIII 经 M_3 先传到轴 XV，然后传至轴 XIV，再经齿轮副 36/25 传至轴 XVI。其余部分传动路线与车削米制螺纹时相同。此时的传动路线为

$$主轴 VI - \frac{58}{58} - IX - \begin{cases} \dfrac{33}{33}(右旋螺纹) \\[2ex] \dfrac{33}{25} - XI - \dfrac{25}{33}(左旋螺纹) \end{cases} - X - \frac{63}{100} \times \frac{100}{75} - XIII - M_3 -$$

$$XV - \frac{1}{u_{基}} - XIV - \frac{36}{25} - XVI - u_{倍} - XVIII - M_5 - XIX(丝杠) - 刀架$$

其运动平衡式为

$$S_a = l_{(主轴)} \times \frac{58}{58} \times \frac{33}{33} \times \frac{63}{100} \times \frac{100}{75} \times \frac{1}{u_基} \times \frac{36}{25} \times u_倍 \times 12$$

式中，$\frac{63}{100} \times \frac{100}{75} \times \frac{36}{25} \approx \frac{25.4}{21}$，代入上式化简得

$$S_a \approx \frac{25.4}{21} \times \frac{1}{u_基} \times u_倍 \times 12 = \frac{4}{7} \times 25.4 \frac{u_倍}{u_基}$$

故

$$a = \frac{7}{4} \frac{u_基}{u_倍}$$

改变 $u_基$ 和 $u_倍$ 即可车削各种规格的英制螺纹。

4) 径节螺纹

径节螺纹主要用于英制蜗杆，它是用径节 P 来表示的。径节 $P = z/D$ (z 为齿轮齿数，D 为分度圆直径，单位为 in)，即蜗轮或齿轮折算到每 1 in 分度圆直径上的齿数。英制蜗杆的轴向齿距即径节螺纹的导程，为

$$S_{DP} = \frac{\pi}{P} in \approx \frac{25.4\pi}{P} mm$$

径节 P 也是按分段等差数列的规律排列的。径节螺纹导程排列规律与英制螺纹相同，只是含有特殊因子 25.4π。车削径节螺纹的传动路线与车削英制螺纹相同，只是挂轮需换成 $64/100 \times 100/97$，它和移换机构轴 XIV～轴 XVI 间的齿轮副 36/25 组合消除 25.4π。

因为

$$\frac{64}{100} \times \frac{100}{97} \times \frac{36}{25} \approx \frac{25.4\pi}{84}$$

可导出 P 的计算公式为

$$P = 7 \frac{u_基}{u_倍}$$

5) 非标准螺纹

当需要车削非标准螺纹时，利用上述传动路线无法得到。这时，需将离合器 M_3、M_4 和 M_5 全部啮合，进给箱中的传动路线是轴 XIII 经轴 XV 及轴 XVIII 直接传动丝杠 XIX。被加工螺纹的导程 S 依靠调整挂轮架的传动比 $u_挂$ 来实现。

2. 车削圆柱面和端面

1) 传动路线

为了减少丝杠的磨损和便于人工操纵，此时的机动进给是由光杠经溜板箱传动的。这时将进给箱中的离合器切脱开，使轴 XVIII 的齿轮 z_{28} 与轴 XX 左端的齿轮 z_{56} 相啮合。运动由进给箱传至光杠 XX，再经溜板箱中的可沿光杠滑移的齿轮 z_{36}、空套在轴 XXI 上的齿轮 z_{32}、超越离合器上的齿轮 z_{56}、超越离合器、安全离合器 M_8、轴 XXII、蜗杆蜗轮副 4/29 传至轴

XXIII。然后，再由轴 XXIII 经齿轮副 40/48 或 40/30×30/48(反向)、双向离合器 M_6、轴 XXIV、齿轮副 28/80、轴 XXV 传至小齿轮 z_{12}。小齿轮 z_{12} 与固定在床身上的齿条相啮合，小齿轮转动就带动刀架作纵向机动进给。若运动由轴 XXI 经齿轮副 40/80 或 40/30×30/48、双向离合器 M_7、轴 XXVIII 及齿轮副 48/48×59/18 传至横向进给丝杠 XXX，就使刀架作横向机动进给。

机动进给传动链的传动路线表达式为

$$\cdots\text{XXIII}-\frac{28}{56}-\text{XX}-\frac{36}{32}-\text{XXI}-\frac{32}{56}-\text{XXII}-\frac{4}{29}-\text{XXIII}-$$

$$-\begin{cases}\begin{cases}M_6\uparrow\dfrac{40}{48}\\[2mm]M_6\downarrow\dfrac{40}{30}\times\dfrac{30}{48}\end{cases}-\text{XXIV}-\dfrac{28}{80}-\text{XXV}-z_{12}/\text{齿条}\\[10mm]\begin{cases}M_7\uparrow\dfrac{40}{48}\\[2mm]M_7\downarrow\dfrac{40}{30}\times\dfrac{30}{48}\end{cases}-\text{XXVIII}-\dfrac{48}{48}-\text{XXIX}-\dfrac{59}{18}-\text{横向丝杠 XXX}\end{cases}$$

2) 纵向机动进给量

CA6140 型车床纵向机动进给量有 64 种。当运动由主轴经正常导程的米制螺纹传动路线时，可获得正常进给量。这时的运动平衡式为

$$f_{\text{纵}}=l_{(\text{主轴})}\times\frac{58}{58}\times\frac{33}{33}\times\frac{63}{100}\times\frac{100}{75}\times\frac{25}{36}\times u_{\text{基}}\times\frac{25}{36}\times\frac{36}{25}\times u_{\text{倍}}\times$$

$$\frac{28}{56}\times\frac{36}{32}\times\frac{32}{56}\times\frac{4}{29}\times\frac{40}{30}\times\frac{30}{48}\times\frac{28}{80}\times 12$$

化简后得

$$f_{\text{纵}}=0.711u_{\text{基}}u_{\text{倍}}$$

改变 $u_{\text{基}}$ 和 $u_{\text{倍}}$ 可得到从 0.08～1.22 mm/r 范围内的 32 种进给量，其余 32 种进给量可分别通过英制螺纹传动路线和扩大螺纹导程机构获得。

3) 横向机动进给量

横向机动进给量也有 64 种。当运动经正常导程的米制螺纹传动路线传动时，其运动平衡式化简后为

$$f_{\text{横}}=0.353u_{\text{基}}u_{\text{倍}}$$

从上式可知，当横向机动进给和纵向机动进给传动路线一致时，所得的横向进给量是纵向进给量的一半。

3. 刀架的快速移动

刀架的快速移动是为了减轻工人的劳动强度和缩短辅助时间。当刀架需要快速移动时，按下快速移动按钮，使快速电动机(0.25 kW，2800 r/min)接通，这时运动经齿轮副 18/24

使轴XXII高速转动，再经蜗杆副 4/29 传动溜板箱内的传动机构，使刀架实现纵向或横向的快速移动。移动方向由溜板箱内的双向离合器 M_6 和 M_7 控制。

为了节省辅助时间及简化操作，在刀架快速移动过程中不必脱开进给运动传动链。为了避免转动的光杠和快速电动机同时传动轴XXII，在齿轮 z_{56} 与轴XXII之间装有超越离合器。

课点 70　CA6140 型车床的主要机构

一、主轴箱

主轴箱的功用是支承主轴及传动其旋转，并使其实现起动、停止、变速和换向等功能。机床主轴箱是一个比较复杂的传动部件。主轴箱中各传动件的结构和装配关系常用展开图，如图 7-3 所示。

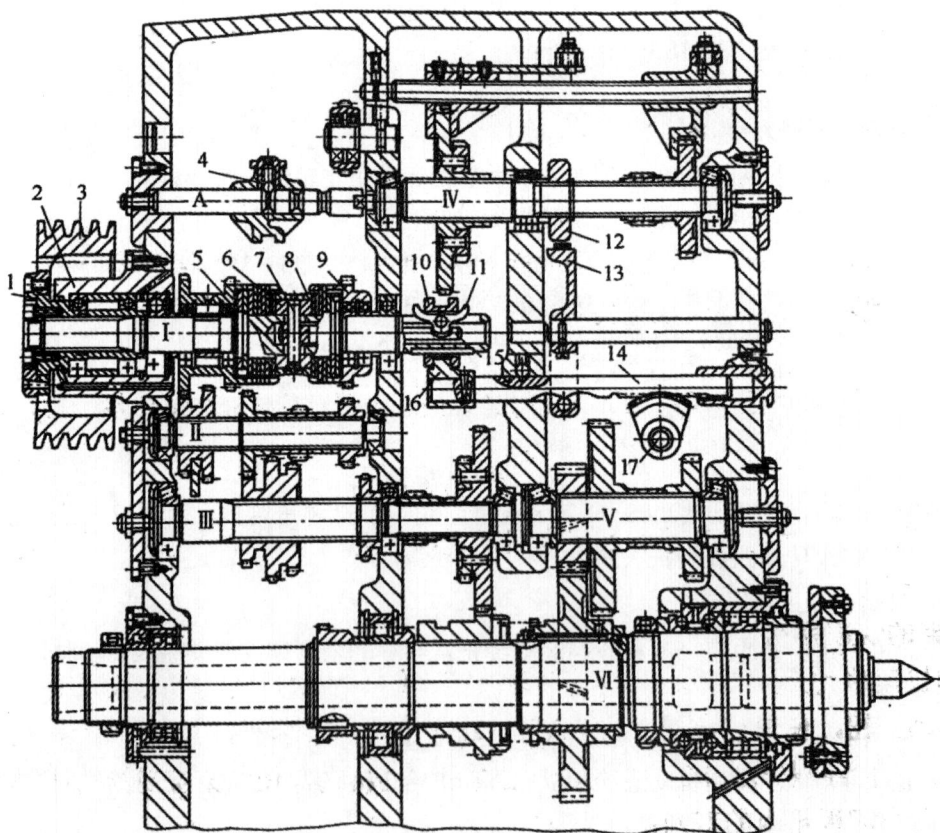

1—花键套筒；2—法兰盘；3—带轮；4—钢球定位装置；5—空套内齿；6—压块；7—销子；8—螺母；9—齿轮；10—滑套；11—元宝销；12—制动盘；13—杠杆；14—齿条轴；15—拉杆；16—拨叉；17—齿扇。

图 7-3　CA6140 型车床主轴箱展开图

1. 卸荷带轮

电动机经 V 带将运动传至轴 I 左端的带轮 3。带轮 3 与花键套筒 1 用螺钉连接成一体，支承在法兰盘 2 内的两个深沟球轴承上。法兰盘 2 固定在主轴箱体上。这样，带轮 3 可通过花键套筒 1 带动轴 I 旋转，而胶带的拉力则经轴承和法兰盘 2 传至主轴箱体。卸荷带轮能将径向载荷卸给箱体，使轴 I 的花键部分只传递转矩，从而避免因胶带拉力而使轴 I 产生弯曲变形。

2. 双向多片摩擦离合器及操纵机构

双向多片摩擦离合器装在轴 I 上，如图 7-4 所示。摩擦离合器由内摩擦片 3、外摩擦片 2、止推片 10 及 11、压块 8 及空套齿轮 1 等组成。左离合器传动主轴正转，用于切削加工，传递的转矩较大，片数较多。右离合器传动主轴反转，用于退回，片数较少。

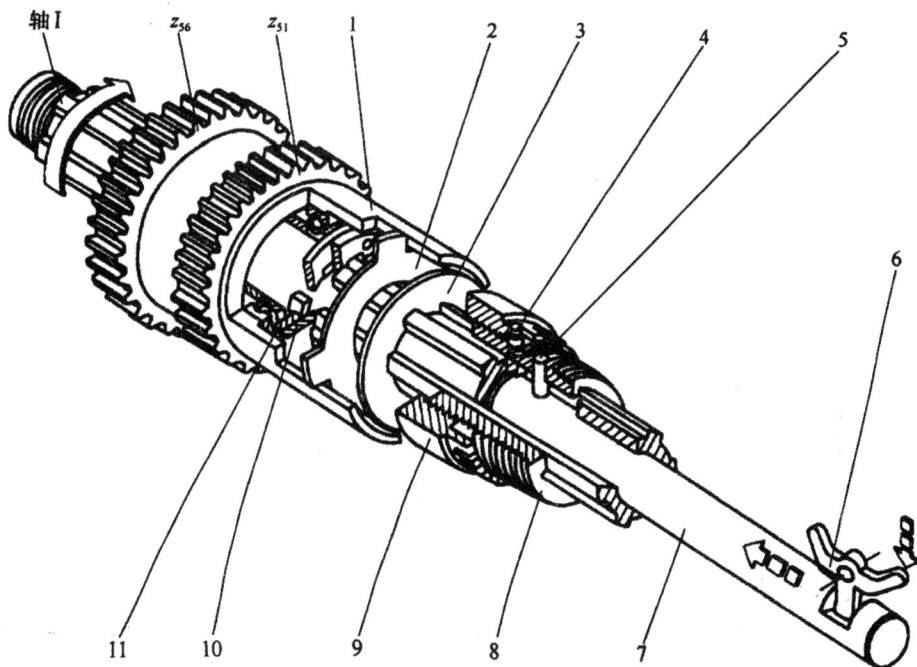

1—空套齿轮；2—外摩擦片；3—内摩擦片；4—弹簧销；5—销子；
6—元宝销；7—拉杆；8—压块；9—螺母；10、11—止推片。

图 7-4 双向多片摩擦离合器

内摩擦片 3 的孔为花键孔，装在轴 I 的花键上，与轴 I 一起旋转。外摩擦片 2 的孔是圆孔，空套在轴 I 的花键外圆上，外摩擦片的外圆上有 4 个凸起，嵌在空套齿轮 1 的缺口中。内、外摩擦片相间安装，在未被压紧时互不联系。当拉杆 7 通过销子 5 向左推动压块 8 时，内、外摩擦片互相压紧，轴 I 的运动便通过摩擦片间的摩擦力传给空套齿轮 1，使主轴正转。同理，当压块 8 向右时，主轴反转。当压块 8 处于中间位置时，左、右离合器都脱开，离合器不传递运动，主轴停转。

摩擦离合器除了靠摩擦力传递运动和转矩，还能起过载保护的作用。当机床过载时，摩擦片打滑，可避免损坏机床。摩擦片间的压紧力是根据离合器传递的额定转矩确定的。当摩擦片磨损后，压紧力减小，可通过以下方法进行调整，见图7-4。用一字头旋具(螺丝刀)将弹簧销4按下，同时拧动压块8上的螺母9，直到螺母压紧离合器的摩擦片。调整好位置后，使弹簧销4重新卡入螺母9的缺口中，防止螺母在旋转时松动。

3. 制动器及操纵机构

制动装置的功用是在车床停机过程中，克服主轴箱内各运动件的旋转惯性，使主轴迅速停止转动，以缩短辅助时间。制动器的结构如图7-5所示。制动盘7与轴Ⅳ花键连接，周边围着制动带。制动带是一条钢带，为了增加摩擦系数，内侧固定一层酚醛石棉。制动带的一端与杠杆4连接，另一端通过调节螺钉5与箱体相连。为了操纵方便并避免出错，摩擦离合器和制动器采用同一操作机构控制，也由手柄操纵。当离合器脱开时，齿条轴2处于中间位置。这时齿条轴2的凸起处于与杠杆4下端相接触的位置，使杠杆4向逆时针方向摆动，将制动带6拉紧。齿条轴2凸起的左、右边都是凹槽，所以在左离合器或右离合器接合时，杠杆4都按顺时针方向摆动，使制动带放松。制动带的拉紧程度由调节螺钉5来进行调整。

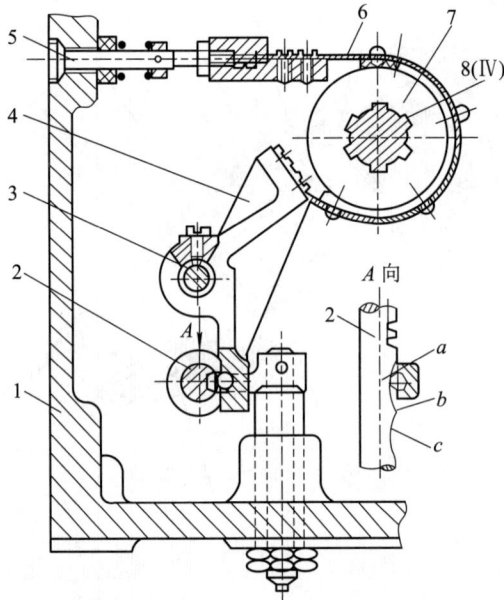

1—箱体；2—齿条轴；3—杠杆支承轴；4—杠杆；
5—调节螺钉；6—制动带；7—制动盘；8—传动轴。

图7-5　闸带式制动器

4. 变速操纵机构

主轴箱中共有三套变速操纵机构，见图7-6。变速手柄每转一转，变换6种转速。转动手柄9，通过链传动使轴7转动，轴7上固定盘形凸轮6和曲柄5。盘形凸轮6上有一条封闭的曲线槽，它由两段不同半径的圆弧和直线组成。盘形凸轮上有1～6个变速位置，在位置a'、b'、c'时，杠杆11上端的滚子处于凸轮槽曲线的大半径圆弧处，杠杆11经拨叉12将轴Ⅰ上的双联滑移齿轮移向左端位置；在位置d'、e'、f'时，将双联滑移齿轮移向右端位置。

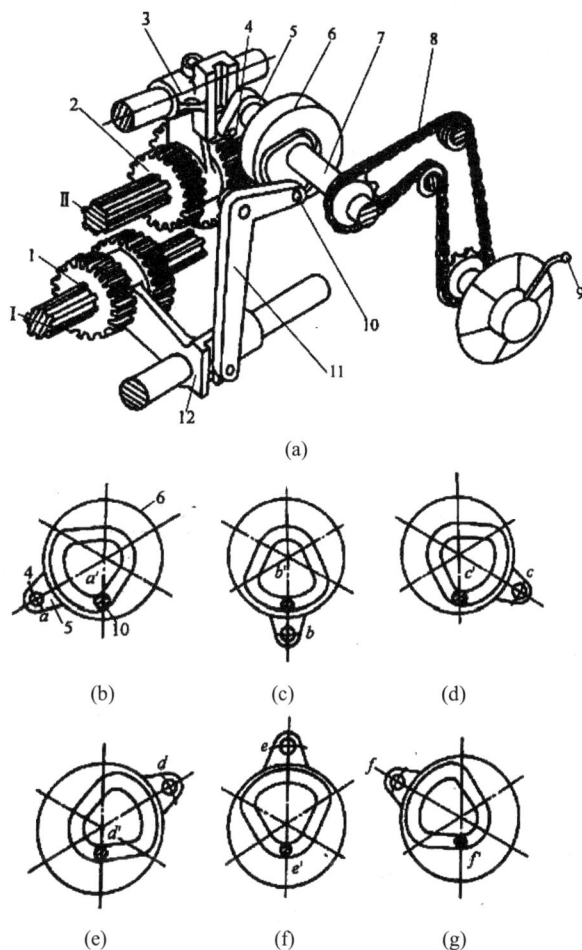

1—双联齿轮；2—三联齿轮；3、12—拨叉；4—拔销；5—曲柄；6—盘形凸轮；

7—轴；8—链条；9—变速手柄；10—圆销；11—杠杆。

图 7-6　变速操纵机构示意图

曲柄 5 随轴 7 转动，带动拨叉 3 拨动轴Ⅲ上的三联滑移齿轮，使它处于左、中、右三个位置，依次转动手柄至各个变速位置，就可使两个滑移齿轮的轴向位置实现 6 种不同的组合，使轴Ⅲ得到 6 种不同的转速。

滑移齿轮移至规定的位置后，需可靠定位。本操纵机构中采用钢球定位装置。

二、溜板箱

溜板箱的功用是将丝杠或光杠传来的旋转运动转变为直线运动并带动刀架进给，控制刀架运动的接通、断开和换向，在机床过载时控制刀架自动停止进给，手动操纵刀架移动和实现快速移动等。溜板箱的主要机构有：

1. 开合螺母机构

开合螺母机构的功用是接通或断开从丝杠传来的运动。车螺纹时，将开合螺母扣合于丝杠上，丝杠通过开合螺母带动溜板箱及刀架。

如图 7-7 所示，开合螺母由上半螺母 5 和下半螺母 4 组成，两半均可沿溜板箱中竖直的燕尾形导轨上下移动。每个半螺母上装有一个圆柱销 6，分别插入槽盘 7 的两条曲线槽中。车螺纹时，转动开合螺母手柄 1，通过转轴 2 使槽盘 7 转动，两个圆柱销带动上下半螺母互相靠拢，开合螺母便与丝杠啮合。槽盘 7 上的偏心圆弧槽接近盘中心部分的倾斜角比较小，使得开合螺母闭合后能够自锁，不会因螺母的径向力而自动脱开。螺钉 10 的作用是限定开合螺母的啮合位置，通过拧动螺钉 10，可以调整螺母与丝杠的间隙。

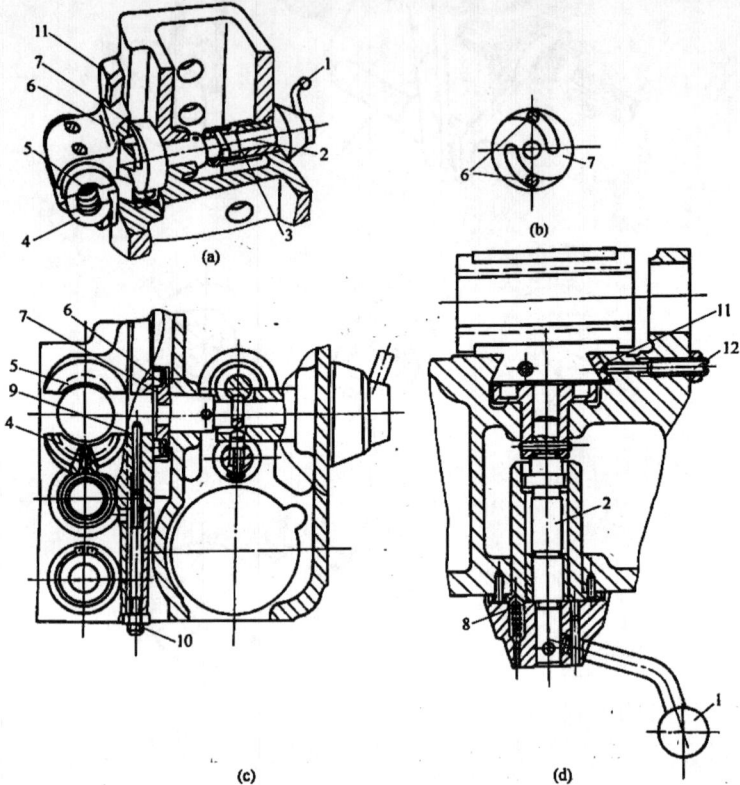

1—开合螺母手柄；2—转轴；3—支承套；4—下半螺母；5—上半螺母；6—圆柱销；
7—槽盘；8—定位钢珠；9—丝杠；10、12—螺钉；11—镶条。

图 7-7　开合螺母机构

2. 纵、横向机动进给及快速移动的操纵机构

纵、横向机动进给及快速移动是由一个手柄集中操纵的，如图 7-8 所示。当需要纵向移动刀架时，向左或向右扳动操纵手柄 1。轴 23 用台阶及卡环轴向固定在箱体上，只能转动不能轴向移动。因此，操纵手柄 1 只能绕销轴 2 摆动，于是手柄 1 下部的开口槽通过球头销 4 拨动轴 5 轴向移动。轴 5 通过杠杆 11 及连杆 12 使圆柱形凸轮 13 转动，凸轮 13 的曲线槽使拨叉 16 移动，从而操纵轴 XXIV 上的牙嵌式双向离合器 M_6 向相应方向啮合。运动从光杠传给轴 XXIV，使刀架作纵向机动进给。如果按下手柄 1 上端的快速按钮 S，快速电动机启动，刀架就可向相应方向快速移动，直到松开快速移动按钮。

当需要横向移动刀架时，向前或向后扳动操纵手柄 1，使轴 23 和圆柱凸轮 22 转动，凸轮 22 上的曲线槽迫使杠杆 20 摆动，通过拨叉 17 拨动轴 XXVIII 上的牙嵌式双向离合器 M_7 向相应方向啮合。这时如果接通光杠或快速电动机，就可实现刀架的横向机动进给或快速移动。操纵手柄 1 处于中间位置时，离合器 M_6 和 M_7 均脱开，这时机动进给及快速移动均

断开。

为了避免同时接通纵向和横向运动，在手柄 1 处的外盖上开有十字形槽(图中未画出)，使操纵手柄不能同时接通纵向和横向运动。

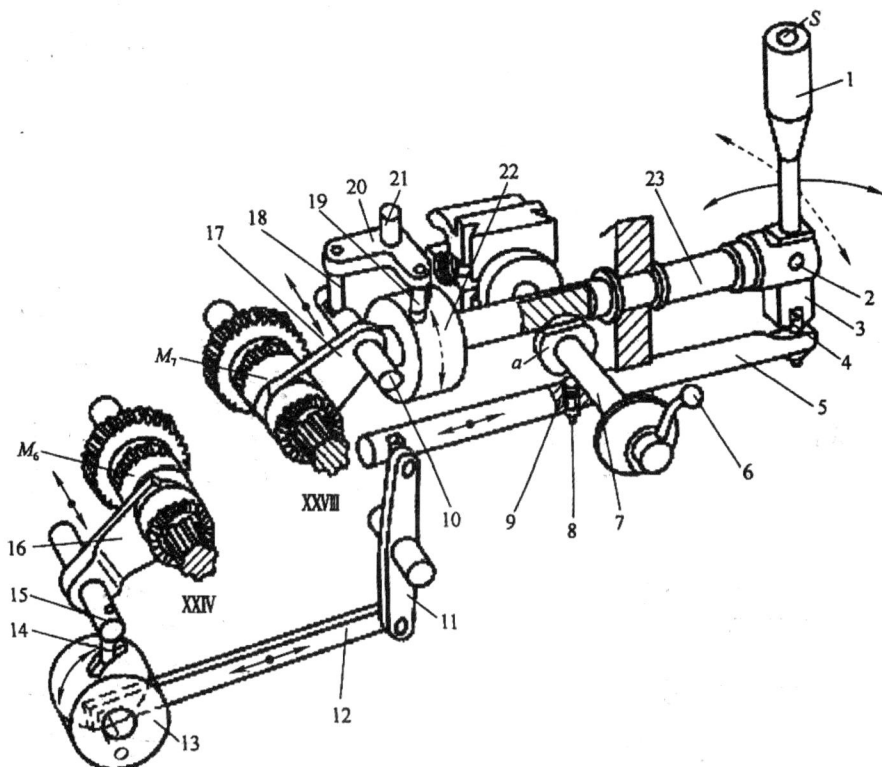

1、6—手柄；2、21—销轴；3—手柄座；4、9—球头销；5、7、23—轴；8—弹簧销；10、15—拨叉轴；
11、20—杠杆；12—连杆；13、22—凸轮；14、18、19—圆销；16、17—拨叉；S—按钮。

图 7-8 纵、横向机动进给操纵机构

3. 互锁机构

机床工作时，纵、横向机动进给运动和丝杠传动不能同时接通。丝杠传动是由开合螺母的开或合来控制的。因此，溜板箱中设有互锁机构，保证车螺纹开合螺母合上时，机动进给运动不能接通；而当机动进给运动接通时，开合螺母不能合上。

4. 超越离合器

在蜗杆轴 XXII 的左端和齿轮 z_{56} 之间装有超越离合器，超越离合器(如图 7-9 所示)的作用是使机床的快速进给传动与正常进给传动互不干涉。

机动进给时，由光杠传来的运动通过超越离合器传给溜板箱，这时齿轮 z_{56}(即外环 1)按图示逆时针方向转动，三个圆柱滚子 3 在弹簧 5 的弹力和摩擦力的作用下，被楔紧在外环 1 和星形体 2 之间，外环 1 通过滚子 3 带动星形体 2 一起转动，运动再经过超越离合器右边的安全离合器传至轴 XXII，实现机动进给。当按下快速按钮，快速电动机的转动经齿轮副 18/24 传至轴 XXII，经安全离合器使星形体 2 得到一个与外环 1 转向相同但转速高得多的转动。这时摩擦力使滚子 3 压缩弹簧 5 向楔形槽的宽端滚动，外环 1 与星形体 2 脱开联系。这时光杠和齿轮 z_{56} 虽然仍在旋转，但不再传动轴 XXII，因此，快速移动时无须脱开进给链。

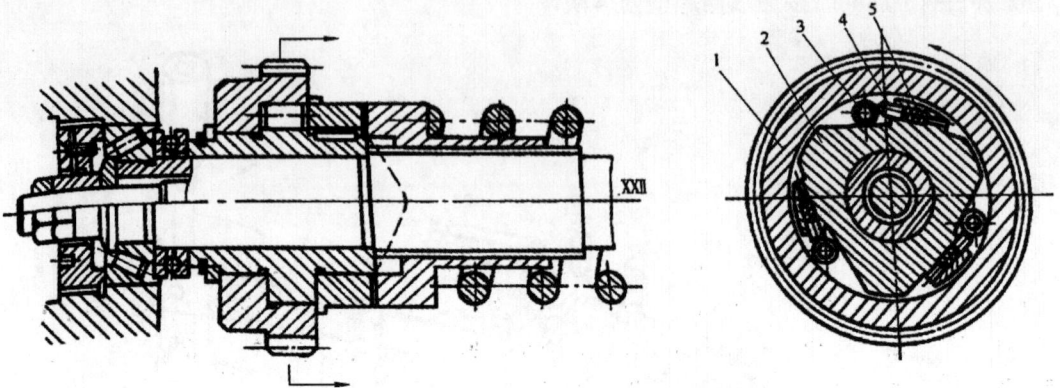

1—外环；2—星形体；3—滚子；4—顶销；5—弹簧。

图 7-9　超越离合器

5. 安全离合器

机动进给时，当进给力过大或刀架移动受阻时，为了避免损坏传动机构，需在进给运动传动链中设置安全离合器来自动停止进给。

安全离合器的工作原理图见图 7-10，由光杠传来的运动经齿轮 z_{56} 及超越离合器传至安全离合器的左半部 1，通过螺旋形端面齿传至安全离合器的右半部 2，再经花键传至轴 XXII。螺旋形端面在传递转矩时产生轴向分力，这个力靠弹簧 3 的弹力来平衡。当机床过载时，螺旋面上的轴向分力超过规定值，弹簧 3 的弹力将不能保持安全离合器的左右两半部相啮合，从而产生打滑，使传动链断开。当过载消失后，在弹簧 3 弹力的作用下，安全离合器恢复啮合，传动链重新接通。

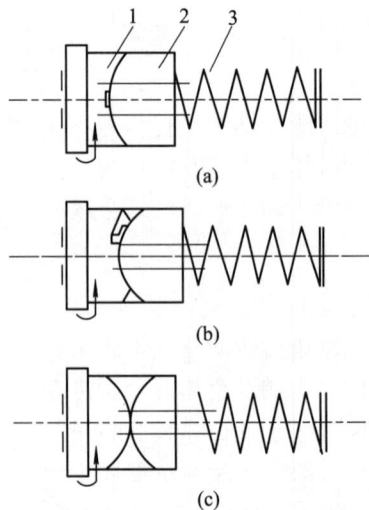

(a)

(b)

(c)

1—离合器左半部；2—离合器右半部；3—弹簧。

图 7-10　安全离合器工作原理

课点 71 其他常见车床简介

除了卧式车床，按车床用途和结构的不同，还有仪表车床、落地车床、立式车床、自动车床、半自动车床、曲轴及凸轮轴车床等。

一、立式车床

一些径向尺寸大而轴向尺寸相对较小的大型零件，难以在卧式车床上装夹、找正，通常要使用立式车床进行加工。立式车床的主轴垂直布置，安装工件的圆形工作台直径较大，台面呈水平布置。这样的布局便于工件的安装、找正，另外工件及工作台的重量均布在工作台导轨及推力轴承上，对减少磨损、保持机床工作精度有利。

立式车床有单柱式和双柱式两种，如图 7-11 所示。单柱式加工直径一般小于 1600 mm，双柱式最大加工直径已达 25 000 mm 以上。

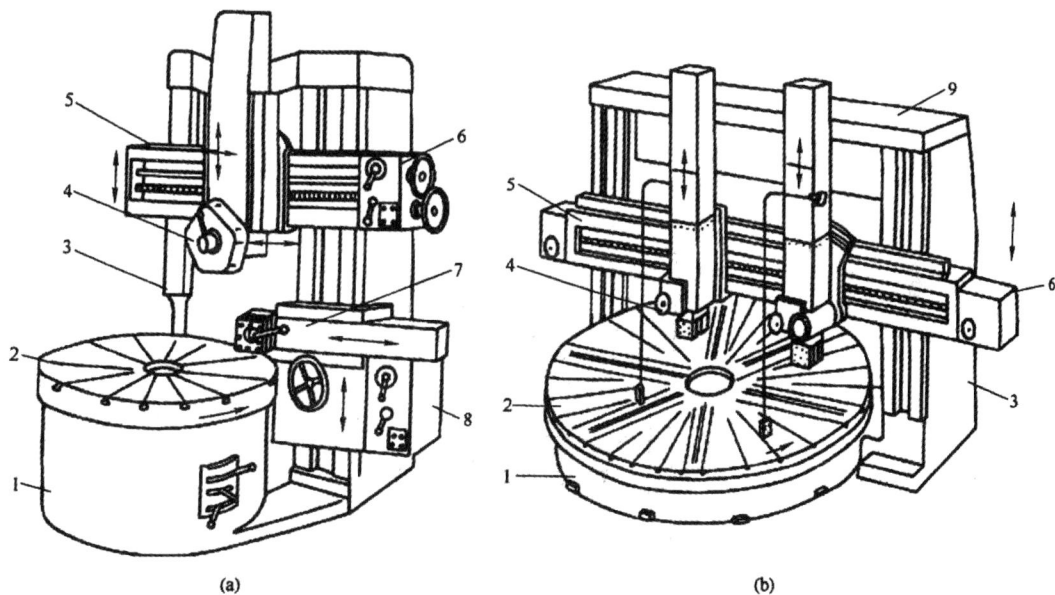

1—底座；2—工作台；3—立柱；4—垂直刀架；5—横梁；6—垂直刀架进给箱；

7—侧刀架；8—侧刀架进给箱；9—顶梁。

图 7-11 立式车床外形图

单柱式立式车床(如图 7-11(a)所示)由一个箱形立柱与底座连接成为一个整体。工作台 2 安装在底座 1 的圆环形导轨上，工件由工作台 2 带动绕垂直主轴旋转以完成主运动。垂直刀架 4 安装在横梁 5 的水平导轨上，刀架可沿其作横向进给及沿刀架滑鞍的导轨作垂直进给，以车削外圆、端面、沟槽等表面。垂直刀架 4 还可偏转一定角度，使刀架作斜向进给，以加工内圆锥面。侧刀架 7 安装在立柱 3 的垂直导轨上，可垂直和水平作进给运动，主要用于车外圆、端面、沟槽和倒角。中小型立式车床的垂直刀架通常带有转塔刀架，安装几把刀具轮流使用。进给运动由单独的电动机驱动，能做快速移动。

双柱式立式车床(如图 7-11(b)所示)由两根立柱及顶梁 9 构成封闭式框架，因而刚度较高。另外，在横梁上装有两个垂直刀架。

二、转塔、回轮车床

卧式车床的方刀架上最多只能安装四把刀具，尾座只能安装一把孔加工刀具，且无机动进给。因而，应用卧式车床加工一些形状较为复杂，特别是带有内孔和内外螺纹的工件时，需要频繁换刀、对刀、移动尾座以及试切、测量尺寸等，从而使得辅助时间延长，生产效率降低，劳动强度增大。特别在批量生产中，卧式车床的这种不足表现得更为突出。为了缩短辅助时间，提高生产效率，在卧式车床的基础上，研制了转塔、回轮车床。转塔、回轮车床与卧式车床的主要区别是没有尾座和丝杠，并在床身导轨右端装有一个可纵向移动的多工位刀架，此刀架可装几组刀具。多工位刀架可以转位，将不同刀具依次转至加工位置，对工件轮流进行多刀加工。每组刀具的行程终点是由可调整的挡块来控制的，加工时不必对每个工件进行测量和反复装卸刀具。因此，在成批加工形状复杂的工件时，它的生产率高于卧式车床。这类机床由于没有丝杠，所以加工螺纹时只能使用丝锥、板牙或螺纹梳刀等，加工螺纹精度不高。根据多工位刀架的结构及回转方式，又将此类车床分为转塔式和回轮式两种。

转塔车床(如图 7-12 所示)除有前刀架 2 外，还有一个可绕垂直轴线回转的转塔刀架 3。前刀架可作纵、横向进给，以便车削大直径圆柱面、内外端面和沟槽。转塔刀架只能作纵向进给，主要用于加工内外圆柱面及内外螺纹。

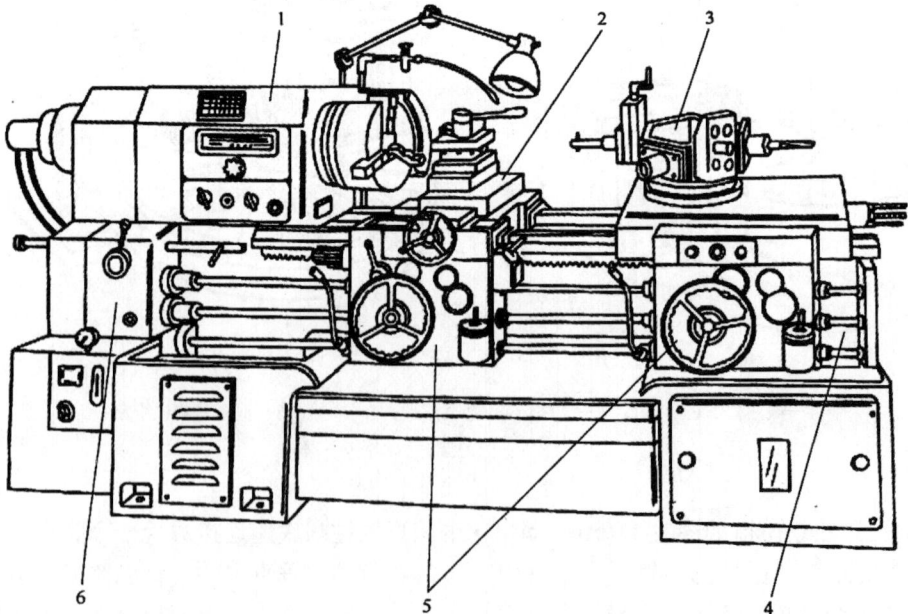

1—主轴箱；2—前刀架；3—转塔刀架；4—床身；5—溜板箱；6—进给箱。
图 7-12　转塔车床外形图

回轮车床(如图 7-13 所示)没有前刀架，但布置有回轮刀架 4。回轮刀架能绕与主轴轴线平行的自身轴线回转，从而进行换刀。回轮刀架的端面有若干用于安装刀具的轴向孔，通常有 12 个或 16 个。当刀具孔转到最上端位置时，其轴线与主轴轴线正好在同一直线上。回轮刀架可沿床身导轨作纵向进给运动，进行车削内外圆、钻孔、扩孔、铰孔和加工螺纹等工序。机床做成型车削、切槽及切断加工所需的横向进给，是靠回轮刀架作缓慢的转动来实现的。回轮机床主要用来加工直径较小的工件，所用毛坯通常是棒料。

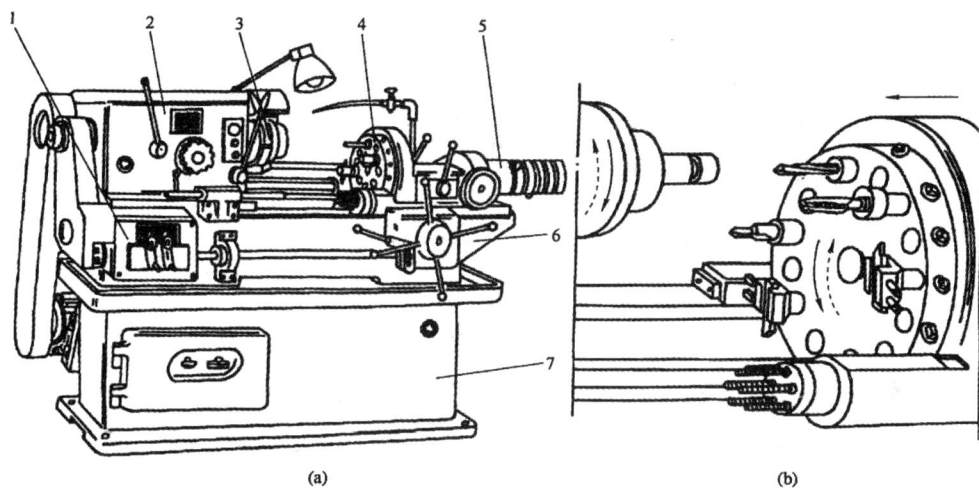

1—进给箱；2—主轴箱；3—夹料夹头；4—回轮刀架；5—挡块轴；6—床身；7—底座。

图 7-13　回轮车床外形图

三、落地车床

在车削短而直径大的工件时，不可能充分发挥卧式车床的床身和尾架的作用。而这类大直径的短零件通常也没有螺纹，这时，可以在没有床身的落地车床上加工。

落地车床(如图 7-14 所示)的主轴箱 1 和滑座 8 直接安装在地基或落地平板上。工件夹持在花盘 2 上，刀架(滑板)3 和小刀架 6 可作纵向移动，小刀架座 5 和刀架座 7 可作横向移动，当转盘 4 转到一定角度时，可利用小刀架座 5 或小刀架 6 车削圆锥面。主轴箱和刀架由单独的电动机驱动。

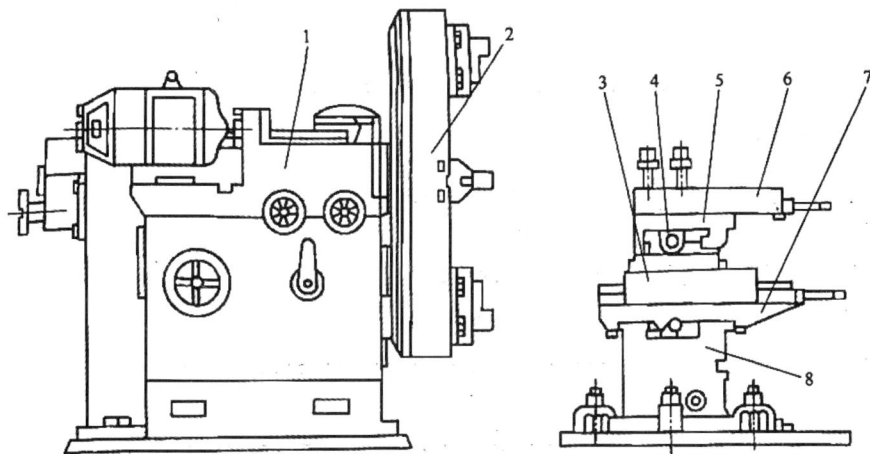

1—主轴箱；2—花盘；3—刀架(滑板)；4—转盘；5—小刀架座；6—小刀架；7—刀架座；8—滑座。

图 7-14　落地车床外形图

7.2 其他机床

课点 72 铣 床

一、铣床的功用和类型

铣床是用铣刀进行铣削加工的机床。通常铣削的主运动是铣刀的旋转，工件或铣刀的移动为进给运动。铣床的加工范围很广，可以加工平面(水平面、垂直面等)、沟槽(键槽、T形槽、燕尾槽等)、分齿零件(齿轮、花键轴、链轮等)、螺旋表面(螺纹和螺旋槽)及各种曲面。由于它的切削速度较高，又是多刃连续切削，所以其加工平面的效率比刨削加工高。

铣床的主要类型有升降台式铣床、床身式铣床、龙门铣床、工具铣床、仿形铣床和各种专门化铣床等。

1. 升降台式铣床

升降台式铣床按主轴在铣床上布置方式的不同，有卧式升降台铣床、万能升降台铣床和立式升降台铣床三大类，适用于单件、小批及成批生产中的小型零件加工。

卧式升降台铣床(如图 7-15 所示)主轴为水平布置。床身 1 固定在底座 8 上，床身内部装有主传动机构，顶部的燕尾形导轨上装有悬梁 2，可以沿主轴轴线方向调整其前后位置。悬梁 2 的下面装有刀杆支架 4，用于支承刀杆的悬伸端。升降台 7 安装在床身 1 的垂直导轨上，可上下(垂直)移动，升降台内装有进给运动和快速移动装置及操纵机构等。升降台上面的水平导轨上装有床鞍 6，可沿主轴的轴线方向移动。工作台 5 装在床鞍 6 的导轨上，可沿垂直于主轴轴线的方向移动。固定在工作台上的工件，通过工作台、床鞍、升降台，可以在互相垂直的三个方向实现任一方向的调整。

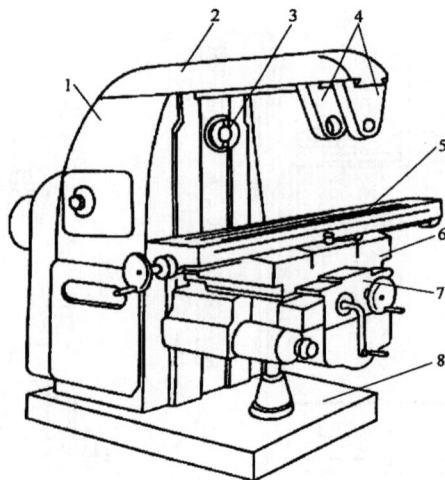

1—床身；
2—悬梁；
3—主轴；
4—刀杆支架；
5—工作台；
6—床鞍；
7—升降台；

图 7-15 卧式升降台铣床外形图

　　万能升降台铣床与卧式升降台铣床的区别在于它在工作台与床鞍之间增加了一层转盘，转盘相对于床鞍在水平面内可绕垂直轴线在 ±45° 范围内转动，用于铣削各种角度的螺旋槽。

　　立式升降台铣床(如图 7-16 所示)的主轴为垂直布置，与工作台面垂直。主轴 2 安装在立铣头 1 内，可沿其轴线方向进给或手动调整位置。立铣头 1 可根据加工要求在垂直平面内向左或向右在 45° 范围内回转，使主轴与台面倾斜成所需角度，以扩大铣床的工艺范围。立式升降台铣床的其他部分，如工作台 3、床鞍 4 及升降台 5 的结构与卧式升降台铣床相同。在立式升降台铣床上，可用端铣刀或立铣刀加工平面、斜面、沟槽、台阶、齿轮及凸轮等表面。

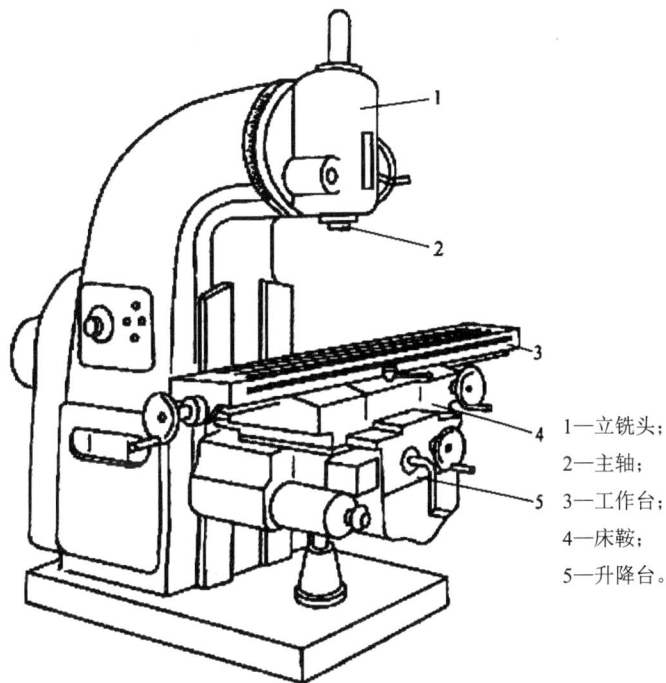

1—立铣头；
2—主轴；
3—工作台；
4—床鞍；
5—升降台。

图 7-16　立式升降台铣床外形图

2. 床身式铣床

　　床身式铣床的工作台不作升降运动，故又称工作台不升降铣床。机床的垂直进给运动由安装在立柱上的主轴箱作升降运动完成，这样做可以提高机床刚度，以便采用较大的切削用量。这类机床常用于加工中等尺寸的零件。

　　工作台不升降铣床根据机床工作台面的形状可分为圆形工作台和矩形工作台两类。双轴圆形工作台铣床(如图 7-17 所示)主轴箱 1 上的两个主轴分别安装粗铣和半精铣的端铣刀，工件装夹在圆工作台 3 的夹具内，圆工作台作回转进给运动。工件从铣刀下通过，即加工完毕。圆工作台上可装几套夹具，装卸工件时不需停止工作台，因而可实现连续加工。滑座 4 可沿床身导轨移动，以调整工作台与主轴之间的径向位置。主轴箱可沿立柱导轨升降，以适应不同的加工高度。主轴装在套筒内，手摇套筒升降可以调整主轴在主轴箱内的轴向位置，以保证背吃刀量。

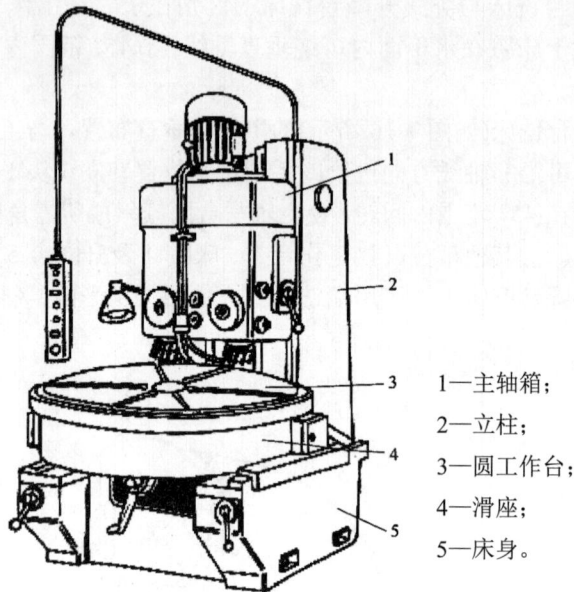

图 7-17 双轴圆形工作台铣床外形图

1—主轴箱；

2—立柱；

3—圆工作台；

4—滑座；

5—床身。

3. 龙门铣床

龙门铣床是一种大型高效通用铣床，它可以通过多个铣头同时加工几个面，来提高生产效率。龙门铣床主要用于加工各类大型工件上的平面、沟槽等。

龙门铣床(如图 7-18 所示)的机床呈框架式结构，横梁 3 可以在立柱 5、7 上升降，以适应工件的高度。横梁 3 上装有两个立式铣削主轴箱(立铣头)4 和 8，可在横梁上作水平横向运动。两根立柱上分别装有卧式铣削主轴箱(卧铣头)2 和 9，可在立柱上升降。每个铣头都是一个独立的部件，内装主运动变速机构、主轴和操纵机构。装在工作台 1 上的工件可随工作台作纵向运动。上述运动都可以是进给运动，也都可以是调整铣头与工件间相对位置的快速调位(辅助)运动。装在主轴套筒内的主轴可以通过手摇实现伸缩，以调整背吃刀量。

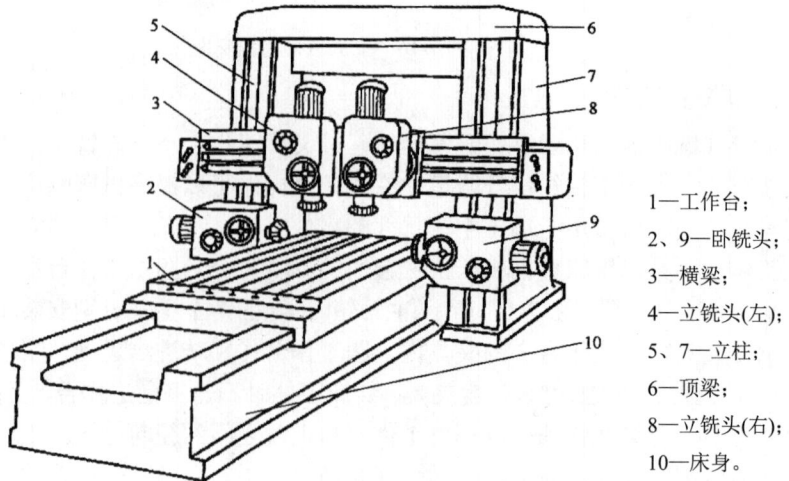

1—工作台；

2、9—卧铣头；

3—横梁；

4—立铣头(左)；

5、7—立柱；

6—顶梁；

8—立铣头(右)；

10—床身。

图 7-18 龙门铣床外形图

二、X6132 型万能升降台铣床

1. 机床特点

万能升降台铣床与一般升降台铣床的主要区别在于，工作台除了能在相互垂直的三个方向上作调整或进给，还能绕垂直轴线在 ±45° 范围内回转，从而扩大了机床的工艺范围。X6132 型万能升降台铣床是一种卧式铣床，其主参数为工作台面的宽度(320 mm)，第二主参数为工作台面的长度(1250 mm)。工作台纵向、横向、垂向的最大行程分别为 800 mm、300 mm、400 mm。

2. 机床的传动系统

1) 主运动

X6132 型万能升降台铣床的传动系统图如图 7-19 所示，其主运动由主电动机(7.5 kW、1450 r/min)驱动，经带传动 $\phi150$ mm/$\phi290$ mm 传至轴 II，再经轴 II 和轴III间、轴 II 和轴IV间的两组三联滑移齿轮变速组，以及轴IV和轴 V 间双联滑移齿轮变速组，使主轴获得 18 级转速(30～1500 r/min)。主轴的旋转方向由电动机改变正、反转向而得以变向。主轴的制动由安装在轴 II 右端的电磁制动器 M 进行控制。

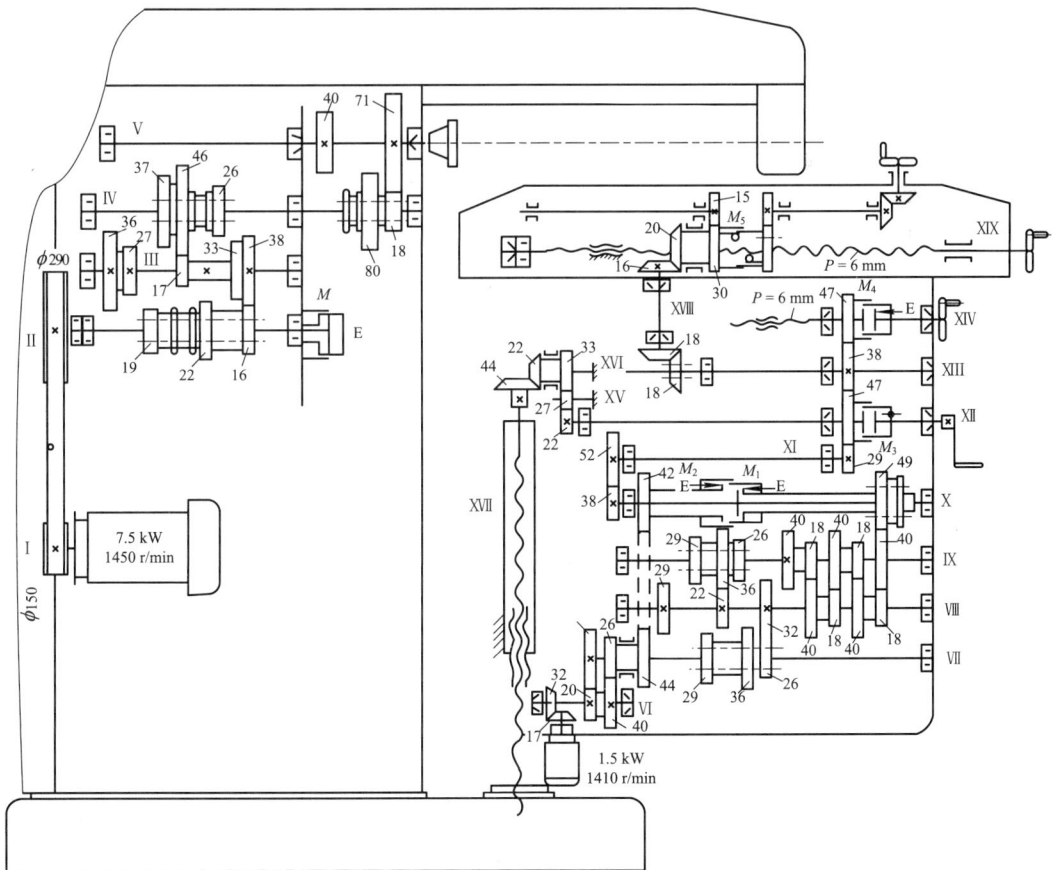

图 7-19　X6132 型万能升降台铣床传动系统图

2) 进给运动

进给运动由进给电动机(1.5 kW、1410 r/min)驱动。电动机的运动经圆锥齿轮副 17/32 传至轴Ⅵ，然后根据轴Ⅹ上电磁摩擦离合器 M_1、M_2 结合情况，分两条路线传动。如果轴 Ⅹ上离合器 M_1 脱开、M_2 结合，轴Ⅵ的运动经齿轮副 40/26、44/42 及离合器 M_2 传至轴Ⅹ。这条路线可使工作台作快速移动。如果轴Ⅹ上离合器 M_2 脱开、M_1 结合，轴Ⅵ 的运动经齿轮副 20/44 传至轴Ⅶ，再经轴Ⅶ和轴Ⅷ间、轴Ⅷ和轴Ⅸ间两组三联滑移齿轮变速组，以及轴Ⅷ和轴Ⅸ间的曲回机构，经离合器 M_1，将运动传至轴Ⅹ。这是一条使工作台作正常进给的传动路线。

课点 73　磨　床

一、磨床的功用和类型

磨床类机床是以磨料或磨具(砂轮、砂带、油石或研磨料等)作为工具进行切削加工的机床，它们是由于精加工和硬表面加工的需要而发展起来的。

磨床可以磨削各种表面，如内外圆柱面和圆锥面、平面、渐开线齿廓面、螺旋面以及各种成型面，还可刃磨刀具和进行切断等工作，应用十分广泛。

磨削加工较易获得高的加工精度和小的表面粗糙度值，在一般加工条件下，精度为 IT5～IT6 级，表面粗糙度 R_a 为 0.32～1.25 μm；在高精度外圆磨床上进行精密磨削时，尺寸精度可达 0.2 μm，圆度可达 0.1 μm，表面粗糙度 R_a 可控制在 0.01；精密平面磨削的平面度可达 0.0015 每米。近年来由于科学技术的发展，对机器及仪器零件的精度和表面粗糙度要求越来越高，各种高硬度材料应用日益增多，同时，由于磨削本身工艺水平的不断提高，磨床的使用范围日益扩大，在金属切削机床中所占的比重不断上升。目前在工业发达国家中，磨床在金属切削机床中的比重为 30%～40%。

为了适应磨削各种加工表面、工件形状及生产批量的要求，磨床的种类繁多，其中主要类型如下。

(1) 外圆磨床，包括万能外圆磨床、普通外圆磨床、无心外圆磨床等。

(2) 内圆磨床，包括普通内圆磨床、无心内圆磨床等。

(3) 平面磨床，包括卧轴矩台平面磨床、立轴矩台平面磨床、卧轴圆台平面磨床、立轴圆台平面磨床等。

(4) 工具磨床，包括工具曲线磨床、钻头沟槽磨床、丝锥沟槽磨床等。

(5) 刀具刃磨磨床，包括万能刀具磨床、拉刀刃磨床、滚刀刃磨床等。

(6) 各种专门化磨床，专门用于磨削某一类零件的磨床，如曲轴磨床、凸轮轴磨床、花键轴磨床、球轴承套圈沟磨床、活塞环磨床、叶片磨床、导轨磨床及中心孔磨床等。

(7) 其他磨床，如布磨机、研磨机、抛光机、超精加工机床、砂轮机等。

在生产中应用最广泛的是外圆磨床、内圆磨床和平面磨床三类。

现代磨床的主要发展趋势是：提高机床的加工效率，提高机床的自动化程度以及进一步提高机床的加工精度和降低表面粗糙度。

二、M1432A 型万能外圆磨床

1. 机床的布局

M1432A 型万能外圆磨床(如图 7-20 所示)由床身 1、头架 2、工作台 3、内磨装置 4、砂轮架 5、尾架 6 和控制箱 7(由工作台手摇机构、横向进给机构、工作台纵向往复运动液压控制板等部分组成)等主要部件组成。在床身 1 上装有工作台 3,台面上装有头架 2 和尾架 6。工件支承在头架和尾架顶尖上,或用头架上的卡盘夹持,由头架上的传动装置带动旋转,实现圆周进给运动。尾架可在工作台上左右移动调整位置,以适应装夹不同长度工件的需要。工作台 3 通过液压系统驱动,可沿床身上的纵向导轨往复运动,实现纵向进给运动,也可用手轮操纵,作手动进给或调整纵向位置。

工作台由上下两层组成,其上工作台可相对下工作台回转一定角度(一般不大于 ±10°),以便磨削锥度不大的锥面。砂轮架 5 由主轴部件和传动装置组成,安装在床身顶面后部的横向导轨上,通过横向进给机构可实现横向进给运动以及调整位移。装在砂轮架上的内磨装置 4 用于磨削内孔,其上的内圆磨具由单独的电动机驱动。磨削内孔时,应将内磨装置翻下。万能外圆磨床的砂轮架和头架都可绕垂直轴线转动一定的角度,以便磨削锥度较大的圆锥面。

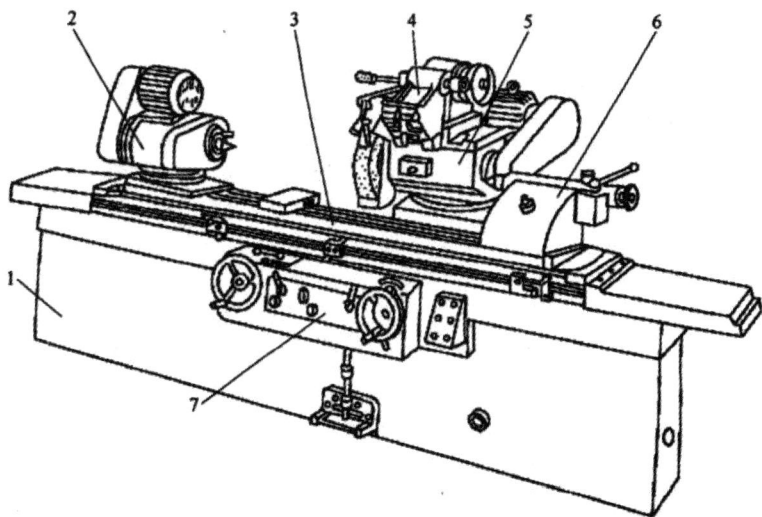

1—床身；2—头架；3—工作台；4—内磨装置；5—砂轮架；6—尾架；7—控制箱。

图 7-20　M1432A 型万能外圆磨床外形图

2. 机床的用途

M1432A 型机床是普通精度级万能外圆磨床,它可以磨削内外圆柱面、内外圆锥面、端面等。这种机床的通用性好,但生产效率较低,适用于单件小批生产车间、工具车间和机修车间。

三、平面磨床

平面磨床主要用于磨削各种工件上的平面,其磨削方法如图 7-21 所示。磨削时,砂轮的工作表面可以是圆周表面，也可以是端面。以砂轮的圆周表面进行磨削时，砂轮与工件的接触面积小，发热少，磨削力引起的工艺系统变形也小，加工表面的精度和质量较高，但生产效率较低。工作台有矩形和圆形两种。矩形工作台适宜加工长工件，但工作台作往复运动，较易产生振动；圆形工作台适宜加工短工件或圆工件的端面，工作台连续旋转，无往复冲击。根据砂轮工作表面和工作台形状的不同，平面磨床可分为四种类型：卧轴矩台式、卧轴圆台式、立轴矩台式、立轴圆台式。

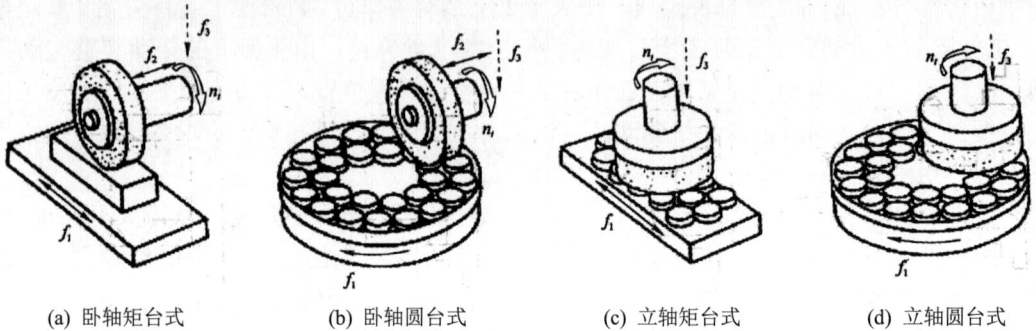

| (a) 卧轴矩台式 | (b) 卧轴圆台式 | (c) 立轴矩台式 | (d) 立轴圆台式 |

图 7-21　平面磨床的磨削方法

目前，应用较多的是卧轴矩台式平面磨床和立轴圆台式平面磨床。

卧轴矩台式平面磨床(如图 7-22 所示)的砂轮主轴由内连式异步电动机驱动，电动机轴就是主轴，电动机的定子装在砂轮架 1 的壳体内。砂轮架 1 可沿滑座 2 的燕尾导轨作间歇的横向进给运动。滑座 2 和砂轮架 1 一起可沿立柱 3 的导轨作间歇的竖直切入运动。工作台 4 可沿床身 5 的导轨作纵向往复运动。

立轴圆台式平面磨床(如图 7-23 所示)的砂轮架 1 的砂轮主轴由内连式异步电动机驱动。砂轮架 1 可沿立柱 2 的导轨作间歇的竖直切入运动，还可作竖直快速调位运动，以适应磨削不同高度工件的需要。圆形工作台 4 装在床鞍 5 上，它除了作旋转运动实现圆周进给，还可以随同床鞍一起，沿床身 3 的导轨纵向快速退离或趋近砂轮，以便装卸工件。由于砂轮直径大，所以常采用镶片砂轮，这种砂轮有利于切削液冲入切削区，使砂轮不易堵塞。这种机床生产率较高，适用于成批生产。

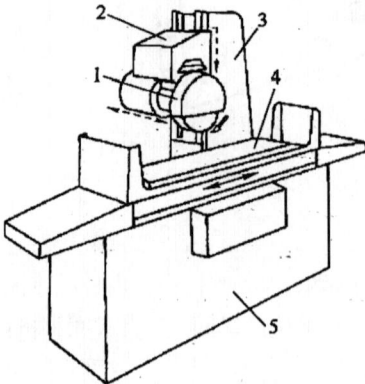

1—砂轮架；2—滑座；3—立柱；
4—工作台；5—床身。

图 7-22　卧轴矩台式平面磨床外形图

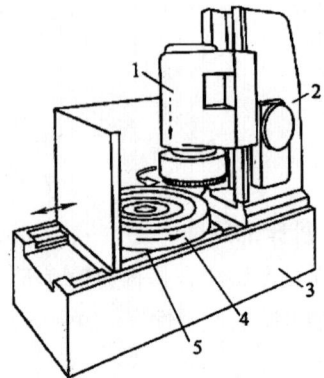

1—砂轮架；2—立柱；3—床身；
4—工作台；5—床鞍。

图 7-23　立轴圆台式平面磨床外形图

四、内圆磨床

内圆磨床用于磨削各种圆柱孔(通孔、盲孔、阶梯孔和断续表面的孔等)和圆锥孔。其主要类型有普通内圆磨床、无心内圆磨床和行星式内圆磨床。其中以普通内圆磨床应用最广泛。

M2110 型内圆磨床(如图 7-24 所示)的头架 5 通过底板 3 固定在工作台 2 的左端。头架主轴的前端装有卡盘或其他夹具，以夹持并带动工件旋转实现圆周进给运动。头架 5 可相对于底板 3 绕垂直轴线转动一定角度，以便磨削圆锥孔。底板 3 可沿着工作台 2 台面上的纵向导轨调整位置，以适应磨削各种不同工件的需要。磨削时，工作台由液压传动(由撞块 4 自动控制换向)使工件实现纵向进给运动。工作台也可用手轮 1 传动。内圆磨具 7 安装在磨具座 8 中，本机床备有两套转速不同的内圆磨具(11 000 r/min 和 18 000 r/min)，可根据磨削孔径的大小进行调换。砂轮主轴由电动机通过平带直接传动，实现内圆磨削的主运动。磨具座 8 固定在横拖板 9 上，横拖板 9 可沿固定于床身 12 上的桥板 10 上的导轨移动，使砂轮实现横向进给运动。砂轮的横向进给有手动和自动两种，手动进给由手轮 11 实现，自动进给由固定在工作台上的撞块操纵横向进给机构实现。砂轮修正器 6 是修整砂轮用的，它安装在工作台中部台面上，根据需要可调整其纵向和横向位置。修正器上的金刚石杆可随着修正器的回旋头上下翻转，修整砂轮时放下，磨削时翻起。

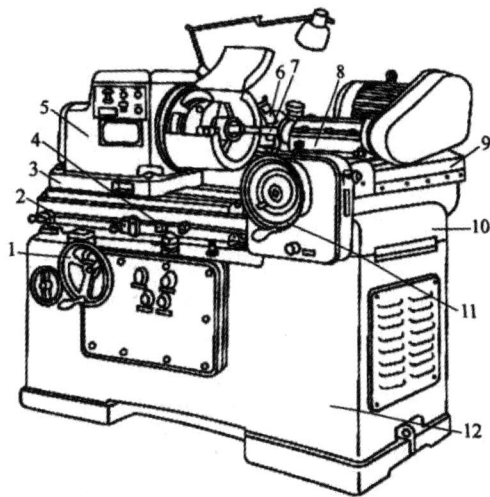

1—手轮；2—工作台；3—底板；4—撞块；5—头架；6—砂轮修正器；7—内圆磨具；
8—磨具座；9—横拖板；10—桥板；11—手轮；12—床身。

图 7-24 M2110 型内圆磨床外形图

课点 74 镗 床

镗床的主要工作是用镗刀进行镗孔，除镗孔外，大部分镗床还可以进行铣削、钻孔、扩孔、铰孔等工作。镗床主要用于加工尺寸较大、精度要求较高的孔，特别适用于加工分布在不同位置上，对孔距精度、相互位置精度要求严格的孔系。镗床在加工时，以刀具的旋转为主运动，而进给运动则根据机床类型和加工情况由刀具或工件来完成。

镗床主要分为卧式铣镗床、坐标镗床及精镗床等。

一、卧式铣镗床

卧式铣镗床的工艺范围十分广泛，除镗孔外，还可钻孔、扩孔和铰孔；可以削平面、成型面及各种沟槽；还可在平旋盘上安装车刀车削端面、短圆柱面、内外环形槽及内外螺纹等。因此，工件安装在卧式铣镗床上，往往可以完成大部分甚至全部的加工工序。卧式铣镗床特别适合于加工对形状、位置要求严格的孔系，因而常用来加工尺寸较大、形状复杂、具有孔系的箱体、机架、床身等零件。

卧式铣镗床中(如图 7-25 所示)，由工作台 3、上滑座 12 和下滑座 11 组成的工作台部件安装在床身导轨上。工作台通过上、下滑座可实现横向、纵向移动。工作台还可绕上滑座 12 的环形导轨在水平面内转位，以便加工互相成一定角度的平面或孔。主轴箱 8 可沿前立柱 7 的导轨上下移动，以实现垂直进给运动或调整主轴在垂直方向的位置。在主轴箱中，装有主轴部件、主运动和进给运动变速机构以及操纵机构，以实现主轴直线运动和回转运动。机床上还有坐标测量装置，以实现主轴箱和工作台之间的准确定位。根据加工情况不同，刀具可以装在镗轴 4 的锥孔中，或装在平旋盘 5 的径向刀具溜板 6 上。镗轴 4 除完成旋转主运动外，还可沿其轴线移动，作轴向进给运动(由后尾筒 9 内的轴向进给机构完成)。平旋盘 5 只能作旋转运动。装在平旋盘径向导轨上的径向刀具溜板 6，除了随平旋盘一起旋转，还可作径向进给运动，实现铣平面加工。后立柱 2 的垂直导轨上有后支架 1，用以支承较长的镗杆，以增加镗杆的刚性。后支架可沿后立柱导轨上下移动，以保持与镗轴同轴，后立柱可根据镗杆长度作纵向位置调整。

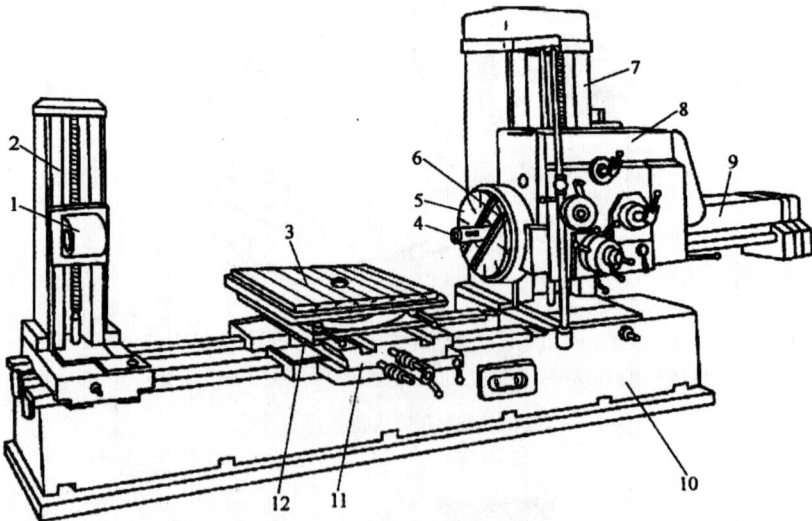

1—后支架；2—后立柱；3—工作台；4—镗轴；5—平旋盘；6—径向刀具溜板；
7—前立柱；8—主轴箱；9—后尾筒；10—床身；11—下滑座；12—上滑座。

图 7-25　卧式铣镗床外形图

卧式铣镗床可根据加工情况，作下列运动：镗轴和平旋盘的旋转主运动，铣轴的轴向进给运动(用于孔加工)，平旋盘刀具溜板的径向进给运动(用于车削端面)，主轴箱的垂直进给运动(用于铣平面)，工作台的纵、横向进给运动(用于孔加工、铣平面)。机床还可作以下辅助运动：工作台纵、横向及主轴箱垂直方向的调位移动，工作台转位，后立柱的纵向及后支架垂直方向的调位移动。

二、坐标镗床

坐标镗床主要用于精密孔及对位置精度要求很高的孔系加工。这种机床装备有测量坐标位置的精密测量装置，其坐标定位精度可达 0.002～0.01 mm，从而保证刀具和工件具有精确的相对位置。因此，坐标镗床不仅可以保证被加工孔本身达到很高的尺寸和形状精度，而且可以不采用导向装置，保证孔间中心距及孔至某一基面间距离达到很高的精度。坐标镗床除了能完成镗孔、钻孔、扩孔、铰孔以及精铣平面、沟槽等操作，还可以进行精密刻线和划线，以及孔距和直线尺寸的精密测量工作。坐标镗床主要用于工具车间以加工夹具、模具和量具等工件，也可用于生产车间来加工对精度要求高的工件。

坐标镗床有立式的，也有卧式的。立式坐标镗床适宜加工轴线与安装基面(底面)垂直的孔系和铣削顶面；卧式坐标镗床适宜加工轴线与安装基面平行的孔系和铣削端面。立式坐标镗床还有单柱和双柱之分。

1. 立式单柱坐标镗床

立式单柱坐标镗床(如图 7-26 所示)主轴 2 的旋转主运动由安装在立柱 4 内的电动机，经主传动机构传动而实现。主轴 2 通过精密轴承支承在主轴套筒中，并可随套筒作轴向进给。主轴箱 3 可沿立柱导轨作垂直方向的位置调整，以适应加工不同高度的工件。主轴在水平面上的位置是固定的，镗孔坐标位置由工作台 1 沿床鞍 5 导轨的纵向移动和床鞍 5 沿床身 6 导轨的横向移动来确定。

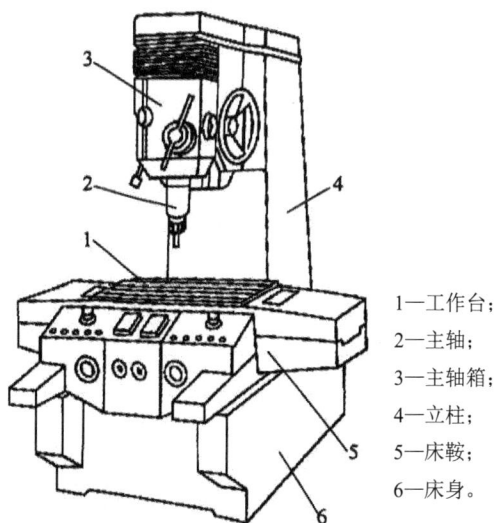

1—工作台；
2—主轴；
3—主轴箱；
4—立柱；
5—床鞍；
6—床身。

图 7-26　立式单柱坐标镗床外形图

立式单柱坐标镗床的工作台三面敞开，操作比较方便。但由于工作台必须实现两个坐标方向的移动，工作台和床身之间多了一层床鞍，削弱了刚度。另外，主轴箱 3 悬臂安装在立柱 4 上，工作台尺寸越大，主轴中心线离立柱也就越远，影响机床刚度和加工精度。因此，这种机床一般为中、小型机床。

2. 立式双柱坐标镗床

立式双柱坐标镗床(如图 7-27 所示)具有由两个立柱、顶梁和床身构成的龙门框架，主轴箱 5 装在可沿立柱 3、6 的导轨调整上下位置的横梁 2 上，工作台 1 直接支承在床身 8 的导轨上。镗孔坐标位置由主轴箱 5 沿横梁 2 导轨的水平移动和工作台 1 沿床身 8 导轨的移动来确定。双柱坐标镗床主轴箱悬伸距离小，且装在龙门框架上，较易保证机床刚度。另外，工作台和床身之间层次少，承载能力较大。因此，双柱式布局形式一般为大、中型机床所采用。

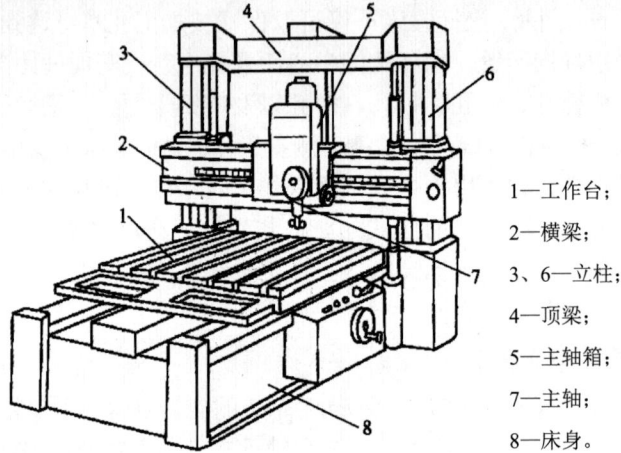

1—工作台；

2—横梁；

3、6—立柱；

4—顶梁；

5—主轴箱；

7—主轴；

8—床身。

图 7-27 立式双柱坐标镗床外形图

3. 卧式坐标镗床

图 7-28 所示为卧式坐标镗床外形。主轴水平布置，与工作台面平行。安装工件的工作台由下滑座 7、上滑座 1 及回转工作台 2 组成。镗孔坐标由下滑座 7 沿床身导轨的横向移动和主轴箱 5 沿立柱 4 导轨的垂直移动来确定。进给运动可由主轴 3 轴向移动完成，也可由上滑座 1 沿下滑座 7 导轨的纵向移动来完成。回转工作台可作精密分度，以便工件在一次安装中，完成几个面上的孔加工，不仅保证了加工精度，而且提高了生产效率。

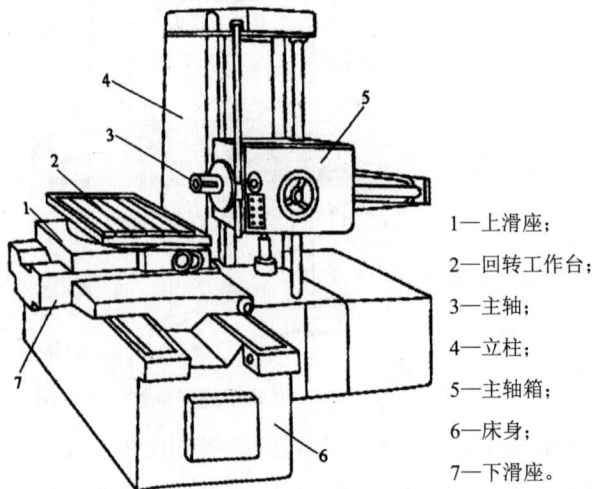

1—上滑座；

2—回转工作台；

3—主轴；

4—立柱；

5—主轴箱；

6—床身；

7—下滑座。

图 7-28 卧式坐标镗床外形图

三、精镗床

精镗床是一种高速镗床，采用硬质合金刀具(以前这种机床常采用金刚石刀具，并称为金刚镗床)，以很高的切削速度、极小的切削深度和进给量对工件内孔进行精细镗削。工件的尺寸精度可达 0.003～0.005 mm，表面粗糙度 R_a 一般为 0.16～1.25 μm。精镗床主要用于批量加工连杆轴瓦、活塞、液压泵壳体、气缸套等零件上的精密孔。

单面卧式精镗床(如图 7-29 所示)的主轴箱 1 固定在床身 4 上，主轴 2 由电动机通过带轮直接带动以高速旋转，主轴带动镗刀作主运动。工件通过夹具安装在工作台 3 上，工作台沿床身导轨作平稳的低速纵向移动以实现进给运动。工作台一般为液压驱动，可实现半自动循环。为了获得细的表面粗糙度，除了采用高转速、低进给外，机床主轴结构短而粗，支承在有足够刚度的精密支承上，使主轴运转平稳。除了单面卧式精镗床外，按机床的布局形式还有双面卧式精镗床及立式精镗床等类型。

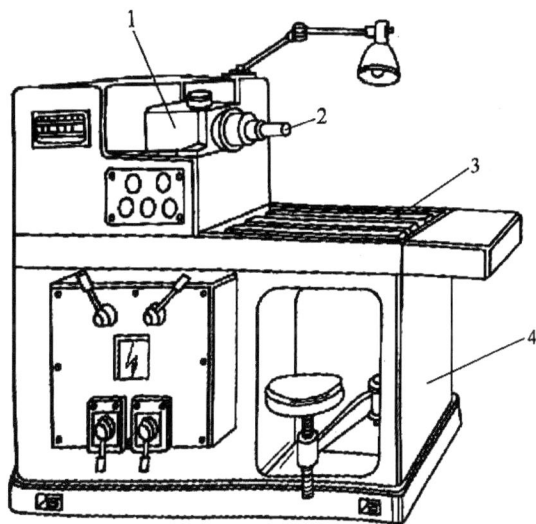

1—主轴箱；2—主轴；3—工作台；4—床身。
图 7-29　单面卧式精镗床外形图

课点 75　钻　床

钻床是孔加工的主要机床，一般用于加工直径不大、对精度要求不高的孔。其主要加工方法是用钻头在实心材料上钻孔，此外还可在原有孔的基础上进行扩孔、铰孔、锪平面以及攻螺纹等加工。在车床上钻孔时，工件旋转，刀具作进给运动。而在钻床上加工时，工件不动，刀具作旋转主运动，同时沿轴向移动作进给运动。故钻床适用于加工外形较复杂，没有对称回转轴线的工件上的孔，尤其是多孔加工。如加工箱体、机架等零件上的孔。

钻床的主参数是最大钻孔直径。根据用途和结构的不同，钻床可分为立式钻床、摇臂钻床、台式钻床、深孔钻床等。

一、立式钻床

立式钻床(如图 7-30 所示)的变速箱 1 固定在立柱 6 的顶部,内装主电动机和变速机构及其操纵机构。进给箱 2 内有主轴和进给变速机构及操纵机构。进给箱右侧的进给操纵机构 3 用于使主轴升降。加工时工件直接或通过夹具装夹在工作台 5 上,主轴 4 的旋转运动由电动机经变速箱传动。主轴既作旋转的主运动,又作轴向的进给运动。工作台和进给箱可沿立柱上的导轨调整其上下位置,以适应在不同高度的工件上进行钻孔加工。由于在立式钻床上是通过移动工件位置的方法,使被加工孔的中心与主轴中心对准,因而操作很不方便,不适用于加工大型零件,生产率也不高。此外,立式钻床的自动化程度一般都比较低,故常用于单件、小批生产中以加工中小型工件。

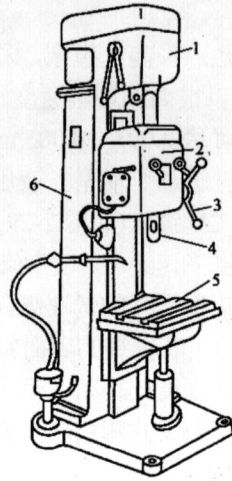

1—变速箱;2—进给箱;3—进给操纵机构;
4—主轴;5—工作台;6—立柱。

图 7-30　立式钻床外形图

二、摇臂钻床

对于大而重的工件,因移动不便,找正困难,所以不便于在立式钻床上加工。这时希望工件不动而移动主轴,使主轴中心对准被加工孔中心,于是就产生了摇臂钻床(如图 7-31 所示)。主轴箱 4 装在摇臂 3 上,可沿摇臂 3 的导轨移动,而摇臂 3 可绕立柱 2 的轴线转动,因而可以方便地调整主轴 5 的位置。摇臂 3 还可以沿立柱 2 升降,以适应不同的加工需要。摇臂钻床的主轴箱、摇臂和立柱在主轴调整好位置后,必须用各自的夹紧机构将自己可靠地夹紧,使机床形成一个刚性系统,以保证在切削力的作用下,机床有足够的刚度和位置精度。

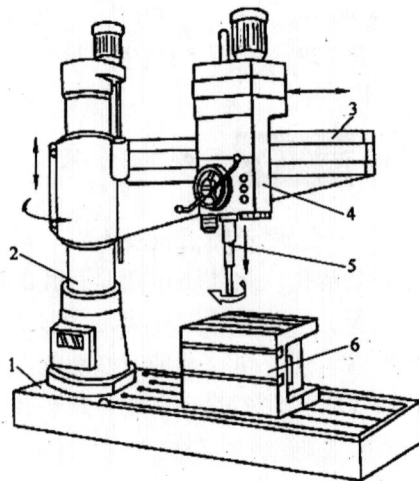

1—底座;
2—立柱;
3—摇臂;
4—主轴箱;
5—主轴;
6—工作台。

图 7-31　摇臂钻床外形图

三、其他钻床

台式钻床是一种主轴垂直布置的小型钻床，它实际上是一种加工小孔的立式钻床。钻孔直径一般小于 16 mm，最小可加工十分之几毫米的孔。由于加工孔径较小，台钻主轴的转速可以很高。台钻小巧灵活，使用方便，但一般自动化程度较低，适用于在单件、小批生产中加工小型零件上的各种孔。

深孔钻床是用特制的深孔钻头，专门加工深孔的钻床，如加工炮筒、枪管和机床主轴等零件中的深孔。为了减少孔中心线的偏斜，通常是由工件转动作为主运动，钻头只作直线进给运动而不旋转。为避免机床过高和便于排除切屑，深孔钻床一般采用卧式布局。为保证获得好的冷却效果，在深孔钻床上配有周期退刀排屑装置，使切削液由刀具内部输入至切削部位。

课点 76　直线运动机床

直线运动机床是指主运动为直线运动的机床，有刨床和拉床两大类。

一、刨床

刨床类机床主要用于加工各种平面和沟槽。其主运动是刀具或工件所作的直线往复运动。它只在一个运动方向上进行切削，称为工作行程；返回时不进行切削，称为空行程，此时刨刀抬起，以便让刀，避免损伤已加工表面和减少刀具磨损。进给运动由刀具或工件完成，其方向与主运动方向相垂直。它是在空行程结束后的短时间内进行的，因而是一种间歇运动。

刨床加工所用的刀具结构简单，其通用性较好，且生产准备工作较为方便。但由于刨床的主运动是直线往复运动，变向时要克服较大的惯性力，限制了切削速度和空行程速度的提高，同时还存在空行程所造成的时间损失，所以在多数情况下生产率较低，一般用于单件小批生产。

刨床类机床主要有三类：牛头刨床、龙门刨床和插床。

1. 牛头刨床

牛头刨床(如图 7-32 所示)因其滑枕刀架形似"牛头"而得名，它主要用于加工中小型零件。机床的主运动机构装在床身 4 内，传动装有刀架 1 的滑枕 3 沿床身顶部的水平导轨作往复直线运动。刀架可沿刀架座上的导轨移动(一般为手动)，以调整刨削深度，以及在加工垂直平面和斜面时作进给运动。调整转盘 2 可使刀架左右回转 60°，以便加工斜面或斜槽。加工时，工作台 6 带动工件沿横梁 5 作间歇的横向进给运动。横梁可沿床身的垂直导轨上下移动，以调整工件与刨刀的相对位置。

牛头刨床主运动的传动方式有机械和液压两种。机械传动常用曲柄摇杆机构，其结构简单、工作可靠、调整维修方便。液压传动能传递较大的力，可实现无级调速，运动平稳，但结构复杂，成本较高，一般用于规格较大的牛头刨床。

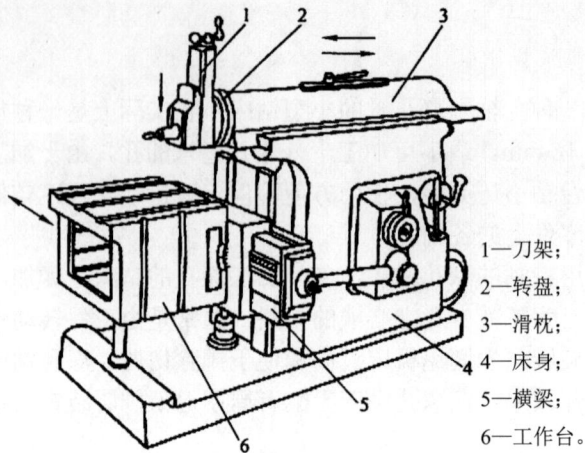

1—刀架；
2—转盘；
3—滑枕；
4—床身；
5—横梁；
6—工作台。

图 7-32　牛头刨床外形图

牛头刨床工作台的横向进给运动是间歇运行的，它可由机械或液压传动实现。机械传动一般采用棘轮机构。

2. 龙门刨床

刨削较长的零件时，就不能采用牛头刨床的布局了。滑枕的行程太大，悬伸太长，因此采用龙门式布局。图 7-33 为龙门刨床外形图，其主运动是工作台 9 沿床身 10 的水平导轨所作的直线往复运动。床身 10 的两侧固定有左右立柱 3 和 7，两立柱顶部用顶梁 4 连接，形成结构刚性较好的龙门框架。横梁 2 上装有两个垂直刀架 5 和 6，可在横梁导轨上沿水平方向作进给运动。横梁可沿左右立柱的导轨上下移动，以调整垂直刀架的位置，适应不同高度的工件加工，加工时由夹紧机构夹紧在两个立柱上。左右立柱上分别装有左右侧刀架 1 和 8，可分别沿立柱导轨作垂直进给运动，以加工侧平面。加工中，为避免刀具返程碰伤工件表面，龙门刨床刀架夹持刀具的部分都设有返程自动让刀装置。

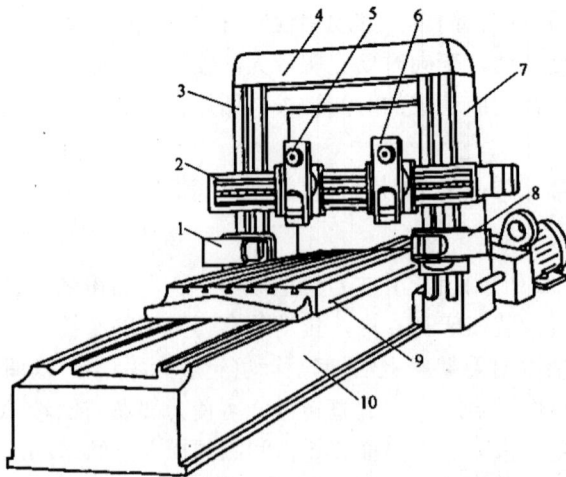

1、8—左右侧刀架；2—横梁；3、7—立柱；4—顶梁；5、6—垂直刀架；9—工作台；10—床身。

图 7-33　龙门刨床外形图

龙门刨床主要用于加工大型或重型零件上的各种平面、沟槽和各种导轨面，也可在工作台上一次装夹数个中小型零件，进行多件加工。大型龙门刨床往往还附有铣头和磨头等部件，以便使工件在一次装夹中完成刨、铣及磨平面等工作，这种机床又称为龙门刨铣床或龙门刨铣磨床。

龙门刨床的主参数是最大刨削宽度，第二主参数是最大刨削长度。

3. 插床

插床实质上是立式刨床(如图 7-34 所示)。滑枕 2 可沿滑枕导轨座 3 上的导轨作上下方向的往复运动，使刀具实现主运动，向下为工作行程，向上为空行程。滑枕导轨座 3 可以绕销轴 4 在小范围内调整角度，以便加工倾斜的内外表面。床鞍 6 和溜板 7 可分别作横向和纵向进给，圆工作台 1 可绕垂直轴线旋转，完成圆周进给或进行分度。分度装置 5 用于完成对工件的分度。

插床主要用于加工工件的内表面，如内孔中的键槽及多边形孔等，有时也可用于加工成型内外表面。插床的生产效率较低，一般只用于单件、小批生产。

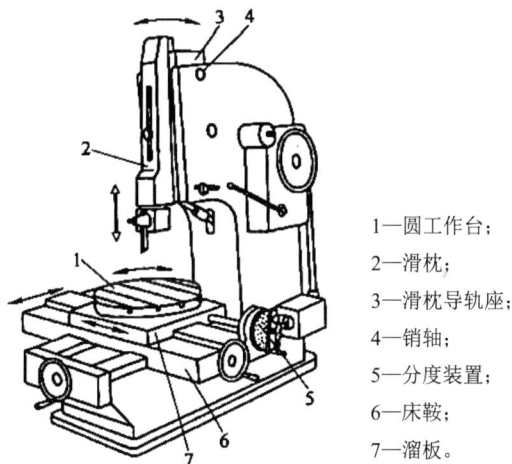

1—圆工作台；
2—滑枕；
3—滑枕导轨座；
4—销轴；
5—分度装置；
6—床鞍；
7—溜板。

图 7-34 插床外形图

二、拉床

拉床是用拉刀进行加工的机床。采用不同结构形状的拉刀，可加工各种形状的通孔、通槽、平面及成型表面。

拉床的运动比较简单，它只有主运动，没有进给运动。拉削时，一般由拉刀作低速直线的主运动。拉刀在进行主运动的同时，依靠拉刀刀齿的齿升量来完成切削时的进给，所以拉床不需要有进给运动机构。考虑到拉削所需的切削力很大，同时为了获得平稳的且能无级调速的运动速度，拉床的主运动通常采用液压传动。

拉削加工的生产率高，被加工表面在一次走刀中成型。由于拉刀的工作部分有粗切齿、精切齿和校准齿，工件加工表面经过粗切、精切和校准，因此可以获得较高的加工精度和较小的表面粗糙度值，一般拉削精度可达 IT7～IT8，表面粗糙度 $R_a<0.63$ μm。但拉削的每一种表面都需要用专门的拉刀，且拉刀的制造和刃磨费用较高，因此，拉削主要用于成

批和大量生产。

常用的拉床按加工的表面可分为内表面拉床和外表面拉床两类；按机床的布局形式可分为卧式床和立式床两类。此外，还有连续式拉床和专用拉床。

拉床的主参数是额定拉力，如 L6120 型卧式内拉床的额定拉力为 200 kN。

1. 卧式内拉床

卧式内拉床(如图 7-35 所示)是拉床中最常用的，用以拉花键孔、键槽和精加工孔。液压缸 2 通过活塞杆带动拉刀沿水平方向移动，实现拉削的主运动。工件支承座 3 是工件的安装基准，拉削时工件以基准面紧靠在支承座 3 上。护送夹头 5 及滚柱 4 用以支承拉刀，开始拉削前，护送夹头 5 及滚柱 4 向左移动，将拉刀穿过工件预制孔，并将拉刀左端部插入拉刀夹头。加工时滚柱 4 下降不起作用。

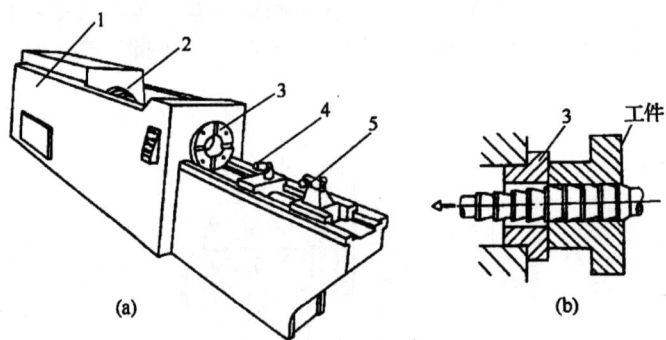

1—床身；2—液压缸；3—支承座；4—滚柱；5—护送夹头。

图 7-35   卧式内拉床

2. 立式拉床

立式拉床根据用途可分为立式内拉床(如图 7-36 所示)和立式外拉床(如图 7-37 所示)两类。

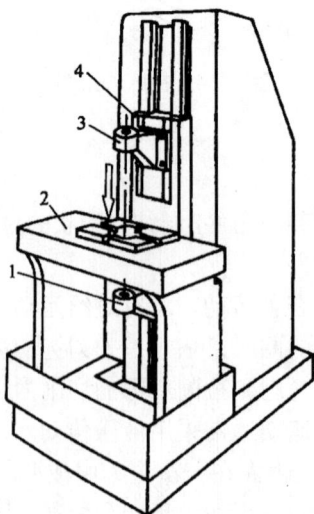

1—下支架；2—工作台；3—上支架；4—滑座。

图 7-36   立式内拉床外形图

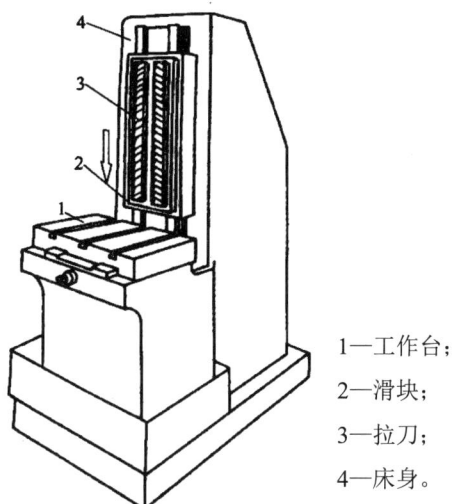

1—工作台；

2—滑块；

3—拉刀；

4—床身。

图 7-37 立式外拉床外形图

立式内拉床可用拉刀或推刀加工工件的内表面。用拉刀加工时，工件的端面紧靠在工作台 2 的上平面上，拉刀由滑座 4 的上支架 3 支承，自上向下插入工件的预制孔及工作台的孔，将其下端刀柄夹持在滑座 4 的下支架 1 上，滑座 4 由液压缸驱动向下进行拉削加工。用推刀加工时，工件装在工作台的上表面，推刀支承在上支架 3 上，自上向下移动进行加工。

立式外拉床的滑块 2 可沿床身 4 的垂直导轨移动，滑块 2 上固定有外拉刀 3，工件固定在工作台 1 上的夹具内。滑块垂直向下移动完成工件外表面的拉削加工。工作台可作横向移动，以调整切削深度，并用于刀具空行程时退出工件。

3. 连续式拉床

连续式拉床(如图 7-38 所示)的链条 7 被链轮 4 带动按拉削速度移动，链条上装有多个夹具 6。工件在位置 A 被装夹在夹具中，经过固定在上方的拉刀 3 时进行拉削加工，此时夹具沿床身上的导轨 2 滑动。夹具 6 移至 B 处即自动松开，工件落入成品箱 5 内。这种拉床由于连续进行加工，因而生产率较高，常用于大批大量生产中以加工小型零件的外表面，如汽车、拖拉机连杆的连接平面及半圆凹面等。

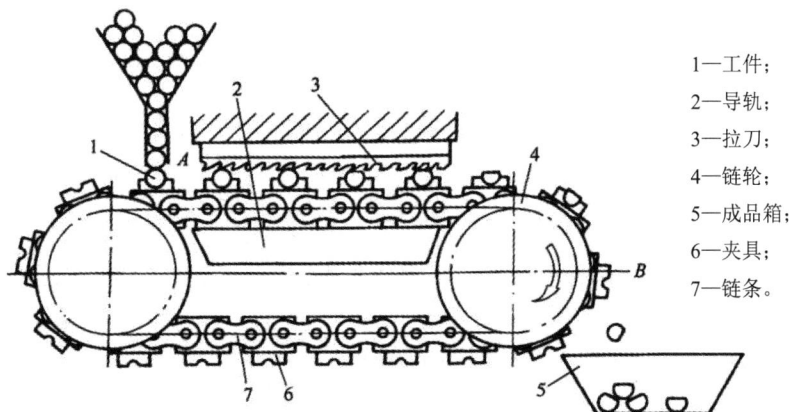

1—工件；

2—导轨；

3—拉刀；

4—链轮；

5—成品箱；

6—夹具；

7—链条。

图 7-38 连续式拉床工作原理图

习题与思考题

7-1 卧式车床的主要参数有哪些？它们的作用是什么？

7-2 CA6140 型车床的主要机构中，主轴箱和溜板箱的主要作用是什么？

7-3 车床车削螺纹时的主要运动是什么？它可以分解为什么运动？

7-4 铣床的加工范围有哪些？

7-5 简述平面磨床的加工特点。

7-6 什么是直线运动车床？主要分为哪两类？

7-7 试说明钻床与镗床的区别。

7-8 单柱、双柱及卧式坐标镗床在布局上各有什么特点？它们适用于什么场合？

7-9 简述拉削加工的特点。

参 考 文 献

[1]　关慧贞，冯辛安. 机械制造装备设计[M]. 3 版. 北京：机械工业出版社，2009.

[2]　冯辛安. 机械制造装备设计[M]. 北京：机械工业出版社，2005.

[3]　冯辛安. 机械制造装备设计[M]. 北京：机械工业出版社，1999.

[4]　范祖尧. 现代机械设备设计手册：第三卷-非标准机械设备设计[M]. 北京：机械工业出版社，1996.

[5]　黄玉美. 机械制造装备设计[M]. 北京：高等教育出版社，2008.

[6]　机电一体化技术手册编委会. 机电一体化技术手册[M]. 北京：机械工业出版社，1994.

[7]　杨方. 机械加工工艺基础[M]. 西安：西北工业大学出版社，2002.

[8]　杨坤怡. 制造技术[M]. 2 版. 北京：国防工业出版社，2007.

[9]　张德泉，陈思夫，林彬. 机械制造装备及其设计[M]. 天津：天津大学出版社，2003.

[10]　张世昌. 机械制造技术基础[M]. 天津：天津大学出版社，2002.

[11]　赵永成. 机械制造装备设计[M]. 北京：中国铁路出版社，2002.

[12]　周增文. 机械加工工艺基础[M]. 长沙：中南大学出版社，2003.

[13]　吉卫喜. 机械制造技术[M]. 北京：机械工业出版社，2001.

[14]　戴曙. 金属切削机床[M]. 北京：机械工业出版社，1994.

[15]　金属切削机床设计编写组. 金属切削机床设计：下册[M]. 上海：上海科学技术出版社，1980.

[16]　顾维邦. 金属切削机床概论[M]. 北京：机械工业出版社，1992.

[17]　戴曙. 机床滚动轴承应用手册[M]. 北京：机械工业出版社，1993.

[18]　吴祖育，秦鹏飞. 数控机床[M]. 3 版. 上海：上海科学技术出版社，2009.

[19]　赵松年，张奇鹏. 机电一体化机械系统设计[M]. 北京：机械工业出版社，1996.

[20]　王惠方. 金属切削机床[M]. 北京：机械工业出版社，1994.

[21]　机床设计手册编写组. 机床设计手册[M]. 北京：机械工业出版社，1979-1986.

[22]　戴曙. 机床设计分析：第一、二集[M]. 北京：北京机床研究所，1985-1987.

[23]　毕承恩. 现代数控机床[M]. 北京：机械工业出版社，1991.

[24]　林宋，田建君. 现代数控机床[M]. 北京：化学工业出版社，2003.

[25]　叶伯生，等. 计算机数控系统原理、编程与操作[M]. 武汉：华中理工大学出版社，1999.

[26]　李福生. 实用数控机床技术手册[M]. 北京：北京出版社，1993.

[27]　任建平. 现代数控机床故障诊断及维修[M]. 北京：国防工业出版社，2002.

[28]　李靖谊. 计算机集成制造：辅助设计/辅助制造/管理信息系统[M]. 北京：航空工业出版社，1996.

[29]　吴盛济. 柔性制造系统设计指南[M]. 北京：兵器工业出版社，1995.

[30]　贾亚洲. 金属切削机床概论[M]. 北京：机械工业出版社，1994.

[31] 李庆余，孟广耀. 机械制造装备设计[M]. 2版. 北京：机械工业出版社，2008.

[32] 李森林. 机械制造基础[M]. 北京：化学工业出版社，2004.

[33] 李文斌，李长河，孙未. 先进制造技术[M]. 武汉：华中科技大学出版社，2014.

[34] 李长河. 机械制造基础[M]. 北京：机械工业出版社，2009.